U0134098

Alison J. Clarke

Design Anthropology

Object Cultures in Transition

设计人类学

转型中的物品文化

［奥］艾莉森·J.克拉克　主编　　　王馨月　译

北京大学出版社
PEKING UNIVERSITY PRESS

著作权合同登记号 图字：01-2018-0450

图书在版编目（CIP）数据

设计人类学：转型中的物品文化 /（奥）艾莉森·J.克拉克主编；王馨月译 . — 北京：北京大学出版社，2022.1

（培文·设计）

ISBN 978-7-301-32351-9

Ⅰ. ①设… Ⅱ. ①艾… ②王… Ⅲ. ①设计学 Ⅳ. ① TB21

中国版本图书馆 CIP 数据核字 (2021) 第 144243 号

© editorial and introductory material, Alison J. Clarke, 2018
© individual chapters, their authors
Alison J Clarke has asserted her right under the Copyright, Designs and Patents Act, 1988, to be identified as the Author of this work.
This translation of Design Anthropology: Object Cultures in Transition is published by Peking University Press by arrangement with Bloomsbury Publishing Plc

书　　　名	设计人类学：转型中的物品文化
	SHEJI RENLEIXUE: ZHUANXING ZHONG DE WUPIN WENHUA
著作责任者	[奥] 艾莉森·J.克拉克　主编　王馨月　译
责 任 编 辑	张丽娉
标 准 书 号	ISBN 978-7-301-32351-9
出 版 发 行	北京大学出版社
地　　　址	北京市海淀区成府路 205 号　100871
网　　　址	http://www.pup.cn　新浪微博：@北京大学出版社　@培文图书
电 子 信 箱	pkupw@qq.com
电　　　话	邮购部 010-62752015　发行部 010-62750672　编辑部 010-62750883
印 刷 者	天津光之彩印刷有限公司
经 销 者	新华书店
	787 毫米 ×1092 毫米　16 开本　23 印张　250 千字
	2022 年 1 月第 1 版　2023 年 5 月第 2 次印刷
定　　　价	88.00 元

目录

导言

艾莉森·J.克拉克

　　《设计人类学：转型中的物品文化》通过围绕人类学和设计领域共同的潜能与共享的特征来展开对话的方式，将这两个领域的实践领军人物和学者们集合在了一起。在过去十年中，跨学科的设计领域（设计研究、批判性设计、设计科学、协同设计、后期设计、过渡设计、设计民族志、思辨性设计，等等）的话题热门指数呈增长趋势，本文集主要从人类学的方法论和理论层面上对参与社会活动的设计进行探究。自 2011 年本文集第一版以名为《设计人类学：21 世纪的物品文化》出版以来，各类网络、公司、项目、出版物和创新计划层出不穷，并被随意定义为"设计人类学"。尽管这一领域，无论是从作为课程的组成部分还是研究领域自身来看，都在不断延伸扩展，但本文集并未妄自断言"设计人类学是一门独立的学科、研究领域或方法论（Gunn，Otto and Smith，2013）"。

虽说本文集大体认同那些有关设计人类学具有"使用与生产、设计与使用、人与物之间的亲密关联"的能力的普遍看法，而且也承认"需要从以问题为导向的方法转向设计过程"（Gunn and Donovan，2012：1），但它认为，人类学与设计各自的方法和历史编纂具有其自身独立的价值。正如人类学家苏珊·库勒（Sussane Küchler）在本文集的开篇章节所述的那样："设计通过对于作品自身所'固有'智慧的期待，将其自身与纯粹的物区别开来，而人类学的贡献则在于揭示了设计中具体化的那种思维的主体间性。"（Küchler，本文集：21）

设计人类学的早期流派

20世纪60年代初，维克多·帕帕奈克（Victor Papanek）这位对受市场控制的西方工业设计进行坚决抨击的批评家，基于对印尼土著文化的民族志学观察，专为"不发达"国家设计了一款低科技的无线电接收器。该设计由回收的果汁易拉罐、晶体管、耳塞、电线、石蜡和灯芯组成，并且利用当地牛粪作为可持续充电能源。锡罐的工业用途可以通过其外表装饰（贝壳、传统刺绣等）来进行定制，从而弱化了手工制品在传统礼仪中的使用。这种基于马歇尔·麦克卢汉（Marshall Mcluhan）的当代媒体理论和对本土文化的"敏感性"而制造的手工神器的本土化形式，旨在推动分散的部落群体和不识字的偏远社区的大众传播。该产品设计的成本每件不足9美分，该项目以用户为根本、促进参与性和适当的技术方法，获得了联合国教科文组织的批准。从最为广泛的意义上说，它预示着一个潜在的未来，即设计和人类学联手解决跨文化的社会不平等问题，而不是一种新兴的消费文化，它推动着非正式的、可替代的产品设计经济蓬勃发展。

进入 21 世纪以后，"锡罐收音机"凸显了战后设计反文化的勃勃野心，这种文化以社会包容为目标，与企业化的权力相抗衡（Blauvelt，2015）。这种"人道主义物品"的类别完美地总结了帕帕奈克最畅销的著作《为真实的世界设计：人类生态和社会变革》（*Design for the Real World: Human Ecology and Social Change*）的主要论点，帕帕奈克提出了一种设计概念，即设计是人类学分析与实践的自然延伸（Clarke，本文集）。然而，最初这些设计人类学的物化形式在已建立的设计行业引起了不安。1973 年，曾在乌尔姆高等现代主义学院任教的郭本斯（Gui Bonsiepe）指责说，帕帕奈克的锡罐收音机之类的物品是"披着人道主义外衣的家长作风的设计"，是一种原始的后殖民机械主义，它"浸透着高贵野蛮人的意识形态"（Gui Bonsiepe，1973:13-16）。设计和设计师均被谴责为是沆瀣一气推动美国军事统治和帝国主义扩张的同谋。人类学对殖民的过去和田野调查的伦理困境所遗留的问题充满忧虑，设计自身则需要努力成为超越理性的现代西方模式而具有严肃的社会批判性调停的形态。

的确，"设计人类学"这一概念，作为一种新现象，自 20 世纪 70 年代的工业社会传至今日，逐渐在人机交互设计、系统思维、社会创新策略和以用户为本的研究崛起中显现出来，关键在于它忽视了早期设计和人类学的政治历史是如何与冷战发展政治学交织在一起（Clarke，2016）。

正如战后发展时期的人类学家阿图罗·埃斯科巴尔（Arturo Escobar）在本文集中所论述的，设计本体论的分支是在 20 世纪 60 年代设计激进主义遗产的基础上发展起来的，但仍然坐拥转变战后发展与生态问题的潜力：

> 生活变革的转型——向崭新的生存方式转变——是有可能的，不过，也许在当下特定的处境很难想象。从这种看似简单的观察来看，这种转型是可行的：我们在设计工具（物品、结构、政策、专家体系、论述或叙述）的同时，也在创造存在方式。从这一本体论的角度来看，在设计范围内的变革坚实犹存……（Escobar，本文集：331）

埃斯科巴尔认为，当代"批判性设计研究"的兴起与早期（如果失败的话）尝试着将设计和人类学共享的社会要素进行组合的实践，一脉相承。

从对 20 世纪 60 年代和 70 年代的建筑学所涵盖的现象学理论的接受，到人类学和解释性考古学在强调物质文化作为非文字历史资源的重要性方面所起的关键作用，我们可以从中理解作为权力关系的表达和创造者的设计机构（Rudofsky，1964；Glassie，1975；Shanks and Tilley，1987），设计和设计师已成为社会科学探讨过程中不可或缺的部分（Miller，1987）。的确，从 20 世纪 60 年代初开始，即便是在职业化设计的上层——国际工业设计协会（ICSID），人类学和更广泛的社会学也作为附属机构，对联合国工业发展组织的国际政策产生了影响。这一联盟将工业设计中所运用的人类学方法和思维视为"发展"工具，最终结果是工业设计在 20 世纪 70 年代冷战政治协定和 1979 年《艾哈迈达巴德宣言》中发挥了

设计人类学

关键作用。而作为核心事件的《艾哈迈达巴德宣言》，见证了设计在更宽泛的后殖民社会科学范围内的传播。[1]

"施动转向"[2]与新设计政治

正如社会学家哈维·莫洛奇（Harvey Molotch，本文集）所述，人与物的相互依存、物资与社会的汇聚，是持续不断的过程。自20世纪90年代以来，围绕着我们当代物质世界的理论，过度阐释了关于主客体的分离问题。在生物和纳米技术、设计创新与工程领域，跨越自然与文化的定义的物质性激增，将布鲁诺·拉图尔（Bruno Latour）和阿尔弗里德·盖尔（Alfred Gell）等学者的学术理论，纳入设计学科的主流范围中。尽管人类学可以说曾经是第一个重视物的消费和人工制品作用的学科，但现在它的物质性领域有望成为设计和人类学共同关注的学科领域（Drazine and Küchler，2015）。

一场大规模的"物质转向"拓宽了人们对设计作为本体论政治、制造政治以及物质的能动性和社会生活的一个更广泛层面的兴趣（Swenarton，Troiani，and Webster，2007；Bennett and Joyce，2010；Coole and Frost，2010）。从最广义的理论层面来看，"物是从哪里来的"这一

1　1979年在联合国工业发展组织（UNIDO）、国际工业设计协会（ICSID）和印度国家设计院召开会议，通过工业设计发展《艾哈迈达巴德宣言》，呼吁发展中国家从设计教育、促进与合作，到工业和生态，这一广泛的政治决策战略上接受工业设计（Clarke，2016）。

2　施动转向（Agentive Turn）：意为明确可感的、有主体驱动下的方向偏移，即主动的转向。——译者注

曾经的次要问题，如今成为社会科学中最核心的问题（Molotch，2003）。正如莫洛奇在其"物质转向"的概述中所述的，如果社会学家（与人类学家相对而言）就大规模的生产商品进行阐述，他们会"把物品视为对生活里其他更有价值部分的干扰。我们继承了'弗洛伊德和马克思'的综合观点，将消费视作物恋（Fetish）物品是堕落情感、霸权统治或虚假需求的卑劣佐证"（Molotch，本文集：47）。

　　不分层次的物质文化的整体方法在人类学界深受欢迎，它对于设计的定义超出了形式主义和美学分析。"现成品"，这种地方性的人工制品，源于局部独立主义（Adhocism）和日常生活的即兴创作，它是一种修辞，通过它，设计和人类学在重新考量根植于社会的非正规的、反商品化的形式的过程中，汇聚融合（Jencks and Silver，1972）。当代运动，诸如"后工艺"——将模拟与数码王国中的制作疆域相融合，以及"慢设计"（Slow Design）——设计师将关注点从以物为导向的方法，转向以过程为导向的方法，带来了新的设计经济。不过，人类学家早就认识到本土形式易变的本质，以及其超越、扰乱、煽动和约束文化的能力。正如人类学家尼科莱特·马可维奇（Nicolette Makovicky）在关于波兰本土工艺传统与色情内衣相融合的民族志案例研究中所强调的那样，人们越来越认为，产品设计、制作类别以及材料根植并构成了新自由主义这一更广泛的政治特征，并满足了市场化和非正规市场经济本质转变的需要（Makovicky，本文集）。

　　同样地，雕塑艺术家弗拉基米尔·阿科契波夫（Vladimir Arkhipov）的作品主要是对那些从废弃的后社会主义家园，以及他的家乡——苏联的梁赞（Ryzan）的路边捡回的发现物与自制的实用设计予以管理。例如，在苏联时期，人们将废弃的餐具加以改造，制作成电视天线之类的研究方法，被视为"商品民俗"，它消解了商品化产品的文化逻辑和霸权，可以说是一种美学陈述，即设计是国家、技术和人格内在化概念的外在体现。这些民间的商品形式，曾充斥于后社会主义的环境，历经改造、抢救和重新发明，如今体现了日常生活的人类学，因为它不是在大企业的设计工作室里想象出来的，而是真实存在于现实生活。

自 20 世纪 80 年代后期以来，随着有关消费和物质文化研究的日益增多，物品的社会生活开始倍受人类学的关注（Appadurai，1986；Miller，1987）。由于关注点已从最初的生活物品原始生产周期转向后消费主义阶段，人类学对非正规经济和拨款模式的地缘政治解读的关注，与设计对可持续性作为生产阶段现象的关注，也发生了逆转。如今，废弃物的处理、回收以及对物流的关注，均被视为文化问题，对此，设计人类学正蓄势待发。随着设计（物质的和非物质的）材料的复杂性所固有的市场之外的价值替代了领域的退化、衰落和运转，设计人类学话题的新领域（例如，转型设计和后发展问题）应运而生，由此产生了新的设计政治学（Norris，2012；Tonkinwise，2014；Gregson and Crang，2015）。

"设计产品"的概念超越了国界，跨越了文化，其意义已经有所拓展，关键在于要将设计从整个体系的线性过程中分离出来。戴安娜·扬（Diana Young）对生活在澳大利亚西部阿南古沙漠地区的人们将废弃摩托车进行定制改造，做了民族志研究，该研究除了承认"设计之物"具有独特的设计师所赋予的权力之外，还展现了那些丧失了功能的废弃手工制品是如何借助于色彩和景观在制造商的扶持之外"存活"下来的。戴安娜·扬生动地描述了原住民的时尚汽车，色彩的重要性超越了全球预测行业的预言，这些汽车使这一"色彩斑斓的商品"世界更为丰富多彩，并且还提供了"一种途径，能够让造物的先贤已有的想法和关联具体化，并得到进一步发展。迄今为止，这种方法只限于稍纵即逝的风景和苦心营建的仪式过程中"（Young，本文集：257）。她同时指出，汽车作为色彩时尚与当地的宇宙论体系密不可分，并对试图在社会、技术和美学功能之间进行区分的设计研究提出了挑战（Crilly，2010）。

设计人类学、品牌和协作

当然，设计并不局限于物的物质性，而是通过零散的现象来运作。全球设计企业宜家（IKEA）就是最好的案例。人类学家波琳·加维（Pauline Garvey）在本文集中说，不能简单地将这家全球最大的品牌家居供应商视为一家公司，也不能将其看作是一个品牌或一种物品种类。宜家的跨国影响力丝毫没有当代消费文化的浅薄和昙花一现，而更多的是依赖其自身的实践相关性。宜家既不是设计师代理，也不是（人类学家和营销专家的）幕后操作者，而是企业巨头。其品牌社会性与价值共创理论意味着"消费者不仅要努力组装平板家具，还要汲取专业知识，获得技能且具备创造力"（Garvey，本文集：183）。而波琳·加维在品牌、空间与社会关系层面广泛应用比较民族志理论，对此观点进行反驳，他认为，宜家的运作方式是集体化的灵感，设计师只是具有一定创新性的代理人，而不是创新者的引领者。

人类学家在企业中所起的作用，及其在品牌的定位、广告的制作与产品的推销方面"串通一气"，至少可以追溯到20世纪50年代（Packard，1957）。近几十年来，随着企业设计人类学的兴起，城市神话传说层出不穷。早在1991年，《纽约时报》就刊登了专题文章《应对文化多元性》（Deutsch，1991），探讨人类学家在商业和技术公司中所扮演的角色。同年晚些时候，《商业周刊》报道也称人类学家"在工作场所研究当地人"（Garza，1991）。许多类似有关人类学家介入工作场所的报道，诸如《在企业村入乡随俗的人类学家》（Kane，2007）和《探究职场文化的未知领域》（Koerner，1998），对"真正的"人类学家的戏仿做了概述，他们将关注点从古代的巴布亚新几内亚的礼物文化，转向平庸的西方企业和消费文化。从那些称赞企业人类学家是未来设计和技术的预言家的报纸署名文章不难看出，人们对人类学家作为"我们"观察者的反面角色的普遍痴迷。像英特尔首席人类学家吉纳维芙·贝尔（Genevieve Bell）之类的名人，扮演着导师的角色（类似于预测未来行业发展的有名无实的领袖），主要负责协调技术创新和社会世界之间的关系（Phelan，2013）。

20世纪80年代末，人类学家露西·萨奇曼（Lucy Suchman）参与施乐帕克研究中心（Xerox PARC）的研发战略，人们对此常津津乐道，而且被商业媒体誉为"人类学如何改变设计，提高商品成功率"的最佳实践案例。据说，萨奇曼对施乐用户进行的民族志研究，启动了大型复印机"突破"设计的按钮。萨奇曼这一传奇人物认为，企业人类学神话传说实际上是虚构出来的，它破坏了深入研究及其研究结果。萨奇曼并不仅仅是"简单的"绿色按钮的倡导者，她针对用户的研究对这一神话的存在提出了挑战。就像她自己所说的那样，绿色按钮实际上掩盖了人们为熟悉机器并能高效操作所付出的努力（2007: 3）。她认为，企业人类学以这种简化论的方式来打造品牌，以及以超越经济范式的方式来了解员工和消费者，这两者应同步并行；人类学既起到了设计品牌（通过媒体向企业雇主提供人们的兴趣和隐藏的公共关系）的作用，也以社会科学之身份，保证了能够恰如其分地洞察到新员工和消费者的文化体验。

像英特尔这种以技术为本的企业（见 Bezaitis 和 Robinson，本文集），在这期间与人类学家联手合作，扩展了他们对零散的全球市场的理解。盛行的"智能住宅"设计模式在技术革新上提供了同质化的视野。但是，人类学的方法促进了跨文化和非世俗的对日常生活的理解（从印度教文化到佛教文化），将软因素，如玷污、神圣性、谦逊、稳重的观念加以考量，而这些因素在西方关于技术剽窃的讨论中被有所忽视（Bell, 2006）。同样，像 IDEO 这样的设计公司鼓励这些人类学家兼设计师运用观察技能与直觉思维来思考问题，不仅仅是解决功能性问题，而且要融入社会领域（Fulton Suri，本文集）。

从民族志转向文化敏感性，虽然受到市场驱动计划的支持，但仍然可以乐观地理解为朝着社会响应的设计转变。然而，一开始就有评论者指出，利用消费者自身进行自下而上的创新，本质上是反动的，就像过去几十年里，政客们转向关注群体，将其作为一种手段，以共谋换取真正的社会创新。这里，引用一位来自新马克思主义网络杂志的批评家的话：

> 作为一种相对较新的沉浸式研究范例，民族志人类学本脱胎于

社会人类学，即白人研究丛林中的土著黑人是为了了解和掌控他们。今天，我们成为了土著，但我们的研究兴趣却受到冷嘲热讽（Perks，2003:1）。

近年来，对于民族志的商品性、人类学融入企业和政治语境，以及设计民族志研究的伦理维度方面的学术审查也更为严格（Moeran，2012；Baba，2014）。正如有关老龄化、社会排斥和外围经济文化价值的民族志研究的例证所显示的那样，人类学的方法能够产生有效的社会创新。可是，设计与人类学产生分歧的关键点在哪里？詹姆尔·亨特（Jamer Hunt）在文章中以批判的眼光阐述了相关实践解决时间性问题的方式（人类学是关于当下，设计是关于想象的未来），并直指企业内部在很大程度上是看似没什么问题的"快速而卑劣的"民族志组织。亨特宣扬了批判性和实验性设计在辅助解决全球范围的问题的过程中所发挥的作用，并总结说："我们不能再满足于人类学'袖手旁观'的感情用事和设计'多即是多'的头脑用事了。"（Hunt，本文集：160）他还认为，同样地，"如果仅仅只是学术界的少数人接触到人类学家的精辟著作，并通过商业利益的兴衰变迁来推动设计师的工作，是远远不够的"。随着思辨性和批判性的设计领域越来越多地涉及（通常是反乌托邦的）超越现代主义的理性主义和进步主义的设计未来（Dunne，2006；Dunne and Raby，2013），"人类学作为一门应用于设计的学科（作为一种方法或文化语境化）"的理念，已经被一种联合实践所取代，它提出问题：现在的人类是什么？然后进一步思考：人文学科又是什么？

前数码时代和后数码时代的设计

后数码时代向"非物质"设计的转变究竟是怎样实现的？在非物质化的背景下，人与物之间的数字空间又是什么样的？早期基于用户和民族志的研究，是在 20 世纪 60 年代和 70 年代人机交互（HCI）的支持下进行的；随后，又在 80 年代进入"交互设计"领域。数码人类学和交互设计已经使 21 世纪的物质文化理论和实践，远远超越了那些早期的企业设计人类学家的研究范围，也超越了复印机绿色按钮的神话。然而，长期以来，模拟向数字生活的转向与随之产生的社会关系，一直为设计互动的参与者所关注（Moggridge，2007），因此数码人类学的出现填补了数字"平行世界"与模拟的"现实世界"之间所残留的概念上的鸿沟（Host and Miller，2012）。调解不足的前数码时代世界，被真正赋予了真实性，而数码设计人类学所关注的焦点，还是彻底地推翻了这一基本假设。设计人类学以其最简化的形式充当需要用户参与为解决方案"打钩"的共同设计项目的社交插件。然而，对于分析诸如关键算法研究的这类新兴领域，它更具潜力，这些领域迫切需要方法论，以及拓宽对非透明形式的设计、工程的微观与宏观意义的深刻认识（Baker and Potts，2013；Pasquale，2015；Demos，2016）。

在这方面，莱恩·德尼古拉（Lane DeNicola，本文集）对描述"物联网"设计师的核心修辞与基于这一核心所创建的公司，提出了质疑。德尼古拉在《互联网、议会与酒吧》一文中挑衅地提出了另一种模式，以此挑战"技术科学"固有的乐观视野和社会平均主义。社会平均主义这一观点源自人们广为接受的拉图尔提出的"物的议会"（准物体和网络化的人与物的关系）概念。他认为，对于人类学家来说，这个充满着机会主义者和恶棍的酒吧，是一个更为狂野和优柔寡断的探索领域，它是一种更为简洁的模式，可以用来研究后数字时代人们的日常生活物品。当企业研究从表面上考虑用户以有限的形式谈论和实践数字的方式时，理论家关注的是物品的作用。德尼古拉提出这样的假设：正如一个传统的人类学家所问的那样，"在这个话语中，在场的人们又会怎样？"同样重要的是，批判性的设计人类学家也必须考虑到物联网中的参与者和代理人不太明显却又"多变的领地"，"偷窥邻居"或盗取广告商收集的个性化数据。

丹尼尔·米勒（Daniel Miller）在关于室内设计实践"仅仅是人的基本属性"这一章节中，对虚拟与现实之间的人为划分，以及批判性人类学探究超越专业设计领域的定义的必要性，提出了质疑。米勒认为，基于社交媒体的长期全球民族志（Miller et al. 2016），网络也是一个居住地，如同一个室内设计亘古不变的实体空间一样。批判性人类学如果不再区分线下世界和线上世界，就会引发一系列涉及普通人类生活的当代本质的关键问题，比如移民问题、社会关系问题和同居问题，而不仅仅是实体的问题。米勒认为，归根结底，室内设计师的技能从线下向线上的转变，并没有让我们变得更不像人类或后人类；相反，设计人类学必须精准地着眼于"去异国化"的网络世界，将这种手工制作理解为一种"让我们都成为普通人"的设计（Miller，本文集：297）。

正如设计过程是人类日常生活中的一个组成部分，设计人类学当然也与文化、经济和社会生活这些更大的框架密不可分。在本文集《海地金融扫盲设计》这篇文章中，艾琳·泰勒（Erin Taylor）和希瑟·霍斯特（Heather Horst）探讨了设计的深刻意义和权力关系在移动货币服务细致入微的民族志中的明显体现，在过去十年，移动货币服务在非洲、亚洲和拉丁美洲迅猛发展。随着移动电话的普遍使用及其便利，它们在通过移动货币服务扩大穷人的金融包容性方面所起的作用，受到了政府、行业和发展部门的欢迎。然而，泰勒和霍斯特通过应用设计人类学的方法，将这个看似简单的"访问"和"可用性"等复杂化了；相反，他们认为，设计视角作为一种品牌和围绕特定形式的技术、文化历史定位价值的美学指标，囊括了对文化素养的广泛理解。这种向人类学领域的拓展提供了一种及时的干预手段，使其不再局限于以工业对象为基础的大规模生产，进而转向本地经济和新兴经济；社会创新可能处于实践的核心，而不是边缘。

本文集概述了专家和用户在概念、设想和参与物质文化方式方面的巨大转向。随着当代设计的输出形式的日益多元化，"设计"这一术语本身，在物品制作过程中对步骤、实践和捕捉物质性的纯粹异质性，变得越来越多余。如今，设计师们加入一项社会研究的可能性与他们参与创造一种形式的可能性差不多：衡量文化关联性曾经是一个直观的过程，而现如今已成为新兴领域——设计人类学——的一部分。观察技术、人类对日常生活的关注和重视，对于解读消费文化、技术互动与媒体的复杂影响，至关重要。随着开拓新市场的价值对产品世界和用户的同质化、全球化的理解提出挑战，人们对于本土的、草根的，以及微观见解的需求，达到了前所未有的强烈程度。同样，社会的迫切需要，即随着设计的替代经济的产生对垄断市场模式提出的挑战，催生了批判性设计的话语。正是人们认识到变革的迫切需要，关于产品与技术的机构和生命、设计师和用户，才得以超越学科界限进行探索和探究，从而将社会理解推进到设计议程的最前沿，并将当代物质文化稳步推向学术研究的中心。

参考书目

1. Appadurai, A. ed. (1986). *The Social Life of Things: Commodities in Cultural Perspective*, Cambridge: Cambridge University Press.

2. Baba, M. L. (2014). "De-Anthropologizing Ethnography: A Historical Perspective on the Commodification of Ethnography as a Business Service", in R. Denny and P. Sunderland (eds.). *Handbook of Anthropology in Business*, 43–68, Walnut Creek: Left Coast Press Inc.

3. Baker, P. and A. Potts (2013). "'Why Do White People Have Thin Lips?' Google and the Perpetuation of Stereotypes Via Auto-Complete Search Forms", *Critical Discourse Studies*, 10 (2) : 187–204.

4. Bell, G. (2006). "The Age of the Thumb: A Cultural Reading of Mobile Technologies from Asia. Knowledge", *Technology and Policy*, 19 (2) : 41–57.

5. Bennett, T. and P. Joyce (2010). *Material Powers: Cultural Studies, History and the Material Turn*, London and New York: Routledge.

6. Blauvelt, A. (2015). *Hippie Modernism: The Struggle for Utopia*, Minneapolis: Walker Art Center.

7. Bonsiepe, G. (1973). "Bombast aus Pappe", *form* 61 (1) : 13–16.

8. Clarke, A. J. (2016). "Design for Development, ICSID and UNIDO: The Anthropological Turn in 1970s Design", *Journal of Design History*, 29 (1) : 43–57.

9. Coole, D. and S. Frost (2010). *New Materialism: Ontology, Agency and Politics*, Durham: Duke University Press.

10. Miller, D., E. Costa, N. Haynes, T. McDonald, R. Nicolescu, J. Sinanan, J. Spyer, S. Venkatraman and X.Wang (2016). *How the World Changed Social Media*, London: UCL

Press.

11. Crilly, N. (2010). "The Roles that Artefacts Play: Technical, Social and Aesthetic Functions" , *Design Studies*, 31 (4) : 311–344.

12. Demos (2016). "The Use of Misogynistic Terms on Twitter" , research summary report, Available online: http://www.demos.co.uk/wp-content/uploads/2016/05/Misogyny-online.pdf (accessed June 15, 2016) .

13. Deutsch, C. H. (1991). "Managing; Coping with Cultural Polyglots", *New York Times*, February 24.

14. Drazin, A. and S. Küchler (2015).*The Social Life of Materials: Studies in Materials and Society*, London: Bloomsbury.

15. Dunne, A. (2006). *Hertzian Tales: Electronic Products, Aesthetic Experience and Critical Design*, Cambridge: The MIT Press.

16. Dunne, A. and F. Raby (2013). *Speculative Everything*, Cambridge: The MIT Press.

17. Garza, C. E. (1991). "Studying Natives on the Shop Floor", *Business Week*, September 30.

18. Gell, A. (1992). "The Technology of Enchantment and the Enchantment of Technology" , in J. Coote and A. Shelton (eds.). *Anthropology Art and Aesthetics*, 40–66, Oxford: Oxford University Press.

19. Gell, A. (1999). "Vogel's Net: Traps as Artworks and Artworks as Traps", in E. Hirsh (ed.). *Alfred Gell, The Art of Anthropology: Essays and Diagrams*, London: Bloomsbury Academic.

20. Glassie, H. (1975). *Folk Housing in Middle Virginia: A Structural Analysis of Historic Artifacts*, Knoxville: University of Tennessee Press.

21. Gregson, N. and M. Crang (2015). "From Waste to Resource: The Trade in Wastes and Global Recycling Economies", *Annual Review of Environment and Resources* 40: 151–176.

22. Gunn, W., J. Donovan and R. C. Smith (eds.) (2012). *Design and Anthropology*, Farnham: Ashgate.

23. Gunn, W. and T. Otto (eds.) (2013). *Design Anthropology: Theory and Practice*, London: Bloomsbury.

24. Horst, H. and D. Miller (2012). *Digital Anthropology*, Oxford: Berg Publishers.

25. Jencks, C. and N. Silver (1972). *Adhocism: The Case for Improvisation*, Cambridge: The MIT Press.

26. Kane, K. A. (2007). "Anthropologists Go Native in the Corporate Village", Fastcompany.com (December 18) . Available online: http://www.fastcompany.com/magazine/05/anthro.html (accessed June 15, 2016) .

27. Koerner, B. I. (1998). "Into the Wild Unknown of the Workplace Culture" , *US News and World Report*, August 10: 56.

28. Latour, B. (1993). *We Have Never Been Modern*, Cambridge: Harvard University Press.

29. Latour, B. (1996). *Aramis or the Love of Technology*, Cambridge: Harvard University Press.

设计人类学

30. Makovicky, N. (2014). *Neoliberalism, Personhood and Postsocialism: Enterprising Selves in Changing Economies*, Farnham: Ashgate.

31. Miller, D. (1987). *Material Culture and Mass Consumption*, Oxford: Blackwell.

32. Moggridge, B. (2007). *Designing Interactions*, Cambridge: The MIT Press.

33. Molotch, H. (2003). *Where Stuff Comes From: How Toasters, Toilets, Cars, Computers and Many Other Things Come to Be As They Are*, New York: Routledge.

34. Moeran, B. (2012). "Opinion: What Business Anthropology Is, What It Might Become …and What, Perhaps, It Should Not Be", *Journal of Business Anthropology*, 1 (2) : 240–297.

35. Norris, L. (2012). "Economies of Moral Fibre: Materializing the Ambiguities of Recycling Charity Clothing into Aid Blankets", *Journal of Material Culture*, 17 (4) : 389–404.

36. Packard, V. (1957). *The Hidden Persuaders*, New York: D. McKay Co.

37. Papanek, V. (1971). *Design for the Real World: Human Ecology and Social Change*, New York: Pantheon Books.

38. Pasquale, F. (2015). *The Black Box Society: The Secret Algorithms That Control Money and Information*, Cambridge: Harvard University Press.

39. Perks, M. (2003, "Ethnography Exposed", spiked, December 30. Available online: www.spiked-online.com/articles/00000006E039.htm (accessed June 15, 2016) .

40. Phelan, D. (2013). "Technology's Foremost Fortune Teller: Why Intel Has an Anthropologist on Its Payroll", *Independent*, September 25. Available online: http://www.independent.co.uk/life-style/gadgets-and-tech/features/technologys-foremost-fortune-teller-why-intel-has-an-anthropologist-on-its-payroll-8839723.html?version=meter+at+null&module=meter-Links&pgtype=article&contentId=&mediaId=&referrer=https%3A%2F%2Fwww.google.at%2F&priority=true&action=click&contentCollection=meter-links-click (accessed June 15, 2016) .

41. Rudofsky, B. (1964). *Architecture Without Architects: An Introduction to Non-Pedigreed Architecture*, New York: Museum of Modern Art.

42. Shanks, M. and C. Tilley (1987). *Re-Constructing Archaeology: Theory and Practice*, Cambridge: Cambridge University Press.

43. Suchman, L. (2007). "Anthropology as 'Brand': Reflections on Corporate Anthropology", paper presented at the *Colloquium on Interdisciplinarity and Society*, February 24, Oxford University.

44. Swenarton, M., I. Troiani and H. Webster, eds. (2007). *The Politics of Making*, Abington and New York: Routledge.

45. Tonkinwise, C. (2014). "Design Studies-What Is It Good For?", *Design and Culture* 6 (1) : 5–43.

苏珊·库勒

1

材料
与设计

材料，一度被人们认为由形式和功能决定，现在则是取决于功能本身。实验室里设计出的物的范围广泛，从实用的到令人不安的，例如易碎的、可折叠和便携的、被动型和主动型的。它们的共同点在于，使我们关注它们所构成的物质世界，与音乐类似，作为一种"生产"（Poiesis），即带有数字和时间序列的逻辑，能够使人迷惑，但却让人无所察觉，从而促发各种迥然不同的关联动作。

设计一直是人类学长期关注的问题，它的思想文脉形成可追溯到18世纪的历史学家、哲学家约翰·戈特弗里德·冯·赫尔德（Johann Gottfried von Herder）。赫尔德的雕塑理论直指语言与重复的身体活动所共有的交流诗性，以及这种交流的诗意元素与由此带来的情感方面的影响之间的关系。这些理念不仅得到了马塞尔·莫斯（Marcel Mauss）——他主要关注特定文化影响下高度发展的身体行为——的进一步发展，而且被弗朗茨·博厄斯（Franz Boas）演变成一种"高超技艺"的概念，即领略篮子编织、陶器烧制和西北海岸木雕雕刻这些实践活动所具有的乐趣。格雷戈里·贝特森（Gregory Bateson）在其"风格、优雅和信息"理论中提出的技术活动的算法和关系性质的概念，最近先后在阿尔弗雷德·盖尔（Alfred Gell）的人造制品索引逻辑理论和弗雷德·迈尔斯（Fred Myers）原住民绘画作品的原型特征分析中被提出。用大卫·弗里德伯格（David Freedberg）的话来说，设计通过对于作品本身"固有"智慧的期待，将其自身与纯粹的物区别开来，而人类学的贡献则在于揭示了设计中具体化的那种思维的主体间性。

尽管这些模式化的思想打开了设计面向人类学进行反思的新世界大门，不过还是有一个明显的疏漏。正如玛格丽特·康基（Margaret Conkey）在旨在探讨风格、设计和功能的《物质文化手册》中所指出的、人类学在探究传统"设计"（Disegno）观念的概念本质方面驾轻就熟，在这一观念中，概念被认为预示着绘画行为，并可能将心理图式的表现形式嵌入社会实践的语境中。然而，它并没有妥善处理好物质及其功能、感官和技术能力等方面的问题，而这些方面必须与制作的规则系统和诗性相结合来进行研讨，方可构建设计对象的形式与功能的共享概念（Reckwitz，2002；Miller，2005）。

　　人类学家没有将物质纳入设计的构想之中，因此错过了质疑"什么是设计"的社会契机，认为它就存在于所谓的"共同创造"这一生产过程中，设计师在该过程中以"理想的"消费者的身份，提供有关挖掘和使用创意商品的信息（Barry，2005；Barry and Thrift，2007）。其他学科，特别是科学史和艺术史，针对设计的历史和体制背景进行研究，同时越来越重视物质和那些带来商机并在设计中得到运用的各种创想（Wagner，2001；Schiebinger and Swan，2005；Klein and Lefèvre，2007；Rubel and Hackenschmidt，2008；Lange-Berndt，2015）。恰逢 21 世纪第一个十年结束之际，关于物质的作用与社会科学范式新兴材料的出现的研究报告出版，总结了长久以来物质科学所认识的问题，即需要从根本上重新认识什么是设计的社会性，以及设计与材料和非材料参照结构之间的关系（Bensaude-Vincent，2004；Bennett，2010；Coole and Frost，2010；Buchli，2015）。要认识理论和方法论对于与设计研究相关学科的意义，我们需要近距离审视设计的变化与材料之间的关系。

设计材料

正如迈克·阿什比（Mike Ashby）和卡拉·约翰逊（Kara Johnson）所指出的，"我们生活在物质世界"。物是用材料制作的，在塑造赋形之前我们就认识到了材料的潜能。然而，用于设计的材料不是新兴或新生的，在"量身定制"的过程中，它们自身受到设计的制约。贝尔纳黛特·邦索德-文森特（Bernadette Bensaude-Vincent）和威廉·R.纽曼（William R. Newman）指出，在这个世界上，自然之物和人工制品之间两极分化日趋严重，我们身边大多数设计材料自身的功能与隐藏在物中的技术息息相关。这些材料的独特之处体现在其合成性和膜状特性，这使得它们能够呈现任何形状，并将形式与功能特性相融于该材料的结构中。材料，曾经被认为是表皮，例如无线键盘的表面本身具有功能——键盘易碎、可折叠，便于携带，而且摸起来像丹宁布。设计材料以"智能材料"著称，范围广泛，从实用到因不确定性而令人不安，但是它们的共同之处在于，吸引我们关注物质世界，它们不仅仅代表了我们是谁，而且能够成为我们的替身，取代我们的某些能力。研究智能材料及结构的目标是通过给无机世界赋予越来越多的生物属性以使其具有活力，并创建起能够相互关联的集成构件网络，（最终）建立起真正可自我学习的、可感觉事物的庞大复杂系统（Küchler，2008）。如今，重新利用"旧"材料，并与这些化学工程材料一起，在借助新工程技术实现未来环保材料制造业中，扮演了极为重要的角色。亚麻、竹子和大麻等材料，在考古和民族志收藏品中十分常见，它们唤醒了人们对遗产、身份和地点关注的意识，但同时也引起有关文化权利和财产的争论。

对现有材料的重新发现与利用表明，所有材料均可成为新材料。然而，如果我们试图区分对材料的关注与现代想象的来源，就必然涉及作为材料本身一部分的技术功能。这种材料就是查尔斯·古德伊尔（Charles Goodyear）在 1839 年首次加工而成的橡胶。1909 年，化学合成的酚醛树脂的问世，迅速推动了合成、可拉伸和可塑材料的革新。1938 年前后，用于塑料材料、尼龙的聚苯乙烯纤维以及涂层，诸如特氟龙（Teflon），开始出现。可以说，正是天然橡胶的弹性及其合成变体覆盖任何物体表面的能力，才能使其无论形式如何，皆可创造出具有新功能的人造物，比如潜水衣、橡胶软管和雨衣（Mossmann and Smith, 2008）。休闲、工作之所以能够以不同的新方式呈现，就是源于材料的"可延展性"，这种材料足以与许多拓宽了生命极限的创举相媲美（Meikle, 1995）。

在以英语为母语的国家，社会科学对于化学革命遗产的传承，以及对设计和新材料使用的关注度，自古以来都偏低。极具讽刺意味的是，随着化学工程的兴起，政治经济发生转变，进而促使民族志方法在当地落地生根，人类学可能比其他学科更多地见证了化学革命对社会的影响。据人类学记载，证明化学革命产生深远影响的一个例子是在新几内亚，谢弗勒尔（Chevreul）于 1823 年首次将天然染料从油、树脂和树胶的复杂混合物中分离出来，发明了肥皂，随后便是欧洲入侵了新几内亚。这一成就归功于尼古拉斯·勒布朗（Nicholas Leblanc）的早期发现，他于 1801 年从食盐中提取出了碱，为欧洲的第一化学工业发展奠定了基础。从 19 世纪 30 年代开始，用化学制成的植物油取代了动物油，成为制造肥皂和

　　　　　　　　　　　　　　　设计人类学

蜡烛的原料，直到 1840 年从椰干提取的椰子油自太平洋群岛进口到欧洲。然而，从纯历史的欧洲中心论的角度来看，以化学工程原材料为对象的贸易开始影响经济，并在全球越来越多的地区产生影响，但在地方史中尚未记载（Smith and Findlen，2002；Schiebinger and Swan，2005）。

材料技术看似平淡无奇却发展迅猛，且已在不知不觉中渗透到现代生活的方方面面，它以一种比科学知识范式更有效的方式，微妙地改变着生活的基础设施（Latour，1992；Hansen，2000）。纳米技术、材料和信息技术现在正与生物学和生命科学相结合，使设计（仿生）和最终产品（仿生学）等具有广泛影响的产品，得以进一步结合。带有技术功能的材料世界，现已超越了所有已知的自然和文化分类，目前数量高达数万余种（Silberglitt，2001）。布鲁诺·拉图尔（Bruno Latour）已经注意到，现有的"物"与"人"这两个截然不同的分类体系之间的相关性正在消失，并为我们创造了体现非人类代言人和人类反抗的物质性语汇（Latour and Woolgar，1979；Latour，1996）。拉图尔曾谈及"物的议会"，这引起人们对物质技术形成中断、修改或重组政治生活集合方式的关注。

由于人类学开始逐渐重视人工介质（Gell，1998），设计材料遵循着科学历史与哲学，已经出挑成为新的认知对象（Daston，2004；Bensaude-Vincent and Newmann，2007）。我们逐渐认识到，在过去一个世纪里，我们最为信赖的方法——对社会与物质、自然与人为之间进行区别——的确已经过时了。当分子间的关联通过材料在我们的生活中显形时，我们甚至都没有意识到它们的存在，设计材料已经远远超出了模拟世界而到了数字化世界的技术层面。已经生产出来的材料考虑到了功能和使用者，虽然几乎不可能再进行改造，却影响着生活的构建。新材料向人类学提出挑战，要以一种设计理论来回应，这种设计理论使我们能够理解材料是如何工作，以及从社会科学的角度来看它们是如何工作的。

材料库正设法处理那些堆积如山的设计材料，据估计有 4 万到 7 万种材料不再适合现有的分类范式。这类材料库创建于 20 世纪 90 年代中期，"Material Connexion" 就是其中一个具体的商业典范，它的实体机构分布在纽约、米兰和北京。随着工业、设计和建筑等领域对物品顾问需求的增加，这类材料库正迅速发展成为关于材料用途的主要知识资源库。新材料不仅仅只是复合材料，在概念或实际物质层面并不容易分辨，因此妨碍了对它们的复制与回收利用；并且由于它们或多或少凝聚了系统传播和复制的潜力，因而那些需要选择材料的人正面临着一个现实问题。从几千种用途不相上下的材料中进行筛选，已成为材料咨询师的专业领域。为了协助设计师掌控这一危机四伏的局面，如今这一庞大领域中又衍生出新的关于工程材料的文本，设计者和制造商可以通过它们来为造物挑选材料（Benyus，1997；Hongu and Philips，1997；Askeland and Pradeep，2002；Ashby and Johnson，2002；Gay，Suong and Tsai，2002；Mori，2002；Addington, Miller and Schodek, 2004；Wessel, 2004）。有关新材料的出版物，还包括适用于设计和工业领域专家的使用手册（Satas and Tracton，2000；Stattmann，2003；Beylerian，Dent and Moryadas，2005）。

使用手册为设计师们提供了材料效果图，展示诸如亮度或拉伸强度等功能特征，但却漏掉了有关使用经验方面的指导。近期，迈克·阿什比和卡拉·约翰逊填补了这一空白，他们撰写了以现象学为导向的设计材料指南，划定了材料的效果范围，以便设计师能够对这些影响加以考虑。他们利用网格系统描绘材料中固有的声学、嗅觉、触觉和运动敏感因素，并把它们排列在以自身、相对感知空间为中心的频谱上。大部分新材料采用了屏幕形式或纤维膜，这一现象无法用隐含在现象学层面描述新材料的感知范式加以解释。这种薄膜仿真布料，就像皮肤一样，形成人与物质世界之间的边界和接触点，约束人们在社会和经济中的关系，同时对它们之间的不同进行界定。我们过去常常将个性化与商品的消费环节关联在一起，而如今，个性化则体现在选择材料和设计阶段。从某种意义上来看，这些材料有助于我们形成观点并对多元知识保有期待。

新兴材料经济的繁荣集中体现在材料的高度流动性和复杂性上，这些材料一旦被采纳转化为功能齐全的产品后，便从一个机构转移到另一个机构。人们已经认识到，材料与知识之间密不可分的联系不仅具有巨大的增长潜力，而且容易受到传送和接收因素的影响。在英国材料行业，新材料呈现出稳步增长的趋势，近年来每年的营业额大约为2000亿英镑，占经济总量的15%，雇员人数为150万，提供了400万个就业机会。2006年，英国贸工部（DTI）的报告向英国材料行业——世界材料学领域的领军者——提出了一系列挑战。这一报告认识到经济波动是建立在人们所熟知且接受的材料基础之上，因而强调在客户、大学、研究技术机构、设计师以及其他中介等利益攸关的多方之间，互联网材料知识的转让对未来的成功起到至关重要的作用。所以，英国政府于2006年创办材料信息网，通过扩展知识传递的广度与深度来提升英国的创新能力。

面对材料与知识之间的新关系，设计师和产业倍感焦虑，因为没能进入市场的设计材料不计其数。除了思索"如何利用材料进行设计"这一问题之外，当区分自然与文化这两者变得毫无意义的时候，还思考究竟什么是材料知识，应该如何传播这些知识；而当它们开始取代关乎身份的人造物的现有材料时，"新型"材料究竟能做什么，这些问题都亟待处理（MuDonough and Braungart，2009）。人类学在这些方面能够为有关民族志材料选择的本质提供理论层面的解读，证明我们在设计研究中往往忽视了社会中自然和人为差异的缺失（Strathern，1999）。

新材料：不确定性和风险的叙事 [1]

全球决策者已经认可关于新材料对社会发展具有潜在益处的前沿科学研究。美国、德国、中国、日本和韩国政府皆认为，先进材料的发展对增强全球竞争力和国家安全至关重要，而且对于迎接清洁能源、粮食安全和人类健康幸福等更大的挑战，也不可或缺。因此，人们认定 21 世纪初，新材料经济是因大量工程技术材料的推动而蓬勃发展，这些材料为未来深远的发展提供了保障。然而，它们的可持续性如何？它们对社会和文化又会产生怎样的影响？

在科学领域，创新本身就享有特权，具体来说，其过程轨迹就是从发明之初到成功投入应用；人们不会强调失败，甚至不会承认。从这个角度来看，新技术似乎正能量满满，而且往往在没有充分证实其潜在后

---

1 这部分是与 Lucy Norris 和 Kaori O'Connor 共同编写的，发表于 2014 年 10 月的第三届开放式系统大会。

设计人类学

果的情况下，就被政策制定者运用于实践了。在很长一段时间里，社会科学领域的看法都是不一致的，新材料一问世，人们便开始关注其在社会上的应用。从这个角度来看，生产迅速变为过度生产，而使用则常常沦为滥用。

最新的民族志研究表明，一种新发明的材料的市场占有率高得惊人，但却因成本过高而未能在前五个月内建立起稳定的市场，这主要是社会因素而非科学因素造成的。人造蛋白质纤维（Azlon）就是一个失败之例。在20世纪三四十年代，这种再生蛋白纤维发展成为羊毛替代品。"二战"期间，由于资源短缺，由牛奶和花生制成的纤维，在美国和英国因其爱国者的标签而被用于商业生产；然而，这两种材料因为结构脆弱而不得不被混合使用。这种纤维的商标，无论是在实物层面还是在认知层面，都很难分辨，不为人所知，因此最终"被人遗忘"，甚至未能开拓出一片站得住脚的小众市场。1945年后，从文化视角来看，它们的发展与战时掠夺和赔偿密切相关。直到最近，这种材料才以一种奢侈的、有益健康的、可持续纤维的面貌再度出现。"Qmilch"便是这种由德国开发的现代牛奶纤维，成为市面上对皮肤有益的理想产品。

新材料可能无法有效流通，设计师可能对其潜能一无所知，消费者或许也不会对它们产生依赖。所以，对于每次长久的"成功"来说，许多材料一旦进入流通领域便开始走下坡路，本来打算开发新材料来解决问题，这一难度又因此增加了。同时，创新优势没有充分挖掘出最新发明的潜能，并提升品质，而是去带动更多新材料，继而造成浪费、生产过剩、风险与不确定性的上升，我们对周围材料的知识也知之甚少。的确，这常常阻碍了人们对材料的深入思考。

新材料市场产生的两种独特现象，分别给社会和环境带来了诸多问题——它们的同时出现或许向我们提出了巨大的挑战。首先是生产过剩，在实验室里，新型材料并没有与工具和技术相互排斥，因此，只要市场有需求，就能够使用适合的机器生产出所需数量和质量的产品。其次是处理的问题，新合成材料会不会在人类文明未知的时间范围内被降解。面对这一挑战，紧接着便是 20 世纪 50 年代第一种畅销的新材料——塑料——商业化的到来（Mossmann and Smith，2008）。

塑料行业肆无忌惮的发展引发了一些后果，其中包括对我们这个时代的环境提出的最大挑战，然而，人们仍被梅克勒（Meikle，1995）所说的设计和新材料"蓬勃的发展"所迷惑。我们沉醉并痴迷于新材料的新颖，却忽视了它的惰性；它们泄漏、转化，并以无形与无法预料的方式与周围的事物发生反应。石棉和塑料是我们首先会想到的两个例子（Norris，2010）。

大太平洋垃圾带（Great Pacific Garbage Patch）以其对环境的巨大影响而众人皆知，大面积的塑料垃圾微粒在世界海洋中的五大环流里呈柱状悬浮，给海洋生物造成毁灭性的灾难。艺术家试图以各种方式表达我们对塑料的爱已经消失殆尽，我们挥霍无度的痛苦，以及克里斯·乔丹（Chris Jordan）拍摄的画面常会浮现在我们眼前——死去的信天翁雏鸟肚子里满是塑料，海龟被渔网所缠绕。海洋垃圾造成的危害难以想象，关于塑料的破裂所造成的分子变化影响的研究才刚起步。的确，"塑料生态圈"（Plastisphere）一词指的是已经进化为生活在人造塑料环境中的生态

　　　　　　　　　　　　　　　　　　设计人类学

系统，正如安德烈亚·威斯特摩兰（Andrea Westmoreland）的摄影作品所呈现的那样。

但是这掩盖了垃圾带来的隐患，它在海洋生命上投下"阴影"，并将广阔的海底和深海变成我们看不到的海洋沙漠，已经给人类生活造成负面影响，并带来了不良后果，即人类丧失了可食用海洋资源。

目前针对如何降低发现、调度和处置材料的不确定性与风险，有两种相互对抗的方法：其一，呼吁加强管理；其二，摆脱对于开发知识资源共享的开放性模式。但是，这两种方法都受到为商品生产设立的现有经济和管理制度的阻碍，这些制度要么不必要地限制材料的流动，要么完全没有意识到它们可能带来的后果。

由于受到风险、易变性、稀缺、边界、恢复力和治理方面的影响，该治理模式几乎只关注材料资源的识别和保护，并且呼吁采取以下措施：在国际舞台上通过战略和外交努力，通过贸易协定和知识交流促进供应的整体方法；提高资源利用率；通过再利用、再生产和二级市场回收，改善资源管理。根据治理模型来看，实际上它是资源政治，而不是环境保护或健全经济制度，这将是通过贸易争端、气候谈判、市场操纵策略、积极的产业政策和争夺控制边境地区来实现全球主宰的计划。

另一方面，开放性获取模式是通过增加连接性来寻找极具创意的、体现机遇、实验和协作叙述特点的高级替代方案。美国在 2011 年推出的"材料基因组计划"（Materials Genome Initiative）就是运用这一模式的案例。该计划旨在通过计算研究，将新材料创新和部署的速度提高一倍，并在不断发展的知识产权框架内，开发全国性的公私合作基础设施，促进对新兴数据与开放获取材料通用数据库的整合。计算研究使用算法生成数百万潜在的新材料，模拟它们未曾被加工制造的物理性质，同时在产品设计的过程中，在空间和时间上模拟新兴材料的行为与性能。

伯克利大学的超级计算集群（Supercomputing Clusters）已被运用于材料项目，其目的就是计算获得所有供研究人员使用的已知材料的特性，从而提高软件对新材料组合的预测能力，并在实验室对其合成之前进行有针对性地筛选最具潜质的有用材料。据称，这种先进的组合技术使新材料从发现到实际应用的转变速度加快了十倍。相反，哈佛大学的开放获取"洁净能源项目"（Clean Energy Project）正在寻求一种明确界定先进材料的解决实际问题的方案。它是目前世界上最大的计算化学实验，以开发高性能有机光伏太阳能电池的候选材料为目标。通过使用 IBM 的全球社区网格，全球公众可以通过捐赠闲置的计算机时间来参与计算研究。迄今为止，该方案已产生了 230 万种候选材料，这些材料的性能已经在线上数据库中公开，其他材料科学家和工程师可以用它们来设计实验性的新产品。

筛查和筛选合适的虚拟候选材料的结果，便是安德鲁·巴里（Andrew Barry）所说的"有根据的材料"（Informed Materials），这些材料的性质是由计算机模拟的，基于其真实形态，对它们的用途做了一些设想；然而，它们一旦具有了真正的社会用途，其结果将无法预测，也难以想象。我们可以看到，这些数以万计的计算新材料的故事，与目前人们熟知的有关资源枯竭造成的可持续性不足的观点，形成了对比。但是，加快技术进步是否真的能解决我们今天所面临的全球性挑战？

　　　　　　　　　　　　　　　　　　　　设计人类学

这种新材料经济也给这些材料潜在的社会生活带来了不确定性、风险和焦虑——它们有着怎样的含义？我们将与它们建立起怎样的关系？有多少新材料会被浪费？为了追求新颖和创新，在继续开发更多新产品之前，不愿挖掘新材料的全部潜力，而将许多新材料弃之一边，这并非鲜见之事，下面这一著名的行业案例可以用于警示。五十多年前，杜邦于 1959 年开发出了弹性纤维莱卡（O'Connor，2011）。莱卡是为了用来做女士腰带而专门发明的材料，因为在 20 世纪 50 年代，所有妇女都系腰带，因此出现了潜力巨大的市场。后来，妇女解放运动兴起，女性抛弃了腰带，莱卡的市场便随之开始衰亡，仓库里堆满成捆的莱卡面料。直到有氧运动开始兴起，莱卡又被重新用来做运动装，简·方达（Jane Fonda）使其名声大振。突然之间，每个人都需要一身能够舒展的衣服——不仅仅是用于体操服，而且还可以用于日常服装。如今，莱卡无处不在，与许多其他纤维混合应用。在这种情况下，科学和社会共同联手，为曾几近被抛弃的纤维打造出了新的市场，充分发掘其潜力。

从根本上讲，这是人类学的问题——文化背景不同或重合的人们，如何在环境不断变化的情况下，了解、使用那些流动性极强的材料，并与之互动。了解材料的用途及其有用性，是可持续材料经济解决方案成功之关键要素，因为仅凭高速材料（High-velocity Materials）本身，无法使我们克服目前在战略上对改进再造和回收利用的依赖。要做到这一点，我们必须把材料以及对它们的理解和直接采取的行动，作为材料与社会科学的研究对象。随着理论传统用普遍主义原则和详细深入的民族志研究方法使文化相对主义实现了平衡，人类学对于材料使用的文化理解研究，从未像现在这样被人们迫切需要。

对于使用材料，社区群体的理解反映了一种具有主体间性的、惊人而深刻的认知，对社会的需求、希望和抱负的敏感，以及成功的标准，更在乎材料的经久耐用、质地结实，而不在于消费的规模。具有讽刺意味的是，潜在的数以万计的材料为了变成物品，宁愿以有限的形式和功能去竞争，而不是根据它们的技术能力加以开发。如今我们对身边材料的性质、可持续性的水平，以及未来的影响，通常一无所知。而恰好正是在这时，材料开始吸纳了技术性能，而我们曾经只是笼统地将它们与物品的形式联系在一起。

材料的数量和内在特征都在逐步发生改变，而且，实验室之外的环境基本上是不被认可的，进入市场已成为既成事实，显然与之前的材料没有区别。这使得现有的培训、监测模式，以及为长期影响所做的规划，极其落伍，无可救药，并且无法做出明智的回应。如果没有深入理解社会在物质发展及其使用中所起的作用，我们如何界定成功的标准，又如何理解有些材料究竟为什么会失败，又是怎样失败的？我们如何评估材料的"有用性"，同时避免浪费其潜能并产生更多无谓的损耗？社会科学的核心贡献就在于，通过对社会与文化价值观的细致研究来认识新材料的价值。

我们背负着旧时代的工业重担，仓促创造未来的生活方式，却忘记了一个非常简单的事实，那就是研发材料就像跳探戈，需要两类人同时参与——一类人是研究如何借助材料来思考的科学家，另一类人是研究如何使用材料的社会科学家。今后的任务并非只是寻找恰当的发明创新

　　　　　　　　　　　　　　　　　　　　设计人类学

材料并将其推向市场的方式，而是寻求如何打破自 19 世纪中叶以来的研究培训壁垒，将材料和社会科学自下而上地进行整合，从而适应 21 世纪需要的方式。

　　未来的制造一直被不确定性和风险的阴云所笼罩，在材料世界里，科学与社会科学只有通力携手，方可迎接挑战。呼吁社会科学，特别是人类学，协助跨学科的对话，以确保实验室里设计的材料的差异性问题包含着社会和文化问题。材料之所以能够被接受与采用，并产生共鸣——远远超出原有的了解材料设计的潜力，激发出新的想象而采取新的行动——其原因在最近一些民族志研究中得以揭示，这些民族志研究敏于察觉什么样的材料会被采用，采用的过程中会发生什么，以及这些材料在不知不觉中对文化想象和行为产生了哪些影响（Drazin and Küchler，2015）。以下内容是这类民族志研究的简要概览，它说明了人们有意识地利用纤维类的材料，它所产生的惊人效果和影响力已经远远超出了材料在社会上所能引起的共鸣范围，更不用说用它制成的织物和染布了。

材料、物质及影响

　　本节探讨的是居住在太平洋区域的人们对布料的接受和转化的个案研究。太平洋岛屿因其艺术传统的多样性和视觉复杂性而闻名遐迩，无论是在贸易交易中，还是在华丽的仪式上，它们都不可或缺。这种丰富、复杂的智慧所期盼与现实世界产生的共鸣，一直是众多民族志研究的主题，这些研究推动了社会和物质概念之间类比关系的理论化。玛丽莲·斯特拉斯恩（Marilyn Strathern）撰写了《礼物的性别》(*The Gender of the Gift*)，这是一部理论影响最为持久的民族志著作，它对所谓的"对人与物的形成产生了一定影响的行为的关系性质及其智力理解"进行了探讨。美拉尼西亚社会与传记的关系，是根据内在层面进行定义的，并被看成是身体物质性别身份的集合，需要将这些物质加以分解，使其以独立个体的形式出现，并能在物理和意识形态上进行复制。这种拆解不可见复合物质的行为，包含着对材料物质的选择，而这些材料物质无论从物理性能，还是从变革能力来看，都被视为具有隶属于身体物质的关系能力。当人们选择了带有具体特性的某种材料，诸如各类木材的柔软性、延展性以及外表和有界的表面的关联性，均呈现出母系特质，其呈现的方式貌似矛盾地瞬间凸显出对父系血统的杜撰。性别物质和材料效应是仪式化对立物中的互补实体，同时显现出相同点与差异性，从概念上来说这是存在的（Bateson，1958）。

对天然与人造、人与物、身体物质与材料物质之间的差异进行区分，在此并不适用，它的影响来自材料炼金术与人的属性之间的融合。将材料作为知识进行处理和转移的方式，凸显了太平洋民族志与当代设计条件之间不太可能存在的"相似"之处，这种方式极具争议性（Barth，1990）。那些对基于材料的知识经济的表述感兴趣的人，应该关注太平洋民族志研究。

关于如何深挖材料知识自身固有的社会性，没有比弗雷德里克·达蒙（Frederick Damon）分析建造库拉独木舟的材料更好的例子了。这个案例是关于经过计算的混凝土材料的选择，其在人类学著作中，以对于

设计人类学

社会团体形象和岛屿世界中的文化想象环境流动性在材料层面的表达而闻名。达蒙指出，在建造航海独木舟时，选择多种不同种类的木材对于技术功能实现来说，是至关重要的，因为它们满足了社会认同的文化想象——用于制作独木舟的树木生长之地，与有关母系的记载和土地轮垦实践所独有的时间周期，密切相关。当把独木舟作为礼物来维系亲密关系时，如果想要具备能制造出获得社会认可并且适航的独木舟所必备的知识，就必须理解材料、物质和实际效果之间的复杂关系。

民族志学者在对太平洋地区布料的引入进行探讨时，涉及人工艺术制品的生产，一种材料被转换为另一种材料，日常生活与劳动忠诚关系发生了微妙的变化，进而带来变革性的影响（Colchester，2003）。当商人能够轻易获得棉布的时候，在太平洋的许多地区，棉布已被视为重要材料，因为棉布已经着过色，而且通常图案多样，否则就无法激起人们的欲望，去了解这种材料可分割、易折叠、便携，以及能够包裹身体和立体外形物件的优良品质。正如尼古拉斯·托马斯（Nicholas Thomas）对东波利尼西亚令人信服的论证：正是波利尼西亚人，而非传教士，在太平洋地区掀起了信奉基督教的浪潮；而在此之前，新材料通过各种方式被利用和转化，使人们联想到与繁荣、财富有关的地位和举止的既定观念的利用、转变。

可以说，棉布对太平洋地区的影响微乎其微，因为，当地已有的布艺美学占据着主导地位，与之并存的是利用桑树皮和露兜树叶子作为材料的当地纤维技术，是它让布艺美学延续至今。其他学者，如利森特·博尔顿（Lissant Bolton）和豪瑟-肖柏林（Hauser-Schaublin），则认为在一些太平洋地区，非布艺美学占主导地位，它注重的不是包裹物的表面，而是线、绳子、蕨叶，与利用棉布的方式截然不同。还有一种不是基于时间而是基于空间的区分方式，与之完全相反，由于进口棉布受到抵制并且（或）采取了某种方式，导致材料的转变，使其符合既定的材料美学。时至今日，人们仍旧拆掉毛衣和裙子，然后改造加工成镂空织物。在穿戴棉制服饰的地方，劳动与忠诚的关系发生了戏剧性的变化，因为妇女在花园里继续工作时，无不受到新卫生标准和体态举止要求的约束。

以库克群岛的波利尼西亚棉被为例，最能说明处理新材料所要做的工作与产品生产之间的复杂关系。在波利尼西亚东部的库克群岛，棉布最受人青睐（Küchler and Eimke，2009）。长期以来，库克群岛的居民一直很重视给树皮布涂色，以及在露兜树睡垫上绘制图案，它们实现起来难度极大，需要经过漫长的浸泡、掩埋和干燥。不过，制作现成的彩色棉布就不必如此费时费力，所以在中国商人追随传教士来到这里的二十五年后，主岛拉罗汤加岛拥有了自己的棉花种植园。

不过，棉布不只特供用于传教士缝制衣服和家居装饰。随着新材料的出现，人们对清洁和护理的需求也随之提高。妇女们开始用碎布缝制繁杂的大床单，也就是后来所说的"Tivaivai"或"拼布被"。为了纪念人生中的重大事件，人们会举办棉被展示与缝纫技术竞赛，就像盆景展会一样竞争激烈，这些竞赛被视为维系缝纫技术发展的主要交流活动，促进了岛屿政治经济的进步。教会把妇女视为忠实的追随者，在教会的支持下，到19世纪中叶，已有妇女接任首领（Ariki）的职位，"Ariki"指半神半人的首领职位，妇女取代了那些再也无法通过祭祀交换机制而汇

　　　　　　　　　　　　　　　　　设计人类学

集神力的男性的地位，因为她们把祭祀制品视为偶像，并接受了基督教。这一转变的发生似乎太快，似乎不值一提，女性曾与神圣力量背道而驰，她们步入婚姻。而作为群岛上在与神的交流中被授予妻子身份的群体，她们受困于这类交换行为，人们假设是她们控制了这些行为关系的本质。

因此，库克群岛的拼布工艺促使权力关系的轴线，从一个以特定点为中心的主要政体垂直拓扑结构，朝向去中心化的政体水平拓扑结构，发生根本性的转变，而这个去中心化的政体水平拓扑结构开始通过借助妇女劳动产品的流通，将已经失去和遗忘的权力重新连接起来，从而扩大其辐射范围（Siikala，1991）。与碎布和重新拼布的行为相关联的劳动关系，能够通过所谓的拟物化方式，或者说，通过将一种材料的表达形式转化成另一种材料，来实现库克群岛社会从核心岛屿群体向扩大的跨国社区进行转变。就像棉布，并不是真的有多新，只是它让人们针对物质媒介中的新特性所做的探索，成为了探究社会形态结构的核心，拼布工艺并不是传教士以为的新事物，而是将雕塑的拓扑结构材料转换到了布料的平面上。正是由于这一做法，拼布工艺才能介入有关行动的观念，而这些行动对于上溯到欧洲侵略时代的历史关系的战略考量，至关重要。

雕塑和拼接之间的形式关系一目了然，就像惠灵顿长筒靴背后不必要的垂直缝，让我们回想起它与皮革制品的亲密关系。这种棉被上的比例非常引人注目，通过按比例的图案自我成倍复制的过程，将小型化与放大倍数联系起来，让人联想到上帝手杖上的木雕。随着时间的推移，伴随政体重塑的祭祀交换行为的关系本质，消隐在塔帕布、编绳索和羽毛紧绑的雕塑中。拼布工艺中还隐藏着妇女在流散的侨民之间重建联系以进行交换的关系本质。库克群岛的拼布几乎不可能集中在同一个地方，它由三种不同的技术行为模式组成，即分区、分组和镜像。所缝制的棉被名称各异，且与不同类型的社会关系相关。有一种拼贴图案（Taorei），由小块的、重复图案的布组成，构成不对称的、传递和相关的继承关系。此外，姻亲之间赠予的被单上印着对称的贴花图案；带雪花图案的或经过裁剪的棉被，被作为朋友与熟人之间相互赠送的礼物。实际上，我们所看到的是藏在雕塑背后模块化的时间地图，它被包裹起来，隐于棉被里，隐于似乎被它独特的物质技术分割出来的缝隙里。

如果不能凭直觉掌握社会结构的基本模拟关系，人们就很难理解太平洋地区的岛民所做的类似炼金术的材料熔合的工作。从方法论的角度来说，人工制造之间的关系，以及他们所参与的逻辑的时间和顺序性质的重建，对于分析来说至关重要，这种方式令人联想到布鲁诺·拉图尔对实验室环境中人类和非人类行为体之间复杂关系网的分析，在实验室的环境中，材料看起来非常不同，但其设计方式并没有不同。

内在魅力：材料属性与设计责任

设计人类学必须对情境的复杂性有所认识。与其说这些复杂性与物品相关，不如说是物品本身自带这些属性，并且有逻辑的物品充满活力，能够激发新行动和新思想，而不仅仅是以具有代表性的方式来反映生产和消费情境。本文认为，它不是传统意义上的形式和功能，而是物的物质属性，出于某些原因而具有迷人的倾向，而这些原因在定义上是复杂的和难以预测与重构的。正因如此，实验室里的设计不可掉以轻心，设计师需要同时具备理解材料和人类学的悟性。

参考书目

1. Addington, D., D. Miller and L. Schodek (2004). *Smart Materials and Technologies in Architecture*, Burlington: Architectural Press.

2. Ashby, M. and K. Johnson (2002). *Materials and Design: The Art and Science of Material Selection in Product Design*, Oxford: Butterworth-Heinemann.

3. Askeland, D. and P. Pradeep (2002). *The Science and Engineering of Materials*, Salt Lake City: Thomson Engineering.

4. Ball, P. (1997). *Made to Measure: New Materials for the 21st Century*, New Jersey: Princeton University Press.

5. Barry, A. (2005). "Pharmaceutical Matters: The Invention of Informed Materials", Theory, *Culture and Society*, 22 (1) : 51–69.

6. Barry, A. and N. Thrift (2007). "Gabriel Tarde: Imitation, Invention, and Economy", *Economy and Society*, 36 (4) : 509–525.

7. Barth, F. (1990). *Cosmologies in the Making: A Generative Approach to Cultural Variation in Inner New Guinea*, Cambridge: Cambridge University Press.

8. Bateson, G. (1958). *Naven: A Survey of the Problems Suggested by a Composite Picture of the Culture of New Guinea Tribe Drawn from Three Points of View*, Stanford: Stanford University Press.

9. Bateson, G. (1973). "Style, Grace, Information in Primitive Society", in A. Forge (ed.), *Art in Primitive Society*, 78–90, Oxford: Oxford University Press.

10. Bennett, J. (2010). *Vibrant Matter: A Political Ecology of Things*, Durham: Duke University Press.

11. Bensaude-Vincent, B. (2004). *Le libérer de la matière? Fantasmes autour de la nouvelles technologies*, Versailles: Inra.

12. Bensaude-Vincent, B. and W. R. Newmann (eds.) (2007). *The Artificial and the Natural: An Evolving Polarity, Cambridge*: MIT Press.

13. Benyus, J. (1997). *Biomimicry*, New York: Perennial.

14. Beylerian, G., A. Dent and A. Moryadas, eds. (2005). *Material Connexion: The Global Resource of New and Innovative Materials for Architects, Artists and Designers*,

New York: Wiley & Sons.

15. Boas, F. (1955 [1927]). *Primitive Art*, New York: Dover Publications.

16. Bolton, L. (2001). "Classifying the Material: Food, Textiles, and Status in North Vanuatu", *Journal of Material Culture*, 6 (3) : 251–268.

17. Buchli, V. (2015). *Immateriality*, London: Routledge.

18. Colchester, C., ed. (2003). *Clothing the Pacific*, Oxford: Berg.

19. Conkey, M. (2006). "Style, Design and Function", in C. Tilley et al. (eds.). *Handbook of Material Culture*, 355–373, London: Sage.

20. Coole, D. and S. Frost (2010). *New Materialism: Ontology, Agency and Politics*, Durham: Duke University Press.

21. Damon, F. H. (2004). "On the Ideas of a Boat: From Forest Patches to Cybernetic Structures in the Outrigger Sailing Craft of the Eastern 'Kula' Ring, Papua New Guinea", in C. Sather and T. Kaartinen (eds.). *Beyond the Horizon: Essays on Myth, History, Travel and Society*, 123–144, Helsinki: Finnish Literature Society.

22. Daston, L., ed. (2004). *Things That Talk: Object Lessons from Art and Science*, New York: Zone Books.

23. Department of Trade and Industry (DTI). Materials Innovation and Growth Team (2006), "A Strategy for Materials". Available online: http://www.matuk.co.uk/docs/DTI_mat_bro.pdf (accessed May 8, 2017).

24. Drazin, A. and S. Küchler (2015). *The Social Life of Materials*, London: Bloomsbury Press.

25. Freedberg, D. (1991). *The Power of Images: The Study of the Nature of Response*, Chicago: University of Chicago Press.

26. Gay, D. V., H. Suong and S. Tsai (2002). *Composite Materials: Design and Application*, Boca Raton: CRC Press.

27. Gell, A. (1998). *Art and Agency*, Oxford: Oxford University Press.

28. Hansen, M. (2000). *Embodying Technesis: Technology Beyond Writing*, Ann Arbor: University of Michigan Press.

29. Hauser-Schaublin, E. (1996). "The Thrill of the Line, the String and the Frond, or Why the Abelam Are a Non-Cloth Culture", *Oceania*, 67 (2) : 81–106.

30. Herder, J. G. ([1778]2002). *Sculpture: Some Observations on Shape and Form from Pygmalion's Creative Dream*, trans. and ed. J. Gaiger, Chicago: University of Chicago Press.

31. Hongu, T. and G. O. Philips (1997). *New Fibers*, Cambridge: Technomic Publishing Company.

32. Klein, U. and W. Lefèvre (2007). *Materials in Eighteenth-Century Science: A Historical Ontology, Cambridge*, MA: MIT Press.

33. Küchler, S. (2008). "Technological Materiality: Beyond the Dualist Paradigm", *Theory*, Culture and Society, 25 (1) : 101–120.

34. Küchler, S. and A. Eimke (2009).

Tivaivai: The Social Fabric of the Cook Islands, London: British Museum Press.

35. Lange-Berndt, P., ed. (2015). *Materiality*, Cambridge and London: The MIT Press.

36. Latour, B. (1992). "Where Are the Missing Masses: The Sociology of a Few Mundane Artifacts", in W. Bijker and J. Law (eds.). *Shaping Technology/Building Society: Studies in Socio-Technical Change*, 225-258, Cambridge, MA: MIT Press.

37. Latour, B. (1996). *Aramis, or the Love of Technology*, Cambridge, MA: Harvard University Press.

38. Latour, B. (2001). *Das Parlament der Dinge*, Frankfurt am Main: Suhrkamp.

39. Latour, B. and S. Woolgar (1979). *Laboratory Life: The Construction of Social Facts*, London: Sage Publications.

40. Mauss, M. (1934). "Les Techniques du corps", *Journal de Psychologie*, 32 (3–4) : 271–293, Reprinted in Mauss, M. (1936). Sociologie et anthropologie, Paris: PUF.

41. McDonough, W. and M. Braungart (2009). *Cradle to Cradle*, London: Vintage.

42. Meikle, J. L. (1995). *American Plastic: A Cultural History*, New Brunswick: Rutgers University Press.

43. Miller, D., ed. (2005). *Materiality*, Durham: Duke University Press.

44. Mori, T. (2002). *Immaterial/Ultramaterial: Architecture, Design and Materials*, New York: Braziller.

45. Mossmann, S. and R. Smith (2008). *Fantastic Plastic: Product Design and Consumer Culture*, London: Black Dog Publishing.

46. Myers, F. (1999). "Aesthetics and Practice: A Local Art History of Pintupi Painting" , in H. Morphy and M. Smith Bowles (eds.). *Art from the Land*, 218–261, Charlottesville: University of Virginia.

47. Norris, L. (2010). *Recycling Indian Clothing: Global Contexts of Reuse and Value*, Bloomington: Indiana University Press.

48. O'Connor, K. (2011). *Lycra: How A Fiber Shaped America*, London and New York: Routledge.

49. Reckwitz, A. (2002). "The Status of the 'Material' in Theories of Culture: From 'Social Structure' to 'Arte facts'" , *Journal for the Theory of Social Behaviour*, 32 (2) : 195–217.

50. Rubel, D. and S. Hackenschmidt (2008). *Formless Furniture*, Frankfurt: Hatje Cantz.

51. Satas, D. A. and A. Tracton (2000). *Coatings Technology Handbook*, New York: Marcel Dekker.

52. Schiebinger, L. and C. Swan (2005). *Colonial Botany, Science, Commerce and Politics in Early Modern Europe*, Philadelphia: University of Pennsylvania Press.

53. Siikala, J. (1991). *Akatokamava: Myth, History and Society in the Southern Cook Islands*, Auckland/Helsinki: The Polynesian Society in Association with the Finnish Anthropological Society.

54. Silberglitt, R., ed. (2001). *The Global Technological Revolution: Bio/Nano/Materials Trends and Their Synergies with Infor-

1　材料与设计

mation *Technology by 2015*, Santa Monica: Rand.

55. Smith, P. and P. Findlen, eds. (2002). *Merchants and Marvels: Commerce, Science and Art in Early Modern Europe*, London & New York: Routledge.

56. Strathern, M. (1986). *The Gender of the Gift: Problems with Women and Problems with Society in Melanesia*, Berkeley: University of California Press.

57. Stattmann, N. (2003). *Ultra Light— Super Strong: A New Generation of Design Materials*, Basel: Birkhäuser.

58. Strathern, M. (1999). *Property, Substance and Effect: Anthropological Essays on Persons and Things*, London: Athlone Press.

59. Thomas, N. (1999). "The Case of the Misplaced Ponchos—Speculations Concerning the History of Cloth in Polynesia", *Journal of Material Culture*, 4 (1) : 5–21.

60. Wagner, M. (2001). *Das Material in der Kunst: Eine andere Geschichte der Moderne*, Munich: H. C. Beck.

61. Wessel, J. (2004). *The Handbook of Advanced Materials: Enabling New Design*, New York: Wiley-Interscience.

2

社会学
中的物品

在人与物品二者延绵不断的相互依存之中，物品锻造着身体，反之亦然。定义广泛的各种工具把人的身体和心理感受延伸到世界之中。通常，社会科学会认为，物品类似于我们心灵的义肢，但我们不仅仅是工具的使用者，因为人的身体便是"工具"。

我的社会学家同行们为什么很少关注物品——它们的创造、设计以及消费细节，这些对我来说一直是个谜。即便他们撰写了一些有关研究大批量生产商品的文章，通常也还是倾向于把物品视为对生活里其他更有价值部分的干扰。我们继承了"弗洛伊德和马克思"的综合观点，将消费视作物恋（Fetish），物品是堕落情感、霸权统治或虚假需求的卑劣佐证。托斯丹·邦德·凡勃伦（Thorstein Bunde Veblen）的观点，为法国社会理论家皮埃尔·布尔迪厄（Pierre Bourdieu）的理论埋下了伏笔，凡勃伦警告说，消费是显而易见的，精英们在利用消费工具制造焦虑的过程中扮演着重要角色。事实证明，对于穷人以及想爬上更高阶层的奋斗者们来说，物质性凭借其具有象征意义的"诱饵"，诱导人们自投罗网。

尽管左派批评尤为盛行，但反商品意识形态的形式多样，且产生的前提也各不相同，例如 18 世纪的英国人担心进口法国商品会将令人羞耻的感官享受传给英国人（Lubbock，1995）。特别是在战后科幻小说与高度复杂的社会学家的研究中（例如 Bittner，1983），人们对机器——尤其是计算机——的盛行感到恐惧。物品，通常作为"自变量"，从外部影响着社会生活，可能造成苦痛或给未来带来威胁，然而，物品本身却消失了。即使是在对世俗生活观察最敏锐的欧文·戈夫曼（Erving Goffman）的作品中，人造物也主要在场景中偶然出现。例如，戈夫曼指出，物体具有"标记"的作用，通过这种"记号"，人们可以将他们的外衣留在椅子上给餐桌"占"位置（Goffman，1971:41）。可是，是什么样的外套？是什么样的椅子？

除了对商品的这种负面否定之外，对商品的讽刺还有一种几乎截然相反的论调。对于那些担心社会不平等的人来说（这和谴责商品的学者一致），问题不在于商品太多，而在于有些人拥有的太少。虽然经常被视为穷人无力满足"基本需求"，但很明显，获取的"不均"才是问题的关键所在。改革者不仅想要给大众提供基本温饱，拥有住房，还希望人们能够享有更多其他人所拥有的——家用电器、宽敞的居住空间和新款轿车。尽管这些都是用来彰显身份地位的物品，但也暗中说明富裕国家的穷人即使没有这些福利也可以凑合着过，持这种看法的人，都是声名狼藉的卑鄙精英。

在社会学学科的早期历史上，至少在美国，有关商品的实证研究的确将关于平等的部分纳入其中。最突出的大概要数斯图尔特·查宾（F. Stuart Chapin）制定的"客厅设备评估表"，其中设置了 48 个选项来判断住户的社会身份。这让他能够通过比较其他小组"装备"的水平，来反映"接受救济"的家庭的生活水平，他可以准确地指出哪些社会群体有"花瓶、电话、收音机、雕像、镜子、钢琴、乐谱"或其他物品（Chapin，1928: 386）。著名的社会学家威廉姆·塞维尔（William Sewell）为该评估表增加了 54 个物件，包括熨斗、钢琴、"客厅窗饰"和"厨房地板上的油毡"（Sewell，1940: 28）。斯图尔特·查平的其他经典论著还涉及青少年对"流行"服装的重视（Lynd，1937: 163），以及汽车和收音机是现代

设计人类学

社会阶层和年龄层次之间生活方式差异之根源的广泛深入探讨（Warner，1949）。然而，物品仍被看作是划分阶级的指标，而不是嵌入具体的生活行动中，个别案例除外。目前还没出现关于人们怎么使用这些物品的研究；相反，在其他学科——人类学的物质文化研究、文化研究、科技研究中，偶有对于广告横幅的关注，尽管也不平均；而在社会学中，仍然只有勉强接受行动者网络理论的领域才能受到关注，不然，人造物就只能以道具的底层身份出现在对非物质性事物的描述里。[1]

人类学家玛丽·道格拉斯（Mary Douglas）和巴伦·伊舍伍德（Baron Isherwood），在他们 1982 年出版的《商品世界》（*The World of Goods*）一书中指出了更好的办法，该书的副书名为《关于消费人类学》（*Towards an Anthropology of Consumption*）。人们在处理尊重、被制止、创造、判断、购买、讨论、展望、改变、放置和处置商品的同时，也在操纵和部署他们自己生活的若干组成部分（Csikszentmihalyi，Rochberg-Halton，1981）。进一步地说，的确可能把无生命物体看作是"行为体"——"行为人"，显然，英国人类学家阿尔弗雷德·盖尔和法国博学多才（神学、哲学、人类学、社会学）的布鲁诺·拉图尔专门使用这个词来承认无生命是物质和社会持久关联的一个部分（Latour，1996）。拉图尔（可能还有盖尔，他在工作中去世）认为，处理人和物品的方法论是对等的。他们没有持某种理想化的本体论平等的观点（Preda，1999），而是正在推广一种理解物质与社会融合的策略。这意味着你可以通过关注商品来发现社会

---

1 对于避免世俗物质性的实践来说，这是一个重要的例外，参见 Csikszentmihalyi 和 Rochberg-Halton 在 1981 年的著作，一个受社会学启发的物质文化研究项目。

的踪迹，反之亦然。再次援引拉图尔（1992）的话，这些物体，再次从社会学调查中调用拉图尔关于"暗物质"（Missing Masses）的概念。随着物质社会揭示了历史发展和人们在此过程中的体会，目标开始转向追随物质社会的关系。

本文的以下部分，我试图说明在社会学计划中物品是如何起作用的，虽然这些计划并没有明确以物品为中心，却发挥着各种作用，且富有成效。我想跨出社会学范畴，来彰显它们的功效。我通过各种不同的方式收集物品，也把自己的一些作品放在其中，通过众所周知的概念和方法论问题，来展示社会学与物品是能够相互结合的。

如何应对身体？

在人与物品二者延绵不断的相互依存之中，物品锻造着身体，反之亦然。定义广泛的各种工具将人的身体和心理感受延伸到世界之中。通常，社会科学会认为，物品类似于我们心灵的义肢，但我们不仅仅是工具的使用者。正如地理学家薛伟德（Nigel Thrift）评论的那样，"有证据表明，像手、内脏、各种其他肌肉和神经复合体以及大脑这样的器官，都是与工具的使用同步进化而来的。通过这种解释，'人的身体即工具'"。（Thrift，2007:10）。

一把椅子的案例呈现出一种相互依存的关系，尽管并非天生具有野心，却引人注目（Cranz，1999；Rudofsky，1980）。从历史来看，椅子始于对地位需求的昭示（例如王位）并给予尊重（"就座"）。椅子无所不在，随着人体肌肉组织的逐步适应，人们便离不开它了。椅子、座椅以及马桶掠夺着身体，创造了拉图尔所说的"混合动力"（椅子—人类），以及哲学家、生物学家唐娜·哈拉维（Donna Haraway）所说的"机器人"。不论是"混合动力"还是"机器人"，都是由更多的人造物和肌肉组织组成的。椅子还涉及普通的社会学事物——不能使用椅子的人（有些出于医疗原因）和"不能坐着的孩子"的异常行为。对于那些擅长坐着的人而言（不是日本人），椅子催生了一种观念，即那些蜷在地毯上吃东西或者蹲着排便的人很原始。[2]

即便在最贫困的群体中，大量的资源——相对于财富基数来说——也被用于身体用品，如珠宝、头饰、服装和化妆品等。这些支出超出了实际应用范围，消除了装饰与家电之间的明确界限。在有些地方，几乎是任意一个地方，有时候（例如夏天的曼哈顿）根本不能从实用角度来理解穿着。但一般的裸露和具体的裸露（准确传达露什么和怎样露）则体现了文化归属与亚文化差异。

关注某些与身体修饰有关的人造物，有助于提供方案以解决进口临床用具的问题。菲利普·布吉奥斯（Philippe Bourgios）和他的同事丹尼尔·齐卡罗内（Daniel Ciccarone）在调查美国艾滋病感染流行情况的同时，也十分重视海洛因的类型与海洛因注射技术之间的相互作用（Ciccarone and Bourgois，2003）。在美国的一些地方，比如研究者的驻地旧金山，海洛因使用者会注射"墨西哥黑焦油"，这是一种重胶质的黏性物质，会

---

2 迪拜政府的一名官员在维护本国移民工人的待遇时解释说，一些出身贫困的人"不知道如何使用马桶，会坐在地上上厕所"（DeParle，2007）。

损坏注射器，所以，使用者经常冲洗所用注射器以避免堵塞。由于这类事情频频发生，布尔古瓦常常担心他是否会因来自附近使用者冲洗注射器时飞溅出的注射液而被感染。然而，正是所有这些清洗行为起到的积极作用，即消除先前注射（和注射器）留下的血迹，从而降低患艾滋病的风险。与粉末式相比，这有助于降低这类海洛因使用者的艾滋病感染率。布尔古瓦和齐卡罗内需要解释吸毒者之间艾滋病感染的地理差异，并且需要留意美国地区与海洛因使用类型之间的关系。研究人员通过密切关注与注射器有关的行为（民族志学者布尔古瓦可能做的事情），可以对难以捉摸的结果做出解释。而对现场设备（Appliance In Situ）以及生态相关性的关注，则有助于解释因果关系。

　　一般来说，身体—人造物的关联揭示了"可供性"（Affordance）的本质。正如工业设计师所使用的那样，这个术语意指物体通过其"表面"（Interface）特征的功能来帮助人们做事的能力——它是如何导致并促成某些特定行动的。日常生活中的乐趣和满足之一，就是遇到一种可供性——体验一扇门所"给予"的权利或者杠杆撬动的"感觉"，它的向下运动指涉着一个人胜任推动世界的能力和行动力。有些可供性可能是普遍的，比如香蕉皮的"可剥离能力"（Peel-ability），但是其他的可供性，如皮划艇桨或手机功能，在历史意义和社会地位上是特定的。从知识上认识到可供性——谁在什么时候，用什么——能够让人们分辨不同时空的人的相似与不同。当然，这种理解也可以反过来——了解可供性的文化特征，使得设计者更有可能构想出切实可行的人造物。

　　　　　　　　　　　　　　　　　　　　　　　　　设计人类学

美又是什么？

这一问题是社会学的难题。有些人说，人的一切行为，包括人类发明的新技术、政治制度和经济结构，都具有审美维度（Smith，1980）。艺术社会学家绘制了品位分布图，但他们将标为"艺术"的领域与日常生活中的给予和索取区分开来。社会学家大卫·哈雷（David Halle）在其著作《内在文化》（*Inside Culture*）一书中，通过对普通家庭空间范围内的"艺术"进行调研，拉近了与现实生活的距离。在人们的住所和公寓里，他注意到（并询问）墙上和电视机顶上放置的物品，他了解了人们有很多风景画、家庭照片和宗教物件，这些事物均呈现出社会阶层之间存在着系统性差异（例如，抽象艺术会出现在上层社会中）。

比哈雷的举动更为激进的是，将普通物品视为具有某种意义的艺术，或者至少是艺术。它们给人带来美感，且长久不衰，这是因为它们令人振奋，给人愉悦或充满诱惑之魔力。这是所有的实用之物所固有的，外观、形状和纹理都以某种特定的方式诱惑着人们。我的烤面包机的手柄诱惑着我的一两个手指，而不是整个拳头或张开的手掌；我感觉它的曲线外形友好柔和，毫无令人畏惧的感觉，可能是因为我曾接触过抽象艺术家，他们也影响了产品的设计者。如果烤面包机看上去令人害怕，那就失去了实用性。所以，形式与功能、美与实用并非相互对立，而是当只有同步时才可发挥其作用。把艺术史和商品史作为一个相互影响的系统——而不是用惯常的方法——进行研究，有助于阐明情感的共同进化、表达力和经济发展。消费品是大众的艺术。

不同种族、不同阶层和不同性别的人，包括年轻人，都喜欢通过感官进行评价，这在人们的日常谈话中极为常见。你还能从商店、专业期刊和财经媒体那里获得关于人们喜好的数据，在柜台后面看或者观察人们所称赞、欣赏或嘲笑得到与没得到的东西（Zukin，2005）。为什么把审美局限于"艺术"以前的分类呢？如果你问人们关于"艺术"的问题，会令他们紧张。这阻碍了我们理解美学与其他事物之间的关系。消费品即艺术社会学中的暗物质。

把消费品作为艺术来研究的一个好处就是，告诉人们变化是如何发生的。人们渴望新东西。从社会组织这一更大问题的表现来看，物质的艺术使我们认识到，一些变化源于自身。时尚系统揭示了社会系统更为普遍的特征。对于社会学家来说，始终如一的假设是，任何信仰或实践上的改变都来自新事物对人类的吸引。从更广泛意义上说，时尚，需要成为任何解释模型的一部分，至少是一个无效假设，即除了推动新事物的发展之外什么都没发生。从斯坦利·利伯森（Stanley Lieberson）在美国所做的一项关于起名字的研究（例如，"詹妮弗"的兴起和"斯坦利"的衰落）可以看出，这种"品位问题"是怎么形成的。人们认为，他们是依据个人的（而且大部分是非历史的）喜好来做选择，实际上，他们是特定时间及社会背景下集体鉴赏力的一部分。同样，从设计的角度来看，总是有一种趋于新事物的驱动力，即便受到过去历史和当下现实的制约。

　　　　　　　　　　　　　　　　　　　　　　设计人类学

强制性消费

有些产品，包括像交通基础设施（见图1）这样的公共产品，是由第三方而不是终端用户购买的。与大多数普通产品的购买相比，用户的消费模式是通过他人选择设备来强制实施的。我和诺亚·麦克莱恩（Noah McClain）在研究纽约市地铁系统的过程中，十分关注器械、站点的实际布局，以及工人的装备（Molotch and McClain，2008）。我们的主要人造物之一就是旋转门，这是一种防止人们免费乘车的机械装置。大都会交通管理局（MTA）的设计越来越严，例如，倾斜容易跨过的旋转栅门滑动板，目的是阻挠逃票者。此外，为了遏制逃票行为，还设置了稍高出头顶的栏杆。以前，即使是年迈和腿脚不灵便的人都能翻越或从栏杆下面爬过，而如今，只有非常矫健的乘客才能逃票成功。由此，这种设备造成了人口统计学的偏差（McClain，2011）。机器中最新颖的转变来自"猫和老鼠"（Tom and Jerry），延续了设计师在用户解决方案中先于用户所做的努力。关注这些人造物，有利于我们为城市生活的组织斗争和个人斗争给出较为详细的解释。

公共纪念碑是一种强制的象征性消费，因此，关于应该展示什么，以及如何进行展示，引发了争论、政治动荡和各地的斗争，如同代表戏剧性高潮的耶路撒冷地区之争一般。一些当代艺术家，有意在其作品中进行"挑衅"，利用物质性增加社会的负担。他们介入社会运转的途径，包括组织运作模式。例如，艺术家汉斯·哈克（Hans Haacke）于1971年为纽约古根海姆博物馆（Guggenheim Museum）策划了一次大展，在博物

图 1 纽约市地铁旋转门
© Noah McClain

馆大厅的装饰纹样匾额上绘制了博物馆创始人的官方肖像（Becker and Walton，1976）。同一系列中的匾额饰板也绘制了古根海姆博物馆的其他员工，包括那些在智利从事家族铜矿产业员工的肖像。企业联盟（以及相关附属机构的收入）的简短说明，以萨尔瓦多·阿连德（Salvador Allende）之死与公司资产的上缴的事实来结尾——这一切都以同样的字体和方式题写。博物馆取消了展览并解雇了馆长。哈克的装置借此通过新闻社评和实践行动，显示资本对艺术的掌控。

这一切都体现了一种方法，即用物品来落实改变（或者至少意味着进行干预），从而激发出文化信息。研究者可能只会提出一种不起眼的改变，比如说建筑物上的指示牌，不同学校采用不同的颜色，或者是用新图标标注教堂的游艺厅；或者可能创造出一种反日常的人造物，就像旧金山探索馆卫生间里的饮水喷池那样，人们并不愿意从那里的水龙头接水喝（见图 2）。然而，那些全然不顾来自田野调查者理想的"窥探式"观察或高校人类学委员会的苛评，提出（或落实）要改变实地环境的人，才会激发关于文化、焦虑、政治的有效信息。

了解历史

相对简单的物品的设计和塑造，驱动着历史的发展。历史社会学家迈克尔·曼（Michael Mann）展示了矛（没错，即骑兵向敌人发起冲锋用的武器）是如何帮助欧洲实现现代变革的，以矛为武器的战士打败了那些没有武器的人。迈克尔·曼向人们展示了这种武器是如何通过组织结

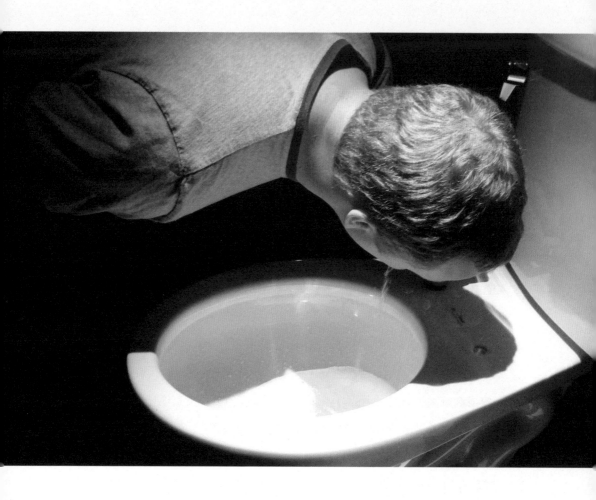

图 2　马桶饮水喷池，旧金山探
索馆。©Harvey Molotch

构和意识形态结构本身获得力量的，这种结构本身就是一个变化的形式，正如所有社会学家所知道的[3]，通过真实的人造物来塑造结果。灯泡，无论其发明者的动机是什么，都是以 24 / 7 工作制来安排工作和娱乐的。像所有的发明一样，它的功能取决于错综复杂的组织结构。休斯（Hughes）、巴泽曼（Bazerman）和比克（Bijker）等学者使用社会学棱镜（尽管比克在这三人中是唯一一位真正的社会学家）来研究，灯泡不仅源于具体的（并非不可避免的）组织环境，而且在其所形成的态度和组织上有所体现。

随着越来越多的调整，包括如何建造工厂（对窗户的需求不足），安排的家庭日程（夜班），以及设计的娱乐（时代广场上的惊险刺激），人造物变得"交互稳定"（Pickering，1995）。

人造物还能推动与集体民族志相类似的宏观比较研究。由此，人类学家米勒（Miller）和伍德沃德（Woodward）用丹宁布当作各国之间比较的基础。他们发布了《丹宁布研究宣言》（*Manifesto for the Study of Denim*），邀请世界各地的学者加入他们关于人们是如何在各种条件下生产并使用这种无处不在的布料研究案例。这样一来，各领域的学者不需要密切监督、高价的协作或严苛的协议，就能参与其中。专注于特定具体的对象，包括民族学的当下，有助于澄清什么是本土的，什么是全球化的，以及两者之间的关系。

对奢侈品的关注使精英的消费模式得以实现，精英们对历史有着特殊的影响。富人凭借非同小可的权力，不惜用任何手段去获取欲求之物。

3　例如，与生理学家贾雷德·戴蒙德（Jared Diamond）颇有影响力的著作形成对比，内容是关于世界上大多数地区的历史。

在历史长河中，譬如文艺复兴时期，拥有珠宝、餐具、纺织品、宫殿和壁画的统治者，即是一种历史的力量。的确，这就是很多事物之所以存在的原因。正如波利尼西亚的首领通过装饰他们的船与房屋来彰显权力（Gell，1998），这些物品是体现权力的工具，并具有吸引帝国盟友的能力。殖民企业的诞生源于对黄金和香料的热情，随后大混乱接踵而来。同哈布斯堡家族保持的联系，给婚姻、资源利用和政治联盟带来影响。凡尔赛花园对于路易十四的重要性在于，它让游客们目睹了"法国的财富、品位和权力"（Mukerji，1997: 317），城堡里的文物和服饰——无论从富丽堂皇的气势，还是华美的造型来看——都彰显出宫廷对于法国在世界舞台上的决定性角色所具有的意义，不管这种富丽堂皇对于让农民感到敬畏起了多大作用（可能很少有人知道发生了什么），它都促成了各地不论远近的精英建立起联系。

政权阶级并没有失去对物品的依赖。他们在解释冷战的结果时，常对苏联人造物的粗糙只字不提。社会学家大卫·里斯曼（David Riesman，1964: 5-77）是一个例外，他戏谑地建议，美国用真空吸尘器、尼龙软管和其他消费品来"轰炸"苏联人民，这将会使他们奋起反抗统治者，因为统治者几乎没有为他们提供任何耐用又美观的物品。但这一切有可能只发生在精英阶层，因为粗制滥造是有历史渊源的。据报道，戈尔巴乔夫一家曾在一个贫穷的战败国，具体说就是意大利，体验过"深刻震撼"（McCauley，1998: 30），可是，那里的村民们在某些方面竟然比苏维埃的精英阶层生活得还要好（Matthews，1978: 177）。评论家指出，戈尔巴乔夫夫妇生活得"锦衣玉食"；《纽约时报》在赖莎·戈尔巴乔夫（Raisa

　　　　　　　　　　　　　　设计人类学

Gorbachev）的讣告中称她很"时髦"（Bohlen，1999）。不抱期望地看，对世界阶层越来越敏感（Zemtsov，1985: 98）的人们所身处的体系，无法为这样的商业市场提供生产。理查德·尼克松（Richard Nixon）似乎认同里斯曼的看法，在美国厨房博览会（著名的"厨房辩论会"）举办之前，他通知赫鲁晓夫说，那些家用产品将成为苏联的软肋。从这一角度来看，苏联解体并非一般意义上的经济失败所致，而是由于总体意义上特定商品的缺陷。如果从个别人工制品来着手分析，或许能帮助社会科学家在预测这一巨大的转变时跟上尼克松的步伐。

注重物质性有助于解释城市的差异性是如何形成的，即使是在普遍的工业化（或资本主义或全球主义）状况之下。城市领导的决定促成了重大实体设备的引入，所以，比如一项对加利福尼亚州沿海不同地区的高速公路选址研究，就为我所在的研究小组（Molotch，Freudenburg and Paulsen，2000）证明了之前允许加利福尼亚州文图拉海滨工业化的决定，是如何降低海滨的舒适性价值，从而使为修路而征用海滨土地的费用无论在经济还是政治层面，都要低于以往。高速公路反过来破坏了"更高级的用途"，特别是阻碍了与海洋相关的旅游设施或以舒适为本的所谓创意经济的持续建设。这些现实在本土文化、政治和经济生活中所产生的效应，坚定了当地的发展方向，并进一步凸显出它与其他沿海地区的差异。因此，决定结果的并不是物质层面或社会层面，而是二者共同融合，随着时间的推移而变得持久，促成地方特征形成的方式。

的确，使用物品不仅可以揭示某个特定地点、历史事件或时代，而且还可揭示历史自身的本质。经济学家保罗·戴维（Paul David）（再一次提问，社会学家去哪儿了？）关注 QWERTY 键盘是如何有益于历史的发展（David，1985，1997）。QWERTY 一旦存在——人们开始争论它是如何形成的——它便成为了一种半自主的力量。有些人因掌握了其使用方法，成为了持续的利益相关者。用户越多，键盘的稳定性就越高，因为生产不同种类的产品或者学习如何使用替代配置进行打字的成本在上升。多亏大卫，正如马尔科姆·格拉德威尔（Malcolm Gladwell）所普及化的——键盘案例展示了路径依赖（Path Dependency）[4] 是如何工作的。我们可以用物质的东西来发现构成任何路径依赖理论的实践，从方法论的角度看，在时空和关系的无限流通中，可以设定一个"停止"（Strathern，1996: 525）。秉持行动者网络（Actor-network）理论传统的学者，正朝着这个方向发展。

采访与间性工具

物品是隐性的"生活文档"（Plummer，2001），因此可作为定性研究的工具。当面与人交谈并观察他们与人造物的交互（回想一下布尔古瓦关于毒品注射器的观点），为人们理解生活和梳理生活的排序机制提供了一条途径，其中包括生活的满意度和危险性。

道格拉斯·哈珀（Douglas Harper）详尽精确地叙述了纽约乡村的单人机械车间（汽车修理厂）关于修复的民族志。他询问了主要受访者和偶尔来访的顾客有关旧车、拖拉机和其他各种手工制品的相关情况，着重

---

4 "路径依赖"属于经济学理论，指在人类社会的技术或制度演化变迁过程中，类似于物理学的惯性，一旦进入某种路径便可能对其产生依赖，是一种自我强化和锁定的效应。——译者注

关注凸轮、活塞和外壳这些机器零部件与手和工具发生实时关联时的细节。他借助于自己精心拍摄的关于手、工具和机器的照片，协同其调查对象一起推进并且协作评估修复工作的完成，包括修复工作所依赖的社会关系。哈珀说道："角色互换就好像物品变成了老师"（Harper，1992：12），在向他娓娓讲述"动觉的正确性"（Kinesthetic Correctness）。社会学家伊丽莎白·索夫等人（Elizabeth Shove et al.，2008）在他们的"Do-It-Yourself"项目研究中，从房主的工具和（或）完成的作品，譬如从一间新浴室或新书架入手，然后，由这些物品向外发展，投射到与之相关联的其他物品上，并反映出家庭的愿望及其内部的矛盾。麦克莱恩和我，通过采访地铁工作人员和询问其职责范围内的工具、小零件，学习到了不少东西："那是做什么的？""你们什么时候使用这个工具？"通过这件事，我们了解到工人们是如何保护自己，如何保证地铁正点运行，如何处罚冥顽不化的乘客（例如，把着门不放的人）。

在另一种方法中，社会学家斯蒂芬·里金斯（Stephen Riggins）在父母家的客厅里用物品来展示他所说的"自传式民族志"。里金斯竭力坚持严格、系统地对待所有物品，包括它们之间的相互关联和它们的"人工生态"，没有放过任何一个细节。他在这里长大成人，能够比较这些物品对于他自身的意义与它们对于他父母生活的意义。随着他的成长（甚至日后），他的个人情感日渐成熟起来，开始不再认同许多物品。但是，他的父母显然非常喜欢这些东西，不仅要留着它们，而且还坚持要把它们一直放在一个地方。这种高度稳定性为里斯金提供了证据，这与"渗透于当代社会日常生活的迹象和意象的急流"（里金斯引自费瑟斯通，

1992：270）的当代社会观念截然相反，家居物品赋予生命以稳定性，"就像一曲乐谱，会不断地重复讲故事，通过这些故事，有选择性地建构自我的社会身份"。商品的细节揭示了停滞与变化之间的平衡。

说明

产品描述将记忆能力引入社会学文本。被精细观察的物品与可能被拍摄或画下来的物品，会让社会学文本更加令人印象深刻，否则将成为这门学科的一个大问题。社会学家米切尔·邓奈尔（Mitchell Duneier）在曾获奖的民族志研究《斯利姆的桌子》（*Slim's Table*）——关于一群定期在同一家餐厅举行午餐会的工人阶级的生活——中列出物品清单，包括研究的核心人物"斯利姆"所使用的品牌名称。在他的同事看来，他把自己描绘成"南方最受尊敬的机械师之一"。我以为，这些令人难忘的证据有一部分是斯利姆口袋里的东西：

> 斯利姆保留了许多钥匙链（贫民窟中责任的象征）和国产汽车零件公司赠送的塑料钱包。里面装着家庭照、AAMCO 债券卡、驾照和汽车身份证。他还带着一包骆驼牌香烟、一些作为机械师需要使用的公司名片，还有一些涉及他在车库里从事各种工作的相关信息文件。（Duneier，1994:9-10）

在这里，邓奈尔利用了他的读者，包括资深的社会科学家，对日常生活中的人造物的熟悉感，展现了它们的语境部署。

　　物品也会出现在许多社会学家视为经典的著作中，至少会产生某些效果。简·雅各布斯（Jane Jacobs）发表过关于居民们将房屋钥匙（又是钥匙）寄存在街角商贩处的著名言论，展示出人们如何通过信任和亲近来安排自己的城市生活。并且，她很好地阐释了街道生活形态的重要性，她的阐述足以对全球城市规划和建筑产生巨大影响。但她的著作竟然对这些人造物只字未提。在与她的一次非正式谈话中，我确实听她说过，她在一家商店橱窗里看到了漂亮的手工珠宝之后就开始喜爱上格林威治村。她知道自己买不起这类东西，但是她说，她想在能看到这类物品的地方生活。希望她有机会在作品中详细描述能使人印象深刻的她所生活的社区。

采样框架

　　将物品作为案例进行研究的基础，能够为选择其他细节和调查关联建立渠道。在《斯利姆的桌子》中，邓奈尔运用表格来选择对分析有重要影响的对象——他们是经常聚在一起吃午餐的人。这使得他开始展开"餐桌研究"，并为此做准备，或是之前加入过餐桌上的讨论。这种方式与其利用钥匙的方式大相径庭，关键在于重要的分析工具，而不是发现需要被调查的人员和内容的基础。尼娜·韦克福德（Nina Wakeford）利用伦敦一条很长的公交线路来定位网吧，并以此作为她研究的基础。这条线路的公交车载着她，逶迤地穿过根据阶级、种族和消费习惯划分的不同社区。她观察上下车的乘客，了解这些社区居民的社交模式，随后，便将关注点放在沿途的网吧上。这些网吧彼此之间没有必然关联，顾客之间也没有联系，但公交线路给她带来了一系列的互动（在公交车上）和场景（咖啡馆），这些都是通过一种机制而不是特定选择来实现的。她了解了人们如何使用公交车和网吧。

使用人造物可以排除抽样偏差，抽样偏差可能因研究人员的偏见或分类清单过于局限而导致。例如，韦克福德可能一开始就认为，黑人与白人社区在咖啡馆的使用方式上有所不同。公交线路的方法为她提供了更多的学习环境。用拉图尔的话来说，她允许伦敦交通运输系统辅助"整合社会"。这提供了一种经验上的开放性，而不是通过已经假设相关的变量来预先构建样本（Nippert Eng，1996）。这不是唯一的方法，但有一定的优势。

哪些人的权力

众所周知，商品是不平等的产物。不过，关注它们的细节，为认识这一过程提供了新的途径。拉图尔在举例说明常见的弹簧门关闭时指出，无论这种日常设备为人们增添了多少便利，但对一些人来说总有不便之处。自动门可能会给拄拐的人或携带笨重行李的人（例如送货员）带来不便，纽约某些地铁旋转门（见图 3）极大地放大了这种效应。拉图尔通过近距离观察的方法，对任何物品的成本和收益差异展开实证研究。

有些例子早已广为人知。例如，穷人最终拿到的是含铅的产品。由

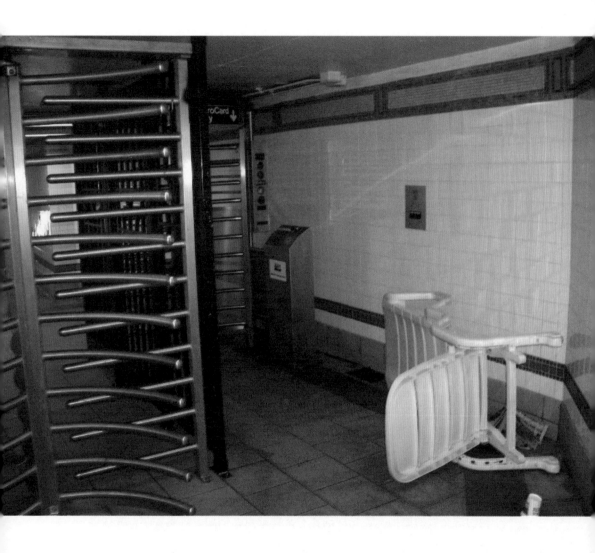

图 3　失望的搬运工，纽约市地
铁旋转门。©Noah McClain

于女性自身的生理与文化需求，公共厕所对她们来说产生了特殊的问题——漫长的等待、蹲位数量不足。以色列的城墙和城门的设计，给巴勒斯坦人造成了障碍。当受害者受伤或者受阻时，可能会归咎于某个主要群体（甚至对其中的人施暴），或者只是自言自语，因为自己"笨"或其他一些不足而自责。人们如何在政治上对人造物予以回应，仍然是设计研究亟待发掘的另一领域。

一些伟大的斗争就发生在阶层内部，包括精英阶层。产品的开发和分销，本质上是政治性的，而不仅仅只是工人阶级的反抗、抵制。在决定谁将斩获白炽灯专利的大赛中，英国的约瑟夫·斯旺（Joseph Swan）和美国的托马斯·爱迪生（Thomas Edison），以及他们各自的支持者，是大赛的主要参赛者。众所周知，在这次国际大赛中，只有这两位竞争对手，在名气、财富和资源分配等方面，对世界产生了重大影响。

那些在白炽灯专利大赛中获胜的人继续为让白炽灯成为固定的照明方式而努力奋战。维贝·比尔（Wiebe Bijker）引用1940年美国国会反垄断听证会上提出的文件和证词，认为重要利益相关者在电力公司的帮助下，密谋阻止荧光灯的使用。正如我们现在所承认的那样，荧光灯效率更高，消费成本也大大降低，这就是比克尔所说的公用事业公司不希望他们这么做的原因。荧光灯确实有某些缺点，例如，灯光昏暗，光线容易闪烁，但是，暗中密谋显然有损消费者权衡利弊并据此进行相应选择的能力。再次随之而来的是巨额资金的转移和对生态的影响。

在制定标准的竞技场中，一些重大基础设施建设存在着显而易见的冲突。在19世纪的英国，相互对立的铁路公司为铁路轨距而竞争，无论是谁失败，他们的铁轨都会面临荒废。索尼 Beta-max 录像系统，可以说优于美国的 VHS（Video Home System），但因美国的消费者抵制索尼产品而蒙受损失（Arthur，1988）。为了制定高清电视的世界标准，日本大型企业 NHK 在 20 世纪 80 年代中期首次开发出新技术，却无法普及（Braithwaite & Drahos，2000）。无线电频率、飞机设备和许多其他产品类型的竞争，同样会引发国内外的对抗信号，这些都会对个人、集体和国家之间的利益财富分配产生巨大的影响。

　　人们往往以容易实施的具体调查方式来决定物品的定位，它们特殊的稳定性持续诱导和阻碍着人们。其次，正如伊丽莎白·索夫（Shove et al., 2008）所说的那样，物品不仅仅是一次性的产品，它们还作为"套件"的一部分。一件事物引出另一件事物，并且相互关联，就像电脑周边设备如何在整体中大量增长一样，有时是连续的，有时则是同时发生的。随着互补性的增强，每一个元素都会变得更加稳固，直到它成为被认为是世上理所当然存在的一部分，比如室内的电源插座。

　　正如霍华德·贝克尔（Howard Becker）所说的，如今，社会关系也算在内，它们依附于每一个人为因素，并创造出一个相互强化的惯性系统。汽车本身就是一个机械零件相互交织的系统，历史上既有和谐也不乏冲突，但它也可通过诸如石油供应商、免下车的快捷银行、约会和"海滩男孩"的歌曲这些互动因素来维续。不过，无论"企业推动汽车行业的发展"这一说法多么正确，最终的结果还是远远超出企业的主导范围。对于那些想要改革生态和生活方式的人来说，资本主义阴谋将是再好不过的消息。不必担心人们的态度（洗脑、虚假的需求，等等），重新组织经济和社会生活以摆脱对汽车的依赖，仍然是一个巨大的挑战。

更为常见的是，自然环境由此产生，社会学家需要通过创造并依赖于基础设施的社会物质碎片来解决那些塑造自然、分配生活机会的巨型基础设施的问题。只有把材料纳入社会学领域（技术、小型发明和自然界），分析能力（或改革）才有希望。

我们都知道，商品总是充满意义，而消费者则心向往之。这带来的结果就是，人们几乎没有时间去思考物与物之间存在的差别。人们为了能获得最新款的网球鞋，要通过"层层关卡"，他们会"愚蠢"地花钱买不同颜色的唇膏。对于这种敏锐感知的能力，批评之剧毒，便是希望的基础。人们可以从如此少的感知中获得如此丰富的内涵，这意味着即便社会和生态遭到破坏，社会系统依然可以照常运转。的确，极少的不平等足以引发巨大的努力。试想一下，学术同仁之间为了利益分配而吵得不可开交。生产体系强有力的规则与财富的再分配都不会因身份和差异对物品的使用产生根本性的影响。人们仍然会深爱着自己所拥有的物品，用它来做出区分和归属。因此，我们现在要寻找一个新的方式来解决这个已经渗透于社会学关于"产品需要思考道德层面"的问题。我们只有通过追踪商品，了解它们如何被制造出来，如何在人们的生活中发挥作用，才能促进社会与生态的改革。我们现在所拥有的不仅仅是自然界的有害垃圾，还有无益于社会的过度消耗。

参考书目

1. Arthur, W. B. (1988). "Self-Reinforcing Mechanisms in Economics", in P. W. Anderson, K. J. Arrow and D. Pines (eds.). *The Economy as an Evolving Complex System*, 9–32, Redwood City, CA: Addison-Wesley.

2. Bazerman, C. (1999). *The Language of Edison's Light*, Cambridge, MA: MIT Press.

3. Becker, H. (1995). "The Power of Inertia", *Qualitative Sociology*, 18: 301–309.

4. Becker, H. and J. Walton (1976). "Social Science and the Work of Hans Haacke", in J. Burnham and H. Haacke (eds.). *Framing and Being Framed*, 145–152, New York: New York University Press.

5. Bijker, W. E. (1995). *Of Bicycles, Bakelites, and Bulbs: Toward a Theory of Sociotechnical Change*, Cambridge, MA: MIT Press.

6. Bittner, E. (1983). "Technique and the Conduct of Life", *Social Problems*, 30 (3) : 249–261.

7. Bohlen, C. (1999), "Raisa Gorbachev, the Chic Soviet First Lady of the Glasnost Era, Is Dead at 67", *New York Times*, 21 September.

8. Bourdieu, P. (1984). *Distinction*, London & New York: Routledge.

9. Braithwaite, J. and P. Drahos (2000). *Global Business Regulation*, Cambridge: Cambridge University Press.

10. Chapin, F. S. (1928). "A Quantitative Scale for Rating the Home and Social Environment of Middle Class Families in an Urban Community", *Journal of Educational Psychology* 19 (2) : 99–111.

11. Ciccarone, D. and P. Bourgois (2003). "Explaining the Geographic Variation of HIV Among Injection Drug Users in the United States", *Substance Use & Misuse* 38 (14) : 2049–2063.

12. Cranz, G. (1999). *The Chair*, New York: Norton.

13. Csikszentmihalyi, M. and E. Rochberg-Halton (1981). *The Meaning of Things: Domestic Symbols and the Self*, Cambridge: Cambridge University Press.

14. David, P. (1985). "Clio and the Economics of QWERTY", *The American Economic Review*, 75 (2): 332–337.

15. David, P. (1997). "Path Dependence and the Case for Historical Economics: One More Chorus of the Ballad of QWERTY", University of Oxford Discussion Paper in *Economic and Social History*, 20: 3–47.

16. DeParle, J. (2007). "Restive Foreign Workers Have Fearful Dubai Eyeing Reform", *New York Times*, 6 August: A8.

17. Diamond, J. (1991). *Guns, Germs, and Steel: The Fates of Human Societies*, New York: Norton.

18. Douglas, M. and B. Isherwood (1982). *The World of Goods: Towards an Anthropology of Consumption*, New York: W. W. Norton.

19. Duneier, M. (1994). *Slim's Table*,

Chicago: University of Chicago Press.

20. Featherstone, M. (1992). "Postmodernism and the Aestheticization of Everyday Life", in S. Lash and J. Friedman (eds.). *Modernity and Identity*, 265–291, Oxford: Wiley-Blackwell.

21. Gell, A. (1998). *Art and Agency*, Oxford: Oxford University Press.

22. Gladwell, M. (2002). *The Tipping Point: How Little Things Can Make a Big Difference*, Santa Ana, CA: Back Bay Books.

23. Goffman, E. (1971). *Relations in Public*, New York: Harper Colophon.

24. Halle, D. (1996). *Inside Culture*, Berkeley: University of Chicago Press.

25. Haraway, D. J. (1991). *Simians, Cyborgs and Women: The Reinvention of Nature*, New York and Abingdon: Routledge.

26. Harper, D. (1992). *Working Knowledge: Skill and Community in a Small Shop*, Berkeley: University of California Press.

27. Hayden, D. (1995). *Power of Place*, Cambridge, MA: MIT Press.

28. Hughes, T. (1989). *American Genesis*, New York: Viking.

29. Jacobs, J. (1961). *Death and Life of Great American Cities*, New York: Random House.

30. Latour, B. (1992). "Where Are the Missing Masses", in W. E. Bijker and J. Law (eds.). *Shaping Technology/Building Society*, 225–258, Cambridge, MA: MIT Press.

31. Latour, B. (1996). *Aramis, or the Love of Technology*, Cambridge, MA: Harvard University Press.

32. Latour, B. (2007). *Reassembling the Social*, New York: Oxford University Press.

33. Lieberson, S. (2000). *A Matter of Taste: How Names, Fashions, and Culture Change*, New Haven: Yale University Press.

34. Lubbock, J. (1995). *The Tyranny of Taste*, New Haven: Yale University Press.

35. Lynd, R. and H. Lynd (1937). *Middletown in Transition*, New York: Harcourt, Brace.

36. Mann, M. (1986). *The Sources of Social Power*, Cambridge, UK: Cambridge University Press.

37. Matthews, M. (1978). *Privilege in the Soviet Union*, London: Allen & Unwin.

38. McCauley, M. (1998). *Gorbachev: Profiles in Power*, London: Longman.

39. McClain, N. (2011). "The Institutions of Urban Anxiety: Work, Organizational Process and Security Practice in the New York Subway", PhD diss., Department of Sociology, New York University.

40. Miller, D. and S. Woodward (2010). *Global Denim,* Oxford: Berg.

41. Molotch, H. and N. McClain (2008). "Things at Work: Informal Social-Material Mechanisms for Getting the Job Done", *Journal of Consumer Culture*, 8 (1) : 35–67.

42. Molotch, H., W. Freudenburg and K. Paulsen (2000). "History Repeats Itself, but How?: City Character, Urban Tradition, and the Accomplishment of Place", *American Sociological Review*, 65: 791–823.

43. Mukerji, C. (1997). *Territorial Ambitions and the Gardens of Versailles*, Cambridge, UK: Cambridge University Press.

设计人类学

44. Nippert-Eng, C. (1996). *Home and Work*, Chicago: University of Chicago Press.

45. Pickering, A. (1995). *The Mangle of Practice*, Chicago: University of Chicago Press.

46. Plummer, K. (2001 [1983]). *Documents of Life: An Introduction to the Problems and Literature of a Humanistic Method*, London: Sage.

47. Preda, A. (1999). "The Turn to Things: Arguments for a Sociological Theory of Things", *Sociological Quarterly*, 40 (2) : 347–366.

48. Riesman, D. (1964). *Abundance for What?*, New York: Garden City.

49. Riggins, S. (2004). "Fieldwork in the Living Room: An Autoethnographic Essay", in S. H. Riggins (ed.). *The Socialness of Things*, 101–147, New York: Mouton de Gruyter.

50. Rudofsky, B. (1980). *Now I Lay Me Down to Eat*, Garden City, NY: Anchor Books.

51. Sewell, W. (1940). A memorandum on research in income and levels of living in the South: Revision of a memorandum prepared for consideration at the Sixth Annual Southern Social Science Research Conference, Chattanooga, TN, 7–9 March, in Stillwater, Oklahoma: Agricultural and Mechanical College.

52. Shove, E., M. Watson, J. Ingram and M. Hand (2008). *The Design of Everyday Life*, London: Berg.

53. Smith, C. S. (1980). *From Art to Science*, Cambridge: MIT Press.

54. Strathern, M. (1996). "Cutting the Network", *Journal of the Royal Anthropological Institute*, 2 (3) : 517–535.

55. Thrift, N. (2007). *Non-Representational Theory: Space, Politics, Affect*, London & New York: Routledge.

56. Wakeford, N. (2003). "A Research Note: Working with New Media's Cultural Intermediaries", *Information, Communication and Society*, 6 (2) : 229–245.

57. Warner ,W. L. (1949). *Social Class in America*, New York: Harper Torchbooks.

58. Zemtsov, I. (1985). *The Private Life of the Soviet Elite*, New York: Crane Russak.

59. Zukin, S. (2005). *Point of Purchase*, London & New York: Routledge.

艾莉森·J.克拉克

设计中的
人类学物品

从维克多·帕帕奈克到"超级工作室"

物品和工具代表着一个特定的调查领域，它们自身的特性使其更适合于被视作阐释复杂关系的关键。物品是创新驱动的直接见证者。[1]

——亚历桑德罗·波利（Alessandro Poli），

"超级工作室"，1973 年

1　引自 Lang and Menking，2003:226

本文将探讨设计与人类学的历史关系、对象和方法，重点探讨 20 世纪 70 年代设计行业对其在商品生产中的社会和生态方面产生作用的质疑。这个时期见证了一种批判性设计文化的出现，它试图剥离商业产品周围的"虚假"外衣，将本土和人类学的物品视为"非资本主义"创造力的另一种设计模式。这种关系延伸到 70 年代后半叶，通过国际工业设计协会（ICSID）和联合国工业发展组织（UNIDO）的政策制定，人类学学科和设计实践正式联手合作。在 20 世纪 70 年代，随着由积极分子发起的对社会负责的激进设计运动的出现，设计与人类学携起手来，与冷战后期的发展策略背道而驰地出现在几个主要工业国家中。

对商品形态的批判

1976 年，纽约的库珀·休伊特国家设计博物馆（Cooper Hewitt National Design Museum）以一次名为《人类变革》（*MAN transFORMS*）[1]的激进展览作为开馆首展。该展强调过程，而非最终产品，并对设计实

1　应该考虑到此次展览题目与人类学图式的结合，同当时的女权主义话语有关。1978 年，美国著名女权主义者玛丽·达利（Mary Daly）出版的《妇女 / 生态学：激进女权主义的元伦理学》（*GYN/Ecology*）的部分章节，探讨了父权制关系对"自然"的破坏与控制的后果。这一时期的女权主义话语也把生产和消费的非资本主义经济模式看作是颠覆父权逻辑的手段（重视"手工制造"或土著的大规模生产）。参见 Attfield，1989:199–225。

践的定义及其与社会的关系提出了质疑。奥地利建筑师汉斯·霍莱因（Hans Hollein）应邀对设计进行解读，他的说法极具煽动性，体现了跨学科的特点，并倾向于将物品作为社会过程的结果来广泛理解人类学，从而避免"天才作者"的范式。博物馆馆长这样描述展览背后的驱动力："当今社会关注的问题表明，有必要把注意力放在远比品位更深层次的问题上。"（Hollein，989: 10）。

霍莱因坚定不移的理念与查尔斯·伊姆斯（Charles Eames）、雷·伊姆斯（Ray Eames）和乔治·尼尔森（George Nelson）等美国设计师的设计理念背道而驰，可以说，这些设计师是在参加美国首家国家设计博物馆开馆大展的设计师中人们显然会最先想到的，也是颇具争议性的出席者。[2]霍莱因基于具有批评视野的欧洲传统，提出注重探索设计的概念，而不是单纯针对对象的恰当理论方法。展览模糊了产品、城市设计和建筑设计之间的界限，并毫无牵绊地再度受到美国设计文化的商业与职业实用主义的影响。设计师坚持认为，这只是"一套关于设计是什么的说辞"（Hollein，1989: 13）。

《人类变革》主要展示的是匿名之物，没有采用最新的、那些人们必须拥有的知名商品或设计史上最精良的设计典范。在一个顶部装有照

2　欧洲馆长的选择或许源于艾米利奥·阿巴斯（Emilio Ambasz）策划的现代艺术博物馆在1972年举办的设计展《意大利：意大利设计的国家景观、成就与问题》（*Italy: The New Domestic Landscape, Achievements and Problems of Italian Design*）的成功举办。在建筑历史学家威廉·门金（William Menking）看来，该展将"超级工作室"里年轻的佛罗伦萨建筑师的中心舞台置于纽约的设计和建筑场景中，而"当时没有其他有远见的建筑绘图员，普莱斯（Cedric Price）、建筑电讯派（Archigram）或奥地利的蓝天派（Coop Himmelbau）、豪斯拉克科（Haus-Rucker-Co）、汉斯·霍莱因或瓦尔特·皮克勒（Walter Pichler）在当时都有重要的博物馆展"。详见 Lang and Menking, 2003: 55。

　　　　　　　　　　　　　　　　　设计人类学

明灯的展示柜里，放着一张超大的长餐桌（暗示着达·芬奇《最后的晚餐》），桌上展示着具有跨文化意义的面包样品，从面饼到椒盐脆饼。

毗邻《世界每日面点》（*The Daily Breads of the World*）的展位，有一面墙上装置着名为《基础之物的变化：锤子》（*Variations of a Basic Item: Hammers*）的展品，展示了一百多种类型的锤子功能的演变。从旧石器时代的石锤到装潢设计师的大头针锤，该展品自觉地与传统民族博物馆里的藏品类似。

展览之物被置于一种确切的"人类学"环境之中，因此也可作为解释日常物质文化的方法。《产品：日常生活》（*Products: Daily Routine*）以徒步旅行中抓拍的照片为特色，着重于对日常仪式的细微观察。新建的国家设计博物馆，采用了跨文化的方法，跨越古埃及时代，直至当今工业社会，宣称是印度的纱丽，如同前卫的玻璃雕塑，在全世界范围内的设计话语中具有重要的意义。跨文化并置取代了典型的装饰艺术博物馆的观赏和编年展示的方式。相反，设计领域的民主化愿景，从食物到建筑结构，对非西方物质文化毫无保留赋予的意义，即使没有变得更重要，也算是对等的。

鉴于国际设计博物馆明显的保守性，即便在今天，人们仍青睐"明星"设计师和负有盛名的物品。1976 年的干预措施强调了设计的关键作用和社会影响，用现代的眼光来看，这一干预可以说非常激进。在 21 世纪，设计对空间和"物品"精神、情感和内在含义的注重，抢占了这一策略作为设计发展框架走向意义、价值和消费的先机。这种方法令人联想到现代设计民族志以及将"用户"放在首位的主张。

但最为重要的是，展览《人类变革》作为来自前现代的承诺，应被视为 20 世纪 70 年代向人类学迈进的顶峰。方言和人类学的对象乃是一个尚未被肆意的商业主义、应用美学和异化的商品文化所影响的世界的残余之物。作为来源，其他文化之物为设计师提供了重新凝聚社会的机会，摆脱了作为资本主义"女仆"的耻辱，正如新马克思主义哲学家沃尔夫冈·豪格（Wolgang Haug）在其《商品美学批判》（*Kritik der Warenästhetik*）一书中，对残酷的资本主义所描述的那样。豪格的这一著作，于 1986 年被译为英文，名为《商品美学批判：资本主义社会的表象、性别和广告》，并将设计理解为更广范围的媒体和广告"幻想产业"的一部分。豪格将资本主义社会的设计喻为战时的红十字会——鼓舞士气，却在大屠杀后与军队共同清理现场（Haug，1986，引自《台阶》，1997：41）。此外，消费文化及其诱人的伪装，被看作是一种女性化的现象、现代社会堕落的产物，使人们屈从于资本主义的一时冲动。[3]

实际上，《商品美学批判》总结了左翼知识分子对设计师在高级消费社会中的管理、创造和提升"虚假意识"与无止境的欲望方面所起的作用。而来自美国西海岸更为民粹主义的反文化刊物《全球概览》（*Whole Earth Catalog*），也有对仿冒消费产品进行批评的声音。

到了 1971 年，《全球概览》杂志已经收获大批拥趸。像西尔斯百货和罗巴克百货发行的消费者目录，早已被视为充足的消费形式和凝聚社会的美国梦的象征。自 19 世纪以来，消费者目录为不论来自城市还是乡

3　参见 Teal，1995：80–109，有关"商品美学"的性别化和性别化话语的讨论。

村的美国人，带来各种令人眼花缭乱的商品和设计，不同的社会阶层和种族群体，通过消费者目录而团结在了一起。

《全球概览》作为这种消费机制的半成品，完全消除了对消费品的需求，却为有社会责任感的生活提供了生态意识的"工具"——从生存主义者的硬件装备到观星手册（Turner, 2006）。该目录重新赋予"物"以魔力，并使其与用户的社会和集体需求相关联；就像人类学的对象一样，其内涵来自文化意义，而不是将消费者的欲望掺杂其中。《全球概览》在全国范围内发行，为读者提供了一本现代生活工具词典——反文化自我集体设计的新土著文化的蓝图，充满着本质含义（而非虚假的）之对象。[4] 这些项目特色不一，有克拉克的袋鼠步行鞋，也有自制充气庇护所的图解。

在 20 世纪 70 年代的生活方式消费文化史中，宾克利（Binkley, 2007）将《全球概览》的现象置于更为普遍的、围绕着自我和社会关系的"放松"思想的语境中，由此产生的个人生活方式的选择，最终得以重新评价。商品文化中的选择与对"事物"的辨别，继而引发了在反文化生活方式兴起过程中显现出的新的伦理关怀。该目录涵盖着一系列相类似的畅销书，如《如何令你的大众汽车保持活力》（How to Keep Your Volkswagen Alive）、《自己的成长：与有机园艺相遇》（Grow Your Own: An Encounter With Organic Gardening）、《生活在地球上》（Living on Earth），以及《其他住房和垃圾：自给自足的生活设计》（Other Homes and Garbage: Designs for Self-Sufficient Living），它们界定了为了迎合协作的商品资本主义逻辑的"自助文化"

---

4 《全球概览》和"书作为工具"的广泛探讨，详见 Binkley, 2007:101–129。

（Self-help Culture）（Binkley，2007: 118）。这些书被视为这一事业中的"工具"，而目录的灵敏性与其自创的集市风格的页面，充满着"被发现"的图像和对商品的另一种解读，有意识地摆脱了商业出版社的审美习俗。如今许多评论家将《全球概览》视为互联网资源的先驱，而且它借鉴了一种具有生态意识的、反文化的索引出版物（访问目录），这种出版物是为追求整体的、对社会负责任的生活方式的人们而制定的（Binkley，2007: 117）。

设计师的原住民之物

《全球概览》是为了反对维克多·帕帕奈克的《为真实的世界设计》而设计的。帕帕奈克的论战向一代幻想破灭的设计师吹起了号角，甚至在豪格的理论受到批判之前，万斯·帕卡德（Vance Packard）便在其畅销书《废物制造商》（*The Waste Makers*）中谴责了这些设计师是"废止计划"的策划者。

帕帕奈克的著作对设计界与资本主义奢侈的、毫无意义的商品文化的肆意联盟进行斥责。该著作于 1970 年首次以瑞典语出版，书名为《环境与数百万：为服务还是为利润设计？》（*Miljönoch miljonerna：design som tjänst eller förtjänst？*），它利用人类学作为矫正方法，解决了这种异化的状况（Clarke，2012；2015）。帕帕奈克在"蛇油与镇静剂——大众休闲与冒牌时尚"一章中，对 20 世纪设计师的困境进行了总结：

> 不错，设计师必须意识到自己的社会责任和道德责任。因为设

计是人类最强有力的工具，可用来塑造产品、环境，并延展自身。设计师必须通过设计分析其过去的行为和可预见的未来后果。

当设计师生活的每个部分都受到像美国这样的市场导向、利润导向系统的调节时，这项工作就难做多了。（Papanek，1977 [1971]：87）

作为重量级的设计评论家，帕帕奈克在其设计作品中融入了他对人类学和方言形式的兴趣。他的私人研究图书馆藏量丰富，拥有数百种人类学图书，例如《爱斯基摩手工制品：为使用的设计》（*Eskimo Artefacts: Designed For Use*）、《日本的勺子》（*Japanese Spoons and Ladles*）、《特瓦族的世界：普韦布洛社会的空间、时间、存在与发生》（*The Tewa World: Space, Time, Being and Becoming in Pueblo Society*）。这些书强化了他对"另类"生态学设计的认识。他长期与原住民文化团体一同走访、观察日常生活中的物品和美学。富含人类学意味的物品，如巴厘面具、佛像等，在他家随处可见（见图4—图6）。[5]

这种对人类学的热衷，是20世纪70年代更广泛的研究领域的一部分，民间历史学家、考古学家和人类学家，将它与其他文化进行批判性比较，以此对当代生活和价值观的假设提出质疑。毫无疑问，本土物品是对西方文化进行批判性反思的源头，这种方法往往忽略了本土文化自身的复杂性，有利于将"另一种"浪漫主义视为非复杂的、未被污染的、固有的真实。

---

5 2010年，维克多·帕帕奈克档案图书馆被维也纳应用艺术大学收购，其中包括了帕帕奈克收藏的原住民物品，以及维也纳应用艺术大学艺术与设计系列的部分藏品。

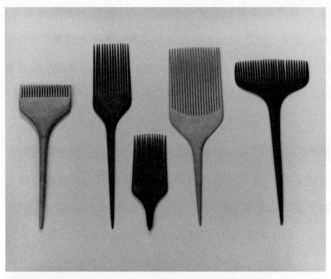

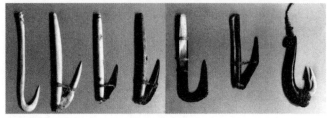

图 4 (上)由帕帕奈克收集的一套木制日本
梳子,是本土设计与人体工学、文化仪式相
关联的典范(这一案例体现了艺伎发型的高
雅美学)。图片源自维也纳应用艺术大学维克
多·帕帕奈克基金会。

图 5 (下)来自巴布亚新几内亚的钓鱼钩藏
品,被帕帕奈克用来展示本土文化中的设计发
展。图片源自维也纳应用艺术大学维克多·帕
帕奈克基金会。

图 6 (右)维克多·帕帕奈克与妻子哈兰尼
在哥本哈根的寓所(1973 年),背景皆为原
住民物品。

但帕帕奈克对人类学物品格外热衷的主要原因是，他能够将类似的分析原理应用到自身文化中的物品上。20世纪60年代，帕帕奈克在美国的一个教育频道主持系列电视节目《设计维度》(*Design Dimensions*)，以"吃掉假货""地狱路线图"和"镀铬棉花糖"为题，探索西方消费文化设计的"异域特色"。后来这一系列节目演变成为商业电视节目《流行文化》(*Pop Culture*)，旨在探讨广告、流行文化对人类影响的微妙之处。[6]

帕帕奈克把对于美洲原住民和日本人本土物质文化上的微妙差别的理解认识，同对自身文化"异国情调"的迷恋，结合在一起。他喜欢收藏"贫民玩意儿"(Idiot-gadgets)[7]和毫无社会价值的物品。收藏那些西方极具民族风格的工业文化的荒诞物品，极大地启发了他关于设计和消费文化的批判性写作。大阪三洋电机株式会社研发的标价为6600美元的"人体洗衣机"（被1972年《时代》杂志评为"除了肮脏的财富之外，所有一切皆不可触及"，帕帕奈克把这段话剪下来作为"流行文化"档案保留），成为他对当代工业设计哀叹的证据。类似的例子，如对狗的"圣诞老人服装"（以"家里有一个活的圣诞装饰品"为题）广告所做的剪报，为他对当代日常生活的准民族志研究，提供了丰富的素材（Papanek，1971；1973）。他在1977年与人合著的《事物是如何失灵的？》(*How*

6　这个十二集系列片在WUNC-TV首次以《流行文化：大众媒体文集》公演，当时维克多·帕帕奈克任北卡罗来纳州立大学产品设计系主任。该系列片源自纽约州布法罗的教育电视频道（WNED-TV），标题为《设计维度》。

7　"Idiot"指精英视角下没有受过专业训练的普通民众，"Idiot-gadgets"则意为贫民自制的物品。——译者注

Things Don't Work），是关于西方物质文化的准民族学观念的巅峰之作，从无效的开瓶器到危险的抽水马桶，这本书积极地关注着这些日常设计发生功能障碍的荒谬性（Papanek and Hennessey，1977）。

在现代主义晚期的几十年里，设计师对方言、流行文化和人类学物品的利用占优先地位。1955 年，查尔斯·伊姆斯（Charles Eames）拍摄了亚历山大·吉拉德（Alexander Girard）在 MoMA 的展览《印度纺织品和装饰艺术》，该展主要以想象出来的布满鲜艳土著面料和人造物的集市为主题。伊姆斯夫妇因为特别痴迷于跨文化的物质文化而被委托为印度政府撰写"印度报告"，他们在报告中探究如何保护传统设计文化，以免受西方技术的影响。在福特基金会的资助下，伊姆斯夫妇花了三个月时间潜心研究印度文化，收集人工制品、记录风景和仪式。他们挑选了一些具体的研究对象，比如深入研究铜制小水壶（一种传统器皿），将研究结果直接用于他们的工作室实践（Albrecht，1997：3）。

同样，经过他们充分记载的且广为人知的方言，作为一种"功能性装饰"，依赖于他们从原始文化语境中挑选，并且通过重新并置来激发"超文化惊喜"（Kirkham,1995：143）。据设计史学家帕特·柯克汉姆（Pat Kirkham）所说，真实的原始物品与流行文化的混合，对伊姆斯夫妇的作品与当代设计文化都产生了巨大影响：

> 伊姆斯夫妇改变了人们对物品的思考方式，很大程度上是通过新的方法，并鼓励通过不同的形式对它们进行感知、分组和展示……他们用玩具和日常物品来说明设计原则……而且他们强调需

要了解物质文化产生和使用的语境。（Kirkham 1995: 143）

在伊姆斯夫妇的电影中，在他们的家里、工作室，还有展览中，伊姆斯夫妇始终坚持贯彻日常生活和原住民物品（被发现的鹅卵石、媚俗的小饰品、墨西哥盆、玩具、纺织品等）美学。他们收集了约 35 万张图片，制作成幻灯片和电影，其中涉及 2200 张从超市到摩天大楼的美国日常图像（为 1959 年在莫斯科举行的美国国家展览会而制作），包括《美国掠影 2》在内，这些都是伊姆斯夫妇从参与的观察者的视角，不懈地努力参与物质文化的著名遗产（Albrecht，1997）。设计历史学家唐纳德·阿尔布雷希特（Donald Albrecht）在题为《设计是一种行动方法》（该文题目取自查尔斯·伊姆斯描述基于物品设计方法的一句话）的文章中，对这种方法进行了如下总结："这种新与旧、丰富与简陋、外来的与熟悉的、批量生产的和手工制作的对比研究，成为伊姆斯夫妇的符号。"（Albrecht，1997：22）

伊姆斯夫妇对日常物质文化的仪式化庆祝方式，是一种更为广泛的战后文化政治。"独立团体"（The Independent Group）（1951）联合创始人爱德华多·保罗齐（Eduardo Paolozzi）的著作，以及流行文化的著名代表"疯狂猫"（Krazy Kat）的档案、日常生活和"现成"物品与图像，能够说明这一点。[8] 这种自觉地接纳并将消费文化的日常物品视为一种"异域特色"的形式，颠覆了传统人类学的权力关系，重新训练批判的目光，

8　"疯狂猫"系列藏品如今藏于伦敦维多利亚与艾尔伯特博物馆（V&A），是"独立团体"成员作品的整体呈现。详见 Robins，1990。

　　　　　　　　　　　　　　　　　　　　　　　　设计人类学

将追随西方文化的碎片作为一种文化真实性的形式。虽然战后的人类学表面看起来触及对美学评判的挑战与区别"高级""低级"文化之间的界限，但 20 世纪 70 年代"被赋予人类学含义的"物品，在设计中则具有更加明显的政治色彩。

重新利用商品

1976 年库珀·休伊特国家设计博物馆推出首个展览《人类变革》，同年，维克多·帕帕奈克和设计师郭本斯，在伦敦皇家艺术学院国际工业设计协会理事会组织的名为"按需设计"大会上相遇（Bicknell et al., 1977）。郭本斯和帕帕奈克探讨了设计在"边缘国家"（郭本斯更倾向于使用这一术语以取代"不发达"或"第三世界"）中的作用。虽然郭本斯和帕帕奈克在方法上略有不同，但他们进行联合从而使"边缘"经济成为社会响应型设计的关键问题。最重要的是，帕帕奈克与联合国教科文组织等机构合作，努力从本土或"用户"的视角来理解设计。

《为真实的世界设计》中的"设计责任"一章所呈现的"为第三世界设计的无线电接收机"的"之前"（见图 7）和"之后"（见图 8）的图像，表现出对锡罐、干牛粪、石蜡等材料的再度魅化。该设计"之后"的版本，是"印度尼西亚用户用彩色毛毡图案和贝壳装饰过的"。

帕帕奈克重申："用户可根据自己的品位来装饰锡罐收音机。"[9] 让帕

---

9 Papanek, 2004 [1984]:225–226。

图 7　锡罐收音机——为发展中国家设计的收
音机，单价为 9 美分。由北卡罗来纳州立大学
的维克多·帕帕奈克和乔治·西格（George
Seeger）设计。最初刊登在《为真实的世界
设计》（New York: Pantheon Books, 1971），
第 163 页。收藏于维也纳应用艺术大学维克
多·帕帕奈克基金会。

图 8　印度尼西亚用户根据自己的品位，用彩色毛毡图案和贝壳加以装饰的锡罐收音机。

帕奈克感到遗憾的是，作为一种变革性的活动，设计受到忽视，它被理想地定位为重新调整材料的不平等并产生包容性。但他认为，这是一个沉浸于消费主义设计模式的实践的必然结果。他写道："设计领域的活动，可与所有医生放弃全科诊疗和外科手术，而只专注于皮肤科、整形外科和化妆品时所发生的情况相类似。"（Papanek，2004 [1984]:241；引自Whiteley，1993:99）。

1973年，柏林国际设计中心（IDZ）举办了名为《自主设计：基本生活的家具》（*Design It Yourself*：*Furniture For Basic Living*）的展览，展出了帕帕奈克的设计作品，他在相关文献中被描述为"联合国教科文组织的专家"。这种"自己动手"（Do-It-Yourself）的自发设计审美，向资本主义标准化至上发起了挑战，并且使设计理念民主化，使设计精英的实践和理念非专业化。作为另一种文化的广泛论述的一部分，该展览通过采用负面影响小的适当技术——一套基本的设计说明和一套简单的工具——推广自我授权的思想（Hennessey and Papanek，1973；1974）。自我组装的家具和新的"低技术文化"，被视为一个公开的政治声明（Eisele，2005；2006）。

现在回想起来，具有批判思维的设计师想要影响更广泛的社会经济层面并有效地"改变系统"的雄心壮志，可能是一种天真的乌托邦。但是，又有谁能比设计师更好地从根本上反思后福特时代的商品形态呢？新左派思想家安德烈·高兹（André Gorz）的专著《政治生态学》（*Ecology as Politics*）英文版发表时，设想了一个世界，通过非物质交换（时间、

设计人类学

劳动力和服务）来削弱资本主义经济利润和商品流通速度的不断加快。[10]高兹的著作概述了环境问题对于重新思考社会主义议程的重要意义，并揭示了在多大程度上，诸如《全球概览》这样的媒介所引发的流行话题得到了来自严肃的社会变革的政治支持。

作为词语和物品，"工具"对于语言和象征性使用（例如，在霍莱因的《人类变革》和《全球概览》中看到的），在马克思主义对"使用"和"交换"价值的定义方面发挥了作用，把资本主义商品的形式降为工具主义，而不是人为制造的价值。[11] 它也大量吸收了社会科学和建筑实践中向现象学理论的转向。有大批读者读过肯尼思·弗兰普顿（Kenneth Frampton）1974 年在前沿建筑杂志《反对派》（Oppositions）上发表的文章《解读海德格尔》，这篇文章在建筑师中颇有影响力。然而在设计上，意大利前卫设计建筑团体"超级工作室"成为了推动"工具"这一概念作为反设计话语在当代走向终结的力量。

1972 年，现代艺术博物馆举办的一次突破性展览——《意大利：新家居景观》（Italy: The New Domestic Landscape），将意大利工业设计推到了设计实践思想转折的最前端。策展人艾米利奥·阿巴斯（Emilio Ambasz）策划了意大利前沿设计师奢华的消费者设计展览，[12] 但他宣称：

---

10 安德烈·高兹的《政治生态学》于 1979 年首次以英文出版，是根据他于 1975 年和 1977 年撰写的两本较早的德文版本编写的。

11 参见 Fry（1992：41–53）设计理论中对"需求"的相关讨论。参见 Harman（2002）对现象学和工具分析的讨论。

12 展品包括盖特诺·佩斯（Gaetano Pesce）、乔·科伦波（Joe Colombo）、理查德·萨帕（Richard Sapper）、马可·扎努索（Marco Zanuso）、维柯·马杰斯特列蒂（Vico Magistretti）、埃托·索特萨斯（Ettore Sottsass）、"超级工作室"，以及阿基佐姆（Archizoom）等的设计。见 Ambasz，1972。

对于许多设计师来说，在面对所有工业化国家目前所遭遇的贫穷、城市衰退以及环境污染这些紧迫问题时，以个人消费为目的的个人物品美学已经变得毫无意义。（Ambasz，1972，引自 Lang and Menking，2003：56）

在随附的展览目录中，阿巴斯确定了几种截然不同的方法来处理这个时期的意大利设计困境：墨守成规的设计师将设计看作是一种自主的、不关心政治的活动，而改良主义者则是"出于对设计师在社会中所扮演的角色的深刻关注"（同上）。另一个群体因"被培养成为物品的创造者，却无法控制物品使用的意义"的困境而受折磨（同上：57）。其他不满的设计师断言："制造任何物品都是一种妄想。"而更多的干涉主义者则被视为"作为积极参与批评的物品设计师"（同上）。新兴的反设计运动非常碎片化地分散于各地，试图重新审视商品在社会中的作用。

激进的设计团体"超级工作室"于 1966 年成立，集中体现了 20 世纪 70 年代设计的对立和二分法。他们为现代艺术博物馆的展览制作了目录展示《微事件/微环境》，副标题《对无物生活的可能性重新进行批评性评估》具有某种挑衅意味。他们的"西番莲"塑料落地灯与部分奢侈品一同展出，无任何讽刺之意（同上：61）。随着设计被简化为用于政治变革的"工具"或系统，非物质化转向与 20 世纪 70 年代蓬勃发展的消费品文化共同存在，这些激进设计师将其作为另一种形式的"逃避设计"项目。历史学家罗斯·埃尔弗莱恩（Ross Elfline）声称，这些物品不仅只是商品，还是为激进的意大利建筑师和设计师而设计的一种"国内

设计人类学

暴动的形式"（Elfline，2016: 60），目的是破坏精致的整体设计规划的凝聚力，而这种凝聚力体现在那些国际风格的先辈身上。"超级工作室"认为，如果设计师注定要创造物品，那么"他们将创造出令人难以应付的，甚至具有一些阻碍性的物品，这些东西可能会批评性地，甚至是病毒式地，对家庭生活予以干涉"。（同上，62）

1973 年，一群前卫的意大利设计师和建筑师（包括"超级工作室"成员）出现在设计杂志《卡萨贝拉》（*Casabella*）的封面上，宣布了一项名为"全球工具"（The Global Tools）的计划。设计师亚历山德罗·门迪尼（Alessandro Mendini）是《卡萨贝拉》杂志的编辑，他借该出版物提出了构建意大利集体"开放式"实验室联网体系，培养反家长式、教育性的设计思维方法。[13] 这一倡议的提出和国际石油危机爆发同一年，并与罗马俱乐部智囊团及其相关出版物《增长的极限》（*The Limits To Growth*）的观点相吻合，后者警告世界人口过剩和资源日益减少（Meadows et al.，1972）。

从 1973 年到 1975 年，"全球工具"以"集体工具"的名义推广了产品的概念——一种通过材料、技术和相关行为特征之间的基本关系，剥离了人工并重新工具化的物品（见图 9）。"全球工具"实验室重新获得了以前被西方的"效率狂热"所扼杀的先天创造性知识，被设想为一种增强意识的网络，利用集体和非正式的创造力来达到目的，而不是为了盈利；设计被重新人性化为一种政治赋权的力量（Clark，2016a）。

"全球工具"计划仍然是一个带有挑衅性的、大体上未能实现的项

---

13 "全球工具"倡议的参与者包括盖特诺·佩斯、亚历山德罗·门迪尼、埃托·索特萨斯，以及激进的建筑设计组织阿基佐姆和"超级工作室"成员。

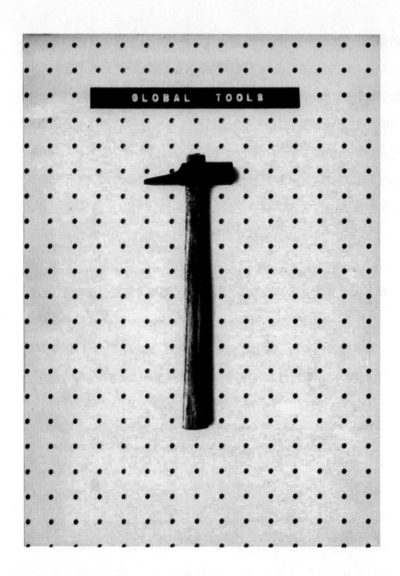

图9 "全球工具"1号公报封面，里默·布提（Remo Buti）设计，出版于米兰，1974年。

目。然而，"使人再度陶醉的物品"或"工具"的转向，对意大利设计教育的其他方面产生了巨大的影响。1974 年，在佛罗伦萨大学建筑学院开设的"城市之外的物质文化"课程的支持下，"超级工作室"成员阿道夫·纳塔利尼（Adolfo Natalini）和亚历桑德罗·波利（Alessandro Poli）向学生们介绍了民间工具和原住民物品的意义。像"物品的星系、物品的简单使用"这类课程，广泛体现了人类学观察和分析的技术，其目的是颠覆设计知识的范式，从而"消除单一的中产阶级文化的主导地位"（Lang and Menking，2003: 223）。学生们深入意大利的偏远地区，通过影音文字记录意大利农民文化的衰落。齐诺项目（Project Zeno），一份对于托斯卡纳农民的完整记录，包含了他们自己的物质文化——从工具到农场收容所。从中可认识到波利所描述的"在这个从属的边缘社会里，能挖掘出重大的知识遗产，我们不仅可以追溯科学的根源，而且还可以发掘不同结构的可能性，选择另一种生活方式"（Poli，2010）。反设计在人类学物品的纯真中找到了慰藉，它是由与社会生活和真实社会关系的内在文化关联所塑造的。托斯卡纳的农民生活在维克多·帕帕奈克和沃尔夫冈·豪格所贬低的现代商品文化之外，他们的物品代表了一种更真实的设计——融合了制造者、使用者和事物的精致生态系统的设计。

结语

到 70 年代后期，随着更广泛的社会科学与主流工业设计专业的融合，设计出现了明显的"人类学转向"，最终于 1979 年签署了《艾哈迈达巴德宣言》（*Ahmedabad Declaration*）（Clarke，2016c）。在国际工业设计协会（ICSID）和联合国工业发展组织（UNIDO）倡议的框架内，在冷战软政治的密切关联之下，西方化的资本主义产品设计和印度、墨西哥等国的地方原住民手工艺产品，均以制定发展政策的名义联合推出。工业产品的外观设计被视为"通过设计新产品和重新设计旧产品来促使发展中国家的工业生产得以发展和多样化"的重要手段（UNIDO，1979: 3）。

这种遗产依然存在，但正如这部文集所体现的那样，过去几十年的设计文化发生了地震般的巨变，"用户"和人类学探究的方法，从协同设计到叙述性陈述，均已成为破译主客体关系细微差别的关键手段（Clarke，2016b）。然而，当政府机构的政策寻求适当的地方形式和模式来促进发展议程时，人类学在过去的几十年里已经打着"设计人类学"的未来招牌的旗号，被灌注到企业实践当中。虽然设计人类学作为一种企业实践的潜力已经取代了《艾哈迈达巴德宣言》在其世界政治意图上的雄心，但批判性地反思人类学"客体"和"主体"的表达方式，仍然是设计人类学的一个重要方面。

参考书目

1. Albrecht, D. (1997). "Design Is a Method of Action", in D. Albrecht (ed.). *The Work of Charles and Ray Eames: The Legacy of Invention*, 18–44, New York: Harry N. Abrams, Inc.

2. Ambasz, E., ed. (1972). *Italy: The New Domestic Landscape: Achievements and Problems of Italian Design*, New York: The

设计人类学

Museum of Modern Art.

3. Attfield, J. (1989). "Form/Female Follows Function/Male: Feminist Critiques of Design", in J. A. Walker and J. Attfield (eds.). *Design History and the History of Design*, 199–225, London: Pluto.

4. Bicknell, J. and L. McQuiston (1977). *Design for Need: The Social Contribution of Design—An Anthology of Papers*, New York: ICSID, Pergamon Press.

5. Binkley, S. (2007). *Getting Loose: Lifestyle Consumption in the 1970s*, Durham: Duke University Press.

6. Clarke, A. (2012). "Actions Speak Louder: Victor Papanek and the Legacy of Design Activism", *Design and Culture*, 5 (2) : 151–168.

7. Clarke, A. (2015). "Buckminster Fuller's Reindeer Abattoir and Other Designs for the Real World", in A. Blauvelt (ed.). *Hippie Modernism: The Struggle for Utopia*, Minneapolis: Walker Art Center.

8. Clarke, A. (2016a). "Survival: The Indigenous and the Autochthon", in V. Borgonuovo and S. Franceschini (eds.). *GLOBAL TOOLS: When Education Coincides with Life*, Berlin: Archive Books co-published with Istanbul: SALT.

9. Clarke, A. (2016b). "The New Ethnographers: Design Activism 1968–1974", in R. C. Smith, T. Otto, K. T. Vangkilde, J. Halse, T. Binder, and M. G. Kjaersgaard (eds.). *Design Anthropological Futures*, London and New York: Bloomsbury.

10. Clarke, A. (2016c). "Design for Development, ICSID, and UNIDO: The Anthropological Turn in 1970s Design", *Journal of Design History*, 29 (1) : 43–58.

11. Eisele, P. (2005). *BRDesign: Deutsches Design als Experiment seit den 1960er Jahren*, Cologne: Böhlau.

12. Eisele, P. (2006). "Do-It-Yourself-Design: Die IKEA-Regale IVAR und BILLY", *Zeithistorische Forschungen/Studies in Contemporary History*, 3 (3) : 439–448.

13. Elfline, R. (2016). "Superstudio and the 'Refusal to Work'", *Design and Culture*, 8 (1) : 55–77.

14. Frampton, K. (1974). "On Reading Heidegger", *Oppositions*, 4.

15. Fry, T. (1992). "Against an Essential Theory of Need: Some Considerations for Design Theory" , *Design Issues*, 8 (2) : 41–53.

16. Gorz, A. (1979). *Ecology as Politics*, Boston: South End Press.

17. Harman, G. (2002). *Tool-Being: Heidegger and the Metaphysics of Objects*, Chicago: Open Court.

18. Haug, W. (1986 [1971]). *Critique of Commodity Aesthetics: Appearance, Sexuality, and Advertising in Capitalist Society*, Minneapolis: University of Minneapolis Press.

19. Hennessey, J. and V. Papanek (1973). *Nomadic Furniture 1: How to Build and Where to Buy Lightweight Furniture That Folds, Collapses, Stacks, Knocks-Down, Inflates or Can Be Thrown Away and Re-cycled*, New York: Pantheon Books.

20. Hennessey, J. and V. Papanek (1974). *Nomadic Furniture 2*, New York: Pantheon

Books.

21. Hollein, H. (1989). *MAN trans-FORMS: Konzepte einer Ausstellung*, Vienna: Loecker Verlag.

22. Kirkham, P. (1995). *Charles and Ray Eames: Designers of the Twentieth Century*, Cambridge, MA: MIT Press.

23. Lang, P. and W. Menking, eds. (2003). *Superstudio: Life Without Objects*, Milan: Skira.

24. Meadows, D. H., D. L., Meadows, J. Randers, and W. W. Behrens III (1972). *The Limits to Growth: A Report for the Club of Rome's Project on the Predicament of Mankind*, New York: Universe Books.

25. Packard, V. (1960). *The Waste Makers*, Harmondsworth: Penguin.

26. Papanek, V. (1970). *Miljön och miljonerna: design som tjänst eller förtjänst?*, Stockholm: Bonniers.

27. Papanek, V. (1971). *Design for the Real World*, New York: Pantheon Books, 1971.

28. Papanek, V. (1971), "What to Design and Why", *Mobilia*, 193: 2–13.

29. Papanek, V. (1973). "Notes from a Journal", *Mobilia*, 219/220: 18–29.

30. Papanek, V. (1977 [1971]). *Design for the Real World: Human Ecology and Social Change*, St. Albans: Paladin.

31. Papanek, V. (2004 [1984]). *Design for the Real World*, rev. ed., London: Thames & Hudson.

32. Papanek, V. and J. Hennessey (1977). *How Things Don't Work*, New York: Pantheon Books.

33. Poli, A. (2010). "Nearing the Moon to the Earth", in G. Borasi and M. Zardini (eds.). *Other Space Odysseys: Greg Lynn, Michael Maltzan, Alessandro Poli*, 109–120, Baden, CH: Lars Mueller Publishers.

34. Robbins, D., ed. (1990). *The Independent Group: Postwar Britain and The Aesthetics of Plenty, Cambridge*, MA: MIT Press.

35. Stairs, D. (1997). "Biophilia and Technophilia: Examining the Nature/Culture Split in Design Theory", *Design Issues*, 13 (3) : 41.

36. Teal, L. (1995). "The Hollow Women: Modernism, the Prostitute, and Commodity Aesthetics", *Differences: A Journal of Feminist Cultural Studies*, 7 (3) : 80–109.

37. Turner, F. (2006). *From Counterculture to Cyberculture: Steward Brand, the Whole Earth Network, and the Rise of Digital Utopianism*, Chicago: The University of Chicago Press.

38. UNIDO (1979). "Design in India: The Importance of the Ahmedabad Declaration Meeting for Promotion of Industrial Design in Developing Countries", aide-memoire, UNIDO Archive, Vienna, id.78-5076.

39. Whiteley, N. (1993). *Design for Society*, London: Reaktion Books.

玛
莉
亚
·
柏
赞
提
斯
里
克
·
E.
罗
宾
逊

对价值观
有价值

"用户研究"该如何转变

20 世纪 90 年代初，施乐帕克研究中心（Xerox PARC）、微软研究院和贝尔实验室的技术人员与社会科学家，已经开始运用人类学、语言学、社会学和心理学来描述人们对机器工作的思考，理解人与技术之间的相互作用以及机构、实践与技术之间的相互影响。

引言 "转行者"的传说

我们俩都不是人类学家。我们俩也没有谁是设计师，虽然其中一个是左撇子，但我们都十分认同这本文集围绕着"设计人类学"这一交点。我们在这个领域进行探索，建立人际网，并用心思考。我们试图告诉别人我们所做的事，我们几乎总是从（分别）接受的社科或人文学科的训练开始——从我们来自哪儿说起，作为对我们所做工作的简要说明。简言之，我们是"转行者"，而且，像大多数行业移民一样，我们的经验、我们对未来的期许和展望，无不受到我们各自的出身背景以及我们对当下所在工作环境的不同理解的影响。

这一领域如此吸引人的一个原因是，在这个领域并非只有我们存在。这些年来，我们的同事有人类学家，也有认知心理学家、社会学家，从事文学、语言学、历史、批评研究的学生，接受美术、戏剧和表演训练的人们，还有神学家、艺术史学家和生物学家。显然，那些曾在设计开发之类的广泛领域工作过的工程师、设计师、战略家等被排除在外。对那些曾在毫无关联的领域里接受训练的人们来说，设计与研究的交叉点，这一目标似乎非常具有吸引力。转行者远离他们安定的家，原因各不相同，在这些变化里唯一不变的是，未来可能会有所不同——从个人层面来看，对许多人来说更为重要的是，可能会引起世界变革，立场和规则都发生改变。可对我们来说，这并没有什么不同。我们像许多转行者一样，保留了很多自身固有的方式，并坚守我们的价值观；同时，充分利用在此进行探索的机会。

我们并不是在撰写"用户研究"领域的历史。随着该领域的不断发展，我们对它的一些规则更感兴趣，但这些规范取决于我们是如何清楚地描述对于"轨迹从'何处'开始"的理解。对我们而言，重要的是，这篇文章主要是根据自己的亲身经历来撰写，因为我们努力展示的关键部分是我们所做之事的基础的人性意义——我们以个体身份在这一领域进行实践。我们，以及我们所工作的机构，都拥有独一无二的价值，要强调的并不是关于如何发展实践的那些抽象概念，而是实践和价值观的表述及其演变，这对于这项工作的质量与未来至关重要。通过这个观点，我们又看到了另一个故事——也许不那么让人舒服，但同等关键——它与权力和差异化有关。

我们每个人都开始按照自己的方式行事（注意我们是如何巧妙回避贴标签的）。当罗宾逊离开芝加哥大学，开始在杰伊·德布林设计规划事务所（Jay Doblin & Associates）工作；当柏赞提斯离开杜克大学，开始在E-Lab工作，这十年期间，这个领域的本质发生了巨变，研究人员拥有了更多的机遇。在随后的十年里，设计师和学者所面对的处境则全然不同了。我们刻意选择了转行者这一形象：我们要强调，设计、开发、策略和创新的工作，是我们和大多数同仁长久奋斗的目标。我们并不认为这里面包含着简单同化的传说，它并没有成为一个幸福的大熔炉，我们

　　　　　　　　　　　　　　　设计人类学

的一体仍具有多元性。但这并不是说，设计工作没有受到新人、新术语、新方法和新体系框架的影响。在相当短的一段时间内，这些新人对设计界产生了极为深远的影响，而且塑造、影响了一个小的交叉点（在人与设计工作的研究之间），迄今为止，它已演变为一个领域，一个公认的既有专业知识又具价值的领域。这一发展似乎凸显了新领域和新老学科之间的吸引力。

然而，研究转行者角色的另一个原因是，它可能不仅体现了我们的过去，更预示着我们的前途。我们并不认为社会科学和设计相融，就一定意味着任何企业或每家公司都拥有某种能力。我们也不认为，他们一旦这么做，将一劳永逸。在特定情况下，公司会出于特定原因，对这些能力有所需求。不难想象，这些境况会发生改变，而且在这些变化中，企业可能不再重视社会科学和设计所能提供的东西。从这个意义上讲，我们已经准备好一辈子转行，若果真如此，我们最好在奇妙的差异中做好准备，以便更好地从我们称之为归宿的各领域汲取经验教训。

在过去的二十多年里，人文科学的实践和价值观令共享词汇更具丰富性，并不只是简单地改变了工作方式，而是创造了工作方式。有些工作方式涉及它们所在的领域和学科，另一些则没有。撇开标签不谈，该领域的大多数实践都是具有强烈"此在"意识的混合体。随着社区的发展，无论是在规模上，还是在所扮演的角色方面，社区起到的推动力都可想而知——创造独特的身份，为"我们"和"工作"寻找共用标签，并为新的从业者提供专业训练；与此同时，造成了很多人都曾经历过的学科训练和专业身份之间的脱节。然而，另一方面，使用共同标签的特殊方式让我们忽视了组织地域、政治与成长等现实问题。为了了解这些现实状况，我们（应该）将话题从有关实践方面转移到更令人担忧的，且涉及权力的问题上。当我们谈论这项工作的"价值"的时候，通常不会涉及有关权力、组织策略和对效率的真实评估。应是如此。这里没有"准则"，那些原来的归属，对于该领域的日常工作来说，太弥足珍贵，以至于我们永远无法舍弃。但我们需要的不仅仅是能够签订协议的步骤和方法，以达成推动前景的目的。下面的探讨将力求呈现我们当今获得的经验和教训，以便我们可以转而讨论日后会发生什么。

第一部分　我们何以至今

我们当中只有一个人在接受研究生训练时，考虑过非学术型的职业。对于我们熟知的大多数业内高级研究员来说，那种偶然的非主流路径似乎相当普遍。半个世纪以前，基本没有导师、机构或社区能够想象，脱离学术道路去外面看看（将公共事务和博物馆工作搁置一边）。出于我们的目标，即使无法完全代表在这项工作中有过经验的诸多研究者，我们每个人的职业仍然具有相当的象征意义。

罗宾逊在博士后研究阶段，主要通过一位顾问（米哈里·契克森米哈，20 世纪 50 年代匈牙利的转行者）的引见，认识了杰伊·德布林。德布林曾是芝加哥设计学院的院长，与战略家拉里·基利（Larry Keeley）共同经营一家小型设计规划咨询公司——杰伊·德布林设计规划事务所。德布林所寻求的专业知识是明确的方法论，我们后来称之为"搞清楚如

设计人类学

何弄清事情的真相"。除了方法论的基本策略，它的实用性最令人惊讶，也最具吸引力。德布林设计规划事务所的新兴学科（设计、工程、策略）对外开放，以吸引更多的人参与他们的工作实践研究，而且，这为研究人员提供了机会去参与相关的，甚至几乎是完全对应的研究工作，把推理、假设和过程这些已经成为习惯的环节分离开来，以便研究和理论在没有价值设定的环境中变得实在且有用。关键在于激发研究人员和设计师的对话，而这种互动的目的是让研究对设计有益，并为设计创造机会，进而发挥更好的作用。当时，在那种环境下，研究人员就是要展现过程与结果的真正差异，并通过设计和工程部门的同仁，让其他的专业人员做得更好，对真实事物的创造产生影响。

　　罗宾逊在德布林设计规划事务所的第一个重大项目，提供了他与人类学家露西·萨奇曼（Lucy Suchman）、珍妮特·博伦伯格（Jeannette Blomberg），以及在施乐帕克研究中心工作实践和技术团队的同仁共同合作的机会。施乐帕克研究中心的员工虽然供职于复印机公司，但在专业协会也同样活跃，而且在多个学术领域得到了极大的认可。他们给复印机公司打工不仅仅是为了开阔眼界，他们生存了下来，获得声誉且备受人们的尊重，这也是一种证明，就像在新的疆域找到来自同一片故土的转行者一样。但更重要的是，他们的工作和方法论的广度与普遍性，以及紧密的合作实践，构建了一个发展空间，开创了新的思维——新合作、不同实践和新应用，皆有可能。这是以一种截然不同的方式去看待另一种职业，而非简单地将其视为你可能不知道但却存在的一个组织中的职位。它能够被构建，而且其开拓轨迹超越了某一个项目、某一个问题。

罗宾逊、约翰·凯恩（John Cain）和玛丽·贝思·麦卡锡（Mary Beth McCarthy），对施乐帕克研究团队念念不忘，于是他们离开德布林设计规划事务所，建立了 E-Lab（电子实验室）。这是一个多学科的团队，其目标明确，即所做的研究可为设计奠定基础，重点是建立能与大众客户相关的研究方式。E-Lab 既没有像市场调查那样"产品化"，也没有达到产品开发顾问所设定的目标，更没有获得 MBA 认证的"战略"实践。的确，能找到词语来描绘我们为潜在客户所做的事，并不容易。设计卓有成效地成为了一种使研究有用的手段。拥有一批"心知肚明"的客户是极好的事情（也很有必要），这样就不用给客户提供途径，以使他们与自己的同事、上司和投资者进行沟通，这种扩大与他人合作机会的范围，与逐一说服人们皈依某种信仰，如出一辙。

随着重要技术的诞生与经济衰退时期创业浪潮的出现，20 世纪 90 年代初期为设计领域提供了一个强化职能、扩大供给的独特机会。IDEO、费奇设计顾问公司（Fitch）和 Design Continuum 等公司，早在十年前就已经出现学科综合，特别是工程和工业设计，并开始改变商业思考设计场所与价值的方式。与此同时，施乐帕克研究中心团队、微软研究院和贝尔实验室等主要研究实验室的技术人员，一直与通信设计师、可用性和人为因素的工程师通力合作，特别是施乐帕克研究中心已经开始运用人类学、语言学、社会学和心理学来描述人们对机器工作的思考，理解人与技术之间的相互作用以及机构、实践与技术之间的相互影响。关于这种混合体的时髦传闻，在整个商界甚嚣尘上（但其"新颖性"值得商榷，Suchman，2000）；同时，一些发布这些时髦新词的媒介也

　　　　　　　　　　　　　　　　　　　设计人类学

应运而生，如《快捷公司》（*Fast Company*）、《连线》（*Wired*）、《财经2.0》（*Business 2.0*）。

在企业实验室之外，做招聘调研是为了找到一种方法，来表述企业能够从哪些并不熟悉的方法中获益，然后再贴上价位标签，这往往意味着在零和预算过程（Zero-sum Budgeting）中争取相对价值。我们为设计与管理会议所写的很多文章和演说（Robinson，1993，1994 a，1994 b，1998，2001；Robinson and Nims，1996；Robinson and Hackett，1997；Cain，1998），在一定程度上都是营销。这些对谈和文章试图在市场研究者、产品经理、设计师、工程师与业内先锋团体和人类研究的科学家之间，找到共通的事业。我们力图寻找的语言也是 E-Lab 所重视的。有关这一工作的描述，必定对所有学科产生影响。研究者和设计师都认为，公司的"我们"是包容性的"我们"，而不是单一的。"有价值"的工作语言，主要由独特的方法论和成功的产品结果来界定，源于领域和公司创立之时。

在柏赞提斯加入这个团队后不久，E-Lab 开始将关注点放在合成的瞬间——开发"体系框架"，作为实地工作的目标和项目的核心输出。这是明确转向有关"体系框架"概念的价值主张探讨的明确之举，我们将其称为"如何为用户创建体验的有用表述"，它对市场中 E-Lab 的价值与实践发展的空间进行了区分。"体系框架"这一术语是独特的、特定的分析组织的概念之一（"体系框架"在 1999 年沙宾特咨询公司收购 E-Lab 的过程中演变成"体验模型"），将数据与问题联系在一起。这些负责分析的组织采取各种不同且特定的形式，起到了合作与综合学科视角的作用，使整个项目得以正常运作。

以贺曼公司为例

在罗宾逊的一个笔记本里，记载着 1994 年 11 月 11 日到 1995 年 1 月，关于 E-Lab 为贺曼公司（Hallmark）品牌做的第一个项目。我们曾在贺曼公司的旺季，花了数百个小时在一家新形式的试点商店里，现在又花了数百个小时再次观看这些录像，试图找出哪些录像是有价值的，哪些与我们客户提出的问题密切相关。它们并不是田野笔记（被保存在与原始数据相链接的笔记本里），而是一系列问题，有的重要，有的不重要，例如，笔记里写道："照明、能见度、噪音、隔绝、关注、朝东（导航术语）。"在这些问题中，关于"导航和可视化理论，以及某个地方的东方"，如果笔记中提到"已经存在"，就更确切了。我们在建筑平面图上涂写，盖住了原图，试图从具体事物中找出普遍性，而无论在平面图上画多少个箭头或用多少种颜色，它都顽固地维持着二维状态。同时，联合创始人约翰·凯恩正在设计学院教授"互动媒体"方向的课程，并将建筑师凯文·林奇（Kevin Lynch）的经典之作《城市意象》(*The Image of the City*)作为"导航"问题的一种方法。坐在我们拥挤的科技工作室里，凯恩提议说，林奇的书所构建起的导向，可能会对顾客如何看待贺曼商店产生影响，他研究人们如何在熟悉或不熟悉的城市中定位，并根据人们的使用方式，对城市景观特征——路径、边缘、节点、地区和地标（想象一下芝加哥的湖或纽约市的中央公园）——重新归类。

这一领域里的许多人都喜欢谈论"洞见"，我们觉得这个词空洞又不确切（Robinson, 2009）。心理学家霍华德·加德纳（Howard Gardner）

和他的同事约瑟夫·沃尔特斯（Joseph Walters），在关于天才、创造力和天赋形式的建设性研究中，更具体有效地谈及"具体化"的时刻：观察、想法、联系，这些时刻自身并不完整，但却催生出一片优良且储备丰富的沃土，开创了一种看待世界的独到视野（Walters and Gardner，1988）。林奇的类比便是其中之一——这个想法最终没能火速成形，变成完美的房屋。相反，这一概念与数据相悖。我们必须找出一种方法来代表它，必须重构我们看待数据的视角——并不是在脑海里将数据转换成平面图，而是像观者可能已经看到的那样，对立体地形进行观察。它呈现得很出色，但它是实物，不是灵光乍现。学科融合的价值，即如何为用户建构一种从充分的高质量数据转变为如何为使用者呈现更简单但高效的经验组织方式，成为 E-Lab 工作实践的核心原则之一。

在日益发展的设计研究领域中，那枚特定的点金石最终将"民族志"和"设计研究"转换为简写术语，以适应更大型的处理任务。在大多数商业论述中，这个术语所驱动的假设，以及许多设计和研究咨询机构的主张，是一种定义了民族志实践价值和田野调查的方法论。甚至在我们这个团队里，对于技术是否优先于理论、分析、综合，存在着激烈的分歧。回顾过去，我们发现每个接触点、每种倾向，都让位于这一点。

随着"以用户需求为中心的调研"等术语的普遍使用，"民族志"的含义也变得愈加广泛。那些面向市场的产品开发和营销词汇，将许多不同实践和意图的发展与单一的衡量尺度关联起来：产品在过程结束时的成功，在案例研究范式中将研究与设计相联系。案例研究可能是经营管理教育和发展的主要形式，是一种通用的语言，用来交流普遍的问题或适用于特定受保护的情况。案例研究将研究工作同一种针对应用研究或设计创新步骤之后何以变得更好或更有价值的叙述联系在一起，它揭开了开发研究的神秘面纱，为承前启后提供了路径，使产品在不知不觉中进步、改变、优化。但在这一过程中，每一个项目完成时，研究之弧就会落到一个个小小的节点上，而不是跨过实例、客户和职业来进行搭建、累积。

在过去十多年大量应用民族志的研究中，这种差异多少已经有些僵化；它已被嵌入该领域的常规话语中，因而"方法论"这一术语被广泛用来简述企业用于更大规模实践的研究方法，而对企业组织的意图、政治和价值观的讨论一带而过，更不易察觉。谈论关于这种工作价值时，常常会用类似生产的一些术语——成果、研究结果、作为产品的"洞察力"、程序曲折复杂、特定的学科通过理解与创新或技能"增值"——来表述。随着复合型的工作从研究实验室与"前沿概念团队"向产品开发机构转移，研究人员与设计师之间的直接沟通变成了研究与设计功能之间的互动过程，包括一切政治因素、权衡因素，以及——公平地说——随之而来的优势。研究人员与设计师，以及许多其他人，在德布林设计规划事务所、施乐帕克研究中心这样的环境中建立和谐关系的理想，被各种机构和企业的价值观、流程、规定所取代，这也使"创建反思基础并为人们创造出优质产品"的初心变得复杂。这未必是坏事，但它比我们对一个领域所给予的关注要多。

第二部分　实践与权力

20世纪90年代所取得的巨大成功，如今在我们来看，是一种钙化腐朽的虚伪。总体来说，我们努力训练那些来自不同背景的新研究人员，以满足我们的创新需求；并且相信工具和过程将弥补基础或技能差异下的不均衡。作为社群，我们掩盖努力创造的价值自身所固有的差异和权力关系。最终结果是，一种研究方法——一种重视实地考察技术和实时洞察力的方法——被业内人士和企业各部门的消费研究者普遍理解成用户研究的方式，这几乎在意料之中。产生的结果五花八门。"民族志"或"用户研究"的标签已经可以互换，但它们所代表的价值却远远低于它们真正应该拥有的价值。因此，无论是社区还是个人，对即将面对的现实都还没做足准备。

描述性工作与反映分析机构的研究，这二者之间的区别，是民族志研究贯穿始终的差异性特征之一。这种特征不仅来自市场调查，而且存在于任何试图在"原位"（In situ）[1]的技术行为中采集数据，从而定位其价值的工作，也来自现实的真实人物。E-Lab力图把重点放在"体系框架"的举措是一次抗争，很大程度上也是因为进行"体系框架"开发并不是简单或可轻易挪用的专业知识，即便是在组织内部。《巴厘岛斗鸡游戏》（*Balinese Cockfight*）发现了核心因素，即按照格尔茨"深层游戏"（Deep

---

1　"原位"是人类学领域的概念，指数据被发现的初始地点。——译者注

Play）的方式[2]，不仅需要观察和分析技能，还需要关注抽象的工作和大量的相关理论。有人更擅长于此，有人则比其他人受过更好的训练，还有人比其他人对这种分析更感兴趣。我们认为，任何训练有素的领域都是如此。在确立"体系框架"或经验模型的过程中所涉及的专业知识确立了高价值的工作目标，并以切实的方式对社群进行划分。特别是在咨询方面，"体系框架"代表了战略和组织价值的水平，也关乎相关资本。正是这些"体系框架"的拓展，使民族志与制定这项工作的组织策略发生了关联。从这个意义来说，E-Lab 是扰乱整个社区发展的现象缩影。哪些工作具有战略性？哪些工作又不具有？这对于价值意味着什么？我们拥有相同的技能吗？我们应该这么做吗？

在 20 世纪 90 年代末期，人们认为这个领域极具价值，人文学科与设计交融的边界线开始隐约浮现。这证明了人们对各种各样的情况的应对能力。这一领域的优势不仅体现在员工密集型的企业数量和范围上，还体现在客户端——广告公司、消费产品制造商、零售商——开始广泛运用专业知识。但与此同时，分裂以及如今继续挣扎的断层迹象也显现了出来。对规模、速度的新要求，以及简单化的成熟，表明我们对 E-Lab 组织管理缺乏经验。我们不是训练有素的管理者，并且避免了因强调内在价值差异而造成的种种对抗和失望。我们让不同来源的价值所固有的差异（及其相关权力关系）变得含糊不清，但这种情况最终应当改变，而

---

2 克利福德·格尔茨（Clifford Geertz, 1926—2006），美国人类学家，解释人类学的提出者。出版于 1973 年的著作《文化的阐释》中的《深层的游戏：关于〈巴厘岛斗鸡游戏〉的记述》一文，分析了在"深层游戏"的仪式形式里被建构、强调和维持的亲属关系与社会关系。——译者注

　　　　　　　　　　　　　　　　　　　设计人类学

作为全球企业的一部分，这一举措为增长和成功提供了基础经验。这与如何谈论以及如何"推销"民族志有着很大不同。在许多重要层面，网络行业的崩溃并没有削弱某种重要性，而是造成在现实生活中流散，不断扩散，这一事实证明了第一波教训行之有效。企业已经开始期待"设计研究"或"用户理解"能在比大多数人预想得更广泛的案例和环境中浮现。

在 20 世纪 90 年代早期，对民族志著作的界定权通常掌控在那些创始人、团体或公司的手中。然而，到了 21 世纪初，情况则大不相同，满怀憧憬的人在四处圈地。对于许多来自实践型创业公司的研究人员来说，全新的环境是一种冲击，如同从各省到大城市的跨国公司必须面对的现实一样。跨行适应环境和学习的征程又重新启航。这个新的世界存在于公司内部，企业文化、奖励系统和业务流程都已经建立。像英特尔、GFK、IBM 或微软这样已成规模的机构，被与实验和探索无关的现实浪潮冲刷着，有些价值标准甚至决定着 E-Lab 和其他早年公司的成败。但这些现实在大公司的心中对于取得成功起着至关重要的作用，这些公司已经在没有民族志研究和设计的情况下生存了相当长的一段时间。

早在网络泡沫破灭之前，那些大公司的各类社会科学家就已经开始着手深入了解他们机构的现实状况（或外部情况，在某些案例中）。其中的一个例子是，英特尔员工与实践研究（PaPR）团队，于 20 世纪 90 年代中期开始，通过自身与其他相关部门的不懈努力和奋斗，不断发展。创始人——托尼·萨尔瓦多（Tony Salvador）、约翰·谢瑞（John Sherry）及后来的埃里克·迪什曼（Eric Dishman）、吉纳维芙·贝尔（Genevieve

Bell）、肯·安德森（Ken Anderson）等——在创业之初缺乏应用型工作的经验，他们早年在英特尔埋头苦干的工作方式，源自奖励优秀个人的企业文化。PaPR 的沟通者不是设计师，而是工程师、计算机科学家、战略策划者和营销者。英特尔团队合作的概念包括与 PaPR 研究人员合作的业务团队。个人专长是由科学家组成的机构的一条既定成功之路，而 E-Lab 对于多学科实验和协作的重视却被弱化了。在 1998 年到 2005 年期间，PaPR 的研究人员精明强干，适应能力极强，并且在 2005 年公司的一次重组中，萨尔瓦多、谢瑞、迪什曼和贝尔分别进入三个业务组，统领产品社会科学家团队和设计师团队。在 2006 年到 2010 年期间，多亏 PaPR 首批工作热情饱满的研究人员建立了真正的研发团队，而不只是一次有组织的实验。[3] 在此期间，它的组织原则是在全球范围内进行探索性研究，无须探讨那些满足商业团体即时和短期的需求问题。这种为 PaPR 定位的方式独特，与业务组中的同事形成一种互补。这些同事与他们的组织对产品路线图的关注紧密相关。PaPR 聘用员工主要看他们的专业技术，因为专业技术不仅是重视科学文化的根本要求，而且使他们能够改变应用环境中的工作条件。展示专业知识并非目的，而是进行深入探究的前提条件，也是在现实世界实践的先决条件（Bezaitis，2009）。根植于学科史和训练深层领域的专业知识，能够让一个领域的基础词汇演变成新生事物。

　　PaPR 的明星文化的缓慢转向是一个艰难的过程，与个人和职业出身的

3　在 2010 年，PaPR 完全被英特尔实验室内部进行的一项名为"交互与体验研究"（Interactions & Experience Research）的更大的投资所吞并。

　　　　　　　　　　　　　　　　　　　　　　　　　　设计人类学

人相比，明星文化才是最重要的亮点。例如，学术训练并不一定注重合作、团队和多学科探索；企业文化，尤其是那些受惠于科研模式的企业，也是会出纰漏的；奖励和晋升制度仍然优先考虑个体科学家的贡献，而不是看个人在奋力实现以共同方案为目标的团队中所发挥的作用。

个人专长与团队合作，这两者都很重要。能在像英特尔这样的大公司内部以独立团队或项目的形式生存下来，是同他人顺利合作的结果。在大型企业中，个人必须以专家的身份出现。如果没有专家，任何公司无论规模大小，都无法以新的方式发展。成长并不仅仅源于实践的混乱，混乱使得扩展无法实现，而变得一团糟！个人之所以成长，是因为他牺牲了自身，投身于新的作用与艰难前行的合作研发之中，而当个体以领导者的身份出现，也会促进个人成长。特定领域在应用环境中的价值和作用发生变化，是因为对于该领域的设想与价值，随当前环境找到了新的目标和方向。可以说，专业知识是导致这种学科变化的先决条件。

我们写这篇文章的时机，正是民族志在许多企业和咨询公司中形成一种清晰的话语机制的时候，而这一机制是在得以被采纳应用的过去二十年间形成的。备受期待的"用户体验"在其应用背景下，为定性研究、观察性研究纳入生产开发流程的过程以及技术发挥作用，提供了广泛参考。由于这类研究的价值已经跟可交付的核心产品和过程挂钩，业务组探索类的工作才变得少得多，而投身于——实际上是依赖于——已知的工作方式。随着时间的推移，这些一样的业务会发生改变；相较于利用人文科学来寻找合适的术语、工具和理论来完成工作，新的驱动因素——效率和成本节约、商业团体的内部语言——则成为优先考虑的问题。这不仅仅是一个新技术的问题，这些新技术是由设计和创新咨询公司提出的，它们每年都会在 EPIC⁴ 这类会议上发表这些新技术；这是一个与不断变化的商业环境相伴相随、相互影响、相互塑造的基本学科演变的问题。这些都关乎生存，如果我们不为之铲平道路，各大企业便会接过我们的这一自由的权利。假若历史提供了任何经验教训，他们将通过继续汲取经验和复制"精品"来解决余下的问题。

我们应当开始审视目前制约我们工作的原因，并切实考虑这些环境会继续对工业界人文科学的价值产生怎样的影响。还有一点也很重要，就是我们需要向自己提问，个人与集体实践的核心价值观是什么？显而易见，这是个好问题。但如何开始呢？

第三部分　误入歧途的下一代

"民族志"著作和"以用户为中心"的设计创新被广泛接受，这意味着，以前难以创造的需求，现在似乎已经在这些或大或小的公司里扎下根。开拓新领域的工作似乎已被埋头苦干所取代，并且，从理想主义立场向现实主义立场的转向趋势，似乎加快了步伐。圈外人也被吸收了进来。当然，如果这一领域停滞不前，那么这种需求不会持续太久。简易且过于简化的方法，将继续朝着商品化工具包的方向发展，而那些源于其他市场和消费者研究方法的一切重要差别，也消失殆尽。正如许多

4　EPIC 是一个民族志实践者社区，致力于为实践者、企业和合作伙伴组织提供来自世界各地最实用的民族志专业知识，主张通过民族志原则来创造商业价值。EPIC 年度会议不针对特定学科，供各行各业的工作者和学者发表演讲，交流资源和专业知识。——译者注

已经拥有了身份的转行者一样，即使我们为下一代的成功而庆贺，我们仍然忧虑他们的未来，担心会失去旧的方式。

在本文的第一部分，我们探讨了该领域早期的现实需求所具有的作用，从而将我们所做的工作与实际结果和文字价值进行关联，这一点一目了然。我们并没有说这是一个错误的转向，但我们现在可能需要明确地平衡它，重新强调价值，强调目标，强调"出色的工作"。

本文的第二部分思考了另一个现象。在我们看来，这一现象看似普遍，却不被承认：从业者的技能和专业知识之间的分化微妙而棘手，那么如何将专业知识的中心从个体转移到方法论上，从而改善机构影响力与专业知识层次之间的紧张关系呢？尽管看起来很奇怪，但这两种全然不同的冲动纠缠在一起，使得应用解释型社会科学学科的目的、价值和动力出现了一种概念的漂移。我们希望看到这条路径能够得到纠正。

我们建议从两个实际并且有整体性的组织原则开始改变，每个原则对于重新引导我们领域的发展都至关重要。首先，要承认专业类型和水平上的差异。其次，明确地表达机构实体、实践团队和个人价值的需求。

第一个问题，在很大程度上取决于知识的具体化，以及对处理好这一问题认知艰难的状况。我们的工作实践跨过二十个年头和七个专业，在不断发展的过程中，对于社会科学家或受过人文关怀教育的研究人员而言，最艰难的转变似乎是充分沟通多学科实践小组所需的具体化。从田野考察到对于观察目的的素材制作，是一个非常公共的过程和环境。然而，将个人知识公之于众，是工作成功的关键，并且它也成为区分贡献大小、匹配与否，以及专业知识水平的依据。实际上，在这个很冒险的领域，错误或过失容易惹人注目且后果严重。我们认为，有些行为已经成功地将这些习惯注入公共事务和社区中。我们还认为，作为一个领域，我们能够一起检视哪些工作是以此为目标，而哪些不是。对大家而言，最终这会比过去那些声称创造了新方法的案例研究更加有益。

其次，价值问题是我们认为亟待解决的问题之一。但围绕这一问题而兴起的行业浪潮正在发生转向，并且不仅会变得更容易，还可能义不容辞地对实践负责，去明确了解他们在做什么，用怎样的方法和分析工具，目的是什么，为谁代言，而且能够为他们所做的选择做出解释，以及他们的工作如何满足价值本身所带来的期望。作为一种关乎环境和社会后果的艰难选择，企业的社会责任使得组织的价值观成为核心话题，即便这个问题仍然难以解决。在个人层面，最近出现的针对"好好工作"的想法的正面心理学研究表明，对不道德问题所做出的新型复杂反应，更有可能来自一种参与行为，而这种参与行为只有在个人价值明确作为该活动的一部分时才会产生（Csikszentmihalyi，Damon and Gardner，2001）。

第四部分　专业知识与实践

作为一名负责高级管理层团队的能效、专业知识和实践等问题的项目管理者，要面对的问题不胜枚举：我们如何利用个人创新实验的优势并产生动力？我们如何在工作环境中为个人创造空间，使其苗壮成长并生存下来？我们如何在运营环境中运用专业知识来创造实践机会？我们如何认识不同类型的优势，并以不同方式看待这些优势？

　　　　　　　　　　　　　　　　　　设计人类学

这些问题所反映的广泛的目的和意图，涵盖了从领导者的个人目标、对公司利益的承诺，到跨界领域的拓展。这使我们认识到个人专业知识、核心训练、专业化和个人贡献的重要性。重点并不是这一切无关紧要。专家和专业知识是有发展空间的，但一群有丰富专业知识的个人并不直接决定实践的落实，在这种合作缺席之下，工作的发展是受限的。你所能期望的是，新的专家将逐渐替代陈旧的专业知识，这是我们许多人摆在首位的工作模式蓝图。如果我们想以某种形式留在应用工业研究的领域，那么专注实践实为立足之本。

所以，挑战的关键在于维持平衡，即个人训练与知识之间的平衡，以及企业中一群人创造的工作之间的平衡——我们工作的"此在性"（Hereness）的两大主要特征。在实践中，专业知识本身再次在特殊意义上，与在实践中形成的共同性和同一性保持平衡。很多跨学科实践应运而生。随着时间推移，实践不断进步。这一领域通过实践得以发展，但是，只有分享知识，来源才能得到普遍认可，个人思路方能被了解，集体的努力从细部到整体才能被看见。这就是我们创造历史的方式。正是这段历史辅助我们下一步行动，使我们能够做出积极的决定。

第五部分　"明辨价值观"之中的价值

最后，我们需要回归本源：我们所做的工作与其所至之"处"——设计、工程、产品开发、品牌和商业战略——之间的联系。这些学科和部门的目的是创造新"事物"（我们广泛使用的术语包括物质实体和非物质实体，如"身份"），并且，寻找能够为创造这些事物提供更具启发性的最初的冲动，该冲动正是源于这些学科。所以，无论研究者在这一领域多么理想化地构建更广泛的理解行为、经验和工作的意图（包括我们在内）（参见 Robinson 在 2001 年巅峰时期的文章《资本主义的工具》），研究工作一直是工具性的目的。这段历史至关重要，因为随着领域的扩展，感兴趣的研究人员接踵而至，他们并没有意识到获得新事物所担负的基本责任，也没有意识到做出某种改变的基本责任，便开始了工作，好像做研究就足够了。然而，问题在于，这永远不够。

不过，这并不是坏事。在一切变化中，一种理解我们所做工作的方式，就是观察当前"是什么"条件，并培养出在知识支撑之下的一种想象力"可能是"什么样。优秀设计作品的实质，总是介于完整的发明和对必然性的认可之间。或许，与必然性的较量，并回避它，是最直接将设计与研究关联起来的动力。在我们看来，应用环境中以人为本的设计、设计研究和民族志兴起的早期阶段，让我们对"当下"有了更微妙、更复杂的理解。它在行业中确立了这样一个理念，即个人、社会和文化对人们为什么会这样想，为什么会使用他们所使用的东西，以及为什么需要他们（认为他们）需要的东西，产生影响，而对这一理念的认知是创造优秀设计的重要根基。

不太明显的是，这两个领域之间的密切合作使研究者有意识地共同计划创造未来，而不仅仅只是理解当下。从定义的角度而言，设计涉及一种替代性的、在某种程度上具有颠覆性的（Marcuse，1978）未来计划。当研究与这种努力结为一体时，当"理解即发明"（关乎让·皮亚杰的著

　　　　　　　　　　　　　　设计人类学

名标题）时，为设计提供信息的研究对这些选项和限制便负有很大的责任。如果我们所做的工作使特定未来变为可能，那就意味着直接影响到了其他人的选择。我们选择了别人"应该"做的，这正是我们在应用环境中进行民族志研究时所承诺的目标。所以，我们有责任阐明我们为什么要做这些选择。在向部门同仁提出这些"体系框架"的建议时，我们该如何权衡，以及做出什么样的权衡。

我们几乎是条件反射地用"优秀设计"这一术语来评价和解读。当某样东西被贴上"优秀设计"的标签（由杂志或专业协会颁发）时，我们也许不一定会赞同，但我们通常会默认，好的设计与平庸的设计或糟糕的设计大相径庭。尽管如此，我们通常不会从伦理道德的层面对"好"进行反思，如"善与恶的对抗"（除非从谷歌搜索）。积极的、深思熟虑的或负责任的设计，不仅包含着最终的功能或形式，而且意味着认知差别的多样，甚至由于视角独特、初衷不一，所做的选择也各不相同。孩子的玩具可能安全，也可能不安全；可能有教育意义，也可能毫无目的；要么坚固，可以信赖，要么可能用最糟糕、最廉价的材料。并不是说这个玩具得做得多么完美，但在每一次需要做出选择的重要关头，至少从当前来看，所做的选择要比它本来应有的更好。

因此，决定产品制造价值的不仅仅是参与项目的个人价值。企业喜欢表现出好像这些选择并不是源自个人行为，这让人们很容易忽视一个观点，即价值观是在一个看似"理性"的过程中表达的，这并不意味着责任问题就会消失。然而，尤其当如果这可能意味着与生产流程（例如创新、产品开发、沟通或业务策略）中的价值导向发生冲突时，我们该从哪里获得价值观？如何让价值观回到工作中？

正如实践是专业知识的客观化和进化演变的重要途径，我们也认为，正确地把握好尺度和途径，才会很有底气地问自己："我们开展这项工作的目的是什么？"在此，强调"我们"。当然，在隐私标准之类的具有广泛性的问题上，许多为应用工作提供咨询信息的机构（企业和学术机构）在实际运作中需要对价值观进行清晰表述。但是，表达清晰的价值观同时奠定了这样一个基础，即运用知识、个人、意图和可能性的特定交叉点上的特殊实践，来指引当地的发展方向，构建地方特色，并对那些被人们狭隘地理解为大企业"想要"在特定年份实现的目标进行反击。当然，"我们开展这项工作的目的是什么？"这一问题的答案会随着受众的作用和所处的位置而发生变化，比如，管理与发展。这对我们的各种叙事，以及不同类型决策者应如何转变价值观，具有深刻的影响。

我们并非在这里争论某种特定的价值观，只是为了在工作中，借助实践，为了实践，有意识且明确地表达它们；同时，我们得清醒地知道在做什么，和谁一起，目的为何。我们相信，明确价值观的支持，会使这一观点受益，并摆脱了一种企业不可知论，这种不可知论在企业社会责任、环境和社会激进主义等领域，以及最有意思的一些工作中，普遍存在。世界野生动物基金会（WWF）的汤姆·康普顿（Tom Compton），在 2008 年一份题为《风向标与路标》的报告中，痛批盛行的"营销手段"，即通过"任何应对环境挑战的适时战略都需要我们参与做决定"的价值观来"促进环境友好行为的改变"。康普顿对风向标（美国英语人士的"风向标"）的数值，或对当下事情发展方向、方式的指示（例如，回收的家庭比例），做了明确区分，该"路标"的数据告诉我们该往哪里走，还要走多远，或到达那里有多难。引导我们去哪儿，比告诉我们现在怎么做，更重要，也更困难。在"设计是规划工作"的这一基本概念中，如何从"这里"走向"下一站"，我们相信，价值观就像"附加价值"或"经验"一样，应该成为弧线落下的前端。

"路标"的概念图有可能成为任何研究实践的一部分，这与"体系框架""体验模型"或"客户旅程"成为确定民族志和设计边界的事物，如出一辙。与其说创造"路标"包含着比 EPIC 类型的工作更普遍的描述性习语，不如说它有着更积极的构想，而这种 EPIC 类型的工作，通常提供的是那种研究实践的工作。让新事物朝着比另一个事物更好的特定方向发展，并非某种能够从基础研究问题中摆脱出来的探究方式。大多数应用型的民族志研究中都囊括了形式、工程、市场营销和分销，以追求当下如何运作有趣的模型为目的。但是，当我们考虑什么"应该"发生时，产品或技术人类"生态学"应该发挥何种作用，以及提问者如何标记这些角色，都会成为主要研究对象。

在这里要说的是两种规劝之间的关联。重新反思这一工作的重要性，它既创造了知识主体，又融入了可能被利用的知识主体。不要宣称所有的结果都可预见，除非你清楚后面的做法，否则无从管控。我们的工作机构内部承诺的核心需要保有这种透明度。

转行者的故事通常来自前后辈之间的联系与不同，以及人们维护或改变价值观的方式。在一片新的疆域全身心地投入生活，意味着用新的方式，把曾经"一切可能不同"的冲动变为现实。前十年的埋头苦干给了下一代工作的可能。但是技巧与方法既不是衡量变化的最佳标准，也不是创新标准，而是衡量我们当下维持自身能力的一种手段，这是专业知识的一个必要组成部分。假如我们以工作方式而不是以努力完成任务来约束这个领域（或一种实践），我们就错过了这个要点和这次机会。

在社会和商业环境中，价值观一直推动着变革。深刻的人文主义为设计和开发领域的同仁，以及社会人文科学家奠定了工作基础，但我们无法设想它的本质以及是否适用。价值观，就像所有人的"体系框架"一样，都是可以规训的，而且价值观会因我们的所做与我们做的方式而改变。研究人员和设计师可以通过把清晰表达和具象客观化变为实践中的日常环节，来坚守目标——把一切变为更好的可实现的理想。

参考书目

1. Bezaitis, M. (2009). "Practice, Products, and the Future of Ethnographic Work", in M. Cotton and S. Pulman-Jones (eds.). *EPIC 2009: Taking Care of Business. Proceedings of the EPIC* 2009, 92–107, Washington, DC: American Anthropological Society.

2. Cain, J. T. (1998). "Experience-Based Design: Toward a Science of Artful Business Innovation", *Design Management Journal*, Fall: 10–14.

3. Compton, T. (2008). "Weathercocks and Signposts: The Environment Movement at a Crossroads", World Wildlife Federation UK. Available online: www.wwf.org.uk/filelibrary/pdf/weathercocks_report2.pdf (accessed February 2, 2016).

4. Csikszentmihalyi, M., W. Damon and H. Gardner (2001). *Good Work: Where Excellence and Ethics Meet*, New York: Basic Books.

5. Geertz, C. (1973). "Deep Play: Notes on the Balinese Cockfight" ,in C. Geertz (ed.). *The Interpretation of Cultures*, 412–453, New York: Basic Books.

6. Lynch, K. (1970). *The Image of the City*, Cambridge, MA: MIT Press.

7. Marcuse, H. (1978). *The Aesthetic Dimension: Toward a Critique of Marxist Aesthetics*, Urbana & Chicago: Beacon Press.

8. Robinson, R. E. (1993). "What to Do with a Human Factor: A Manifesto of Sorts", *American Center for Design Journal: New Human Factors*, 7 (1) : 63–73.

9. Robinson, R. E. (1994a). "The Origin of Cool Things", in *Design That Packs a Wallop: Understanding the Power of Strategic Design. Proceedings of the ACD Conference on Strategic Design*, 5–10, New York: American Center for Design.

10. Robinson, R. E. (1994b). "Making Sense of Making Sense: Frameworks and Organizational Perception", *Design Management Journal*, 5 (1) : 8–15.

11. Robinson, R. E. (1998). "A Cure for the Black Box Blues," *Perspective*, Summer.

12. Robinson, R. E. (2001). "Capitalist Tool, Humanist Tool," *Design Management Journal*, 12 (2) : 15–19.

13. Robinson, R. E. (2009). "'Let's Bring It Up to B Flat': What Style Offers Applied Ethnographic Work", in M. Cotton and S. Pulman-Jones (eds.). *EPIC 2009: Taking Care of Business. Proceedings of the EPIC 2009*, 92–107, Washington: American Anthropological Society.

14. Robinson, R. E. and J. P. Hackett (1997). "Creating the Conditions of Creativity", Design Management Journal, 8 (4) : 10–16.

15. Robinson, R. E. and J. R. Nims (1996). "Insight into What Really Matters", *Innovation*, Summer: 18–21.

16. Suchman, L. (2000). *Anthropology as "Brand": Reflections on Corporate Anthropology*, Lancaster: Lancaster University.

17. Walters, J. and H. Gardner (1988). "The Crystallizing Experience: Discovering an Intellectual Gift", in R. Sternberg and J. Davidson (eds.). *Conceptions of Giftedness*, 306–331, Cambridge, UK: Cambridge University Press.

简·富尔顿·苏瑞

5

诗意的
观察

设计师如何看待所见

在设计师眼里，我们对设计的追求超出了对纯粹功能需求的意义。我们对有意味的诗意与微妙细节的追求，不仅应该借助它融入文化与环境，而且要为它增添新的维度。

设计与观察

要带着对设计的敏感去观察、留意和了解现实生活中的人、地点和事物，这意味着什么？本文主要内容是关于确保设计团队为设计师创造时间和空间，不必严格遵守某些正式流程或"研究计划"的限制，而是以自己的方式探索、观察和感知世界的重要性。[1] 同时，开始探究这个问题：他们自己的方式是怎样的？

设计与创新都是创造性的尝试，它背离了完全理性和线性的过程。人类的智力、技能和想象力需要达到一种飞跃，才能应对多种变量和未来的不确定性。并且作为设计师，我们要关心的是未来的意义，而不是实际的方式，此外，还要关注它的诗意。

社会科学的视角

二十年前，设计师与研究人类和社会的科学家进行对话的情况鲜有发生，而且他们从不介意借鉴人类科学的理论和方法。现在，有不少设

1　作者在此向客户、设计团队成员，以及为本文给出评论和提供润色建议的同事致谢，尤其感谢那些分享充满启发性的故事、起到关键作用的设计师。

计师同时也是心理学家和人类学家，他们分享、调整方法，整合见解，并将想法付诸实践。从诺基亚到雀巢，再到美国疾病控制和预防中心，许多进步机构已经接受了通过以人为中心的设计研究来解决商业和社会问题。

因此，在天然环境中观察和采访人们的做法，已在设计中广泛运用。运用如此之广，以至于现在的社会科学——关注人、环境、行为以及关于动机和意义的后续洞察力——在很大程度上主导着关于观察是如何影响并激发设计的对话。在商业领域，这种观察实践以"民族志研究"著称，而且"消费者洞察力"的宝贵形式对于消费设计服务的人来说，已经非常熟悉了。正如《商业周刊》里的《欲望科学》所指出的那样：

> 现在，随着越来越多的企业重新自我定位，从而为消费者服务，"民族志"进入了黄金时期。与传统研究相比，它对消费者的理解更为深入。管理人员表示，要（密切）观察他们的生活和工作圈，让企业对顾客的欲望了如指掌。（Ante and Edwards，2006）

民族志式的观察可以为创新和设计带来灵感，奠定基础。它增强了我们的信心，即创意将与文化相关，满足实际需求，因此更有可能产生理想的社会或市场影响。

设计人类学

但对于设计和设计师来说，要观察的远远不止这些。[2] 正如我们将看到的，成功的设计师对其周遭的特殊情况极为敏感，这些观察往往以微妙的方式渗透到他们的工作中，激发灵感。

现在似乎到了关键时刻。随着越来越多的企业和机构接受了设计思维和以人为中心的方法，深入了解"观察在设计中如何发挥作用"，变得似乎极为重要。我否认了以人（消费者）为中心的重要性吗？并非如此。但是，还有其他同样重要的、不怎么广为人知也不那么明显的观察，有助于形成设计的逻辑方式。我们在设计项目的规划和实施过程中，在对设计师的欣赏中，由于无法做到直截了当和细致入微的预测，某种观察机会有可能被忽略。

不计其数的观看方式

在许多项目启动时，我们甚至对需要了解什么或寻找什么，一无所知。我们只知道要履行承诺，为产品、服务、空间、战略、媒体和机构寻找或创造新机会。即便如此，设计团队经常发现自己被迫创建了某个详细的研究和探索计划，并付诸实施。毫无疑问，设计项目从各种制约当中收益，包括探讨时间、磨炼直觉、寻求灵感。但是，过于严格的探索规定也可能会适得其反。

人可以对硕果累累的活动下赌注："大家一同策划比赛，探讨隐喻，

---

2 在人类学家看来，民族志的内容远不止在环境中观察人们，以提供有关他们的需求和欲望的洞见。

采访偏激的客户，思考品牌的内涵，调研文化背景，参观厂家和卖场，观摩生产过程。"但这些活动，通常内置于"设计过程"，它们的价值就在于，它们能为设计师提供信息并激发他们的想象力。设计师要以能产生设计结果的方式，对他们所看到的（以及其他方面）进行解读。无论是设计策略、原则，还是与项目简介相关的概念，他们需要利用观察来"做点什么"。

解读我们所看到的一切，这个过程具有个人性和社会性的双重特征。我们所有人都以独有的个人方式关注着那些有益又有趣的事情。尽管我们可能会认为某些活动很有成效，但并不是每个人看到的事物都一样，或能发现它们同等的重要性。在一个团队里，对有些人来说是备受鼓舞的和相关的事物，对其他人而言就不那么重要了。这一强烈的观点本身，就是丰富多元的。探索设计并不是寻求绝对的真理，而是了解挑战的本质及其生成的方式。事实上，多元化观点的其中一点好处是，可以帮助他人以全新的视角看待形势，挑战传统的解读，并揭示未曾被欣赏的可能性。

有许多因素在决定个体观察世界方面，发挥着重要作用。每个人的视野都是独一无二的，而促使它形成的因素之一，就是同一学科圈内的人们共享的文化视角——每个人观看视角的传统和框架各不相同。例如，乔治·尼尔森（George Nelson）的初级读物《如何看》（How to See）展示了一系列照片，其目的明确，即帮助我们欣赏周围世界的视觉设计的品质；《日常工程》（Everyday Engineering，Burroughs and IDEO，2007）吸引我们通过特定的工程镜头，观察周围的环境。Flickr 图片网站和其他互

　　　　　　　　　　　　　　　　　　　设计人类学

联网照片共享服务，以多元的个人镜头提供表现的手段。同样，图像博客则让很多人能够把他们日常观察到的有趣内容发布出来。

这些例子展现了个人欣赏和观察世界的独特方式。但这种观念是如何影响设计输出的呢？以下是关于设计师以自己的方式看待世界，并将他们的视角带入工作中的四个例子。

一、灵感无处不在

第一个例子展现了一种对物品与环境的特殊敏感。我的同事铃木元（Gen Suzuki）是一位洞察敏锐的工业设计师，他在家乡日本和英、美等国家受到国际认可。对于铃木元而言，物品与环境的关系不仅令人着迷，影响着他关注周围世界，而且还是设计灵感之源，影响了他处理设计问题的方式。铃木元捕捉那些有趣或不寻常的，甚至是幽默的事物的并置与和谐，并为此着迷。

以下这些都是铃木元观察到并深受启发的实例，他的看法与功能属性无关，这些联系都带着异想天开、搞笑的意味，这些例子都没有预想的主题（见图 10 和图 11）。铃木元说："我知道地铁墙上的照片可能具有某种意味，于是拍了下来。我觉得它很美，但我不知道为什么我觉得它美。"

铃木元的照片反映出了他的视野、他的观察，以及他那天马行空、创意无限的想法。他对这些时刻的欣赏是瞬间的，而给他的设计方法所带来的微妙影响，实质上是凭直觉获知的。但是，当他反思这些问题，

图 10 （上）没有广告的广告牌。当铃木元经
过东京地铁站时，这个广告牌引起了他的注意。
后来他弄明白了，引起他兴趣的是物品与环境
之间的界限。©Gen Suzuki

图 11 （下）铃木元在阿尔卑斯山峰会上享用
的咖啡，顶部鲜奶油的形状，如同他刚攀登过
的那座山。©Gen Suzuki

思考为什么这些问题会激发他的个人灵感时，他开始认识到镜头是怎样影响他的设计制作方法。在他看来，这两张照片的重大意义就在于，对这些物品（广告与一杯咖啡）所处的环境和它们与周围其他物品之间关系的感知。他几乎不知不觉地被他所说的"模糊边界"吸引，在这个"模糊边界"中，物品具有一种特质（物质、视觉或空间），它以有意义的方式将自身与其他物品或周围环境联系起来。

作为一名设计师，有机会创造出与周围环境更和谐的新事物，这令他激动不已。例如，他偶然在朋友的工作台上看到一叠胶带，于是灵感大发，设计出了笔筒（见图 12）。铃木元设计的笔筒不能被看作是一个孤立的容器，甚至不仅仅只是与笔有关，而是与桌上的其他物品有关，这些物品的形状和内部的负形状相叠加，形成了一个三百六十度无死角的容器。铃木元将其处理、设计笔筒的方法称为"重叠边界"。

从功能层面上讲，这一解决方案行之有效。除此之外，它还具体表现了情感关联。从物品与环境之间的微妙和谐来看，这一设计能令人莞尔一笑，便是一种认可。

这个例子说明了一种观察方法的价值，它关系到对个人直觉感受的尊重与反思。通过记录周遭世界而捕获想象力的这些例子——他愿意和他人分享，仅仅是因为觉得它们美丽、迷人、有趣——由此，铃木元丰富了他的设计直觉。通过这种观察，他认识到特定的品质如何唤起美感、激情和愉悦。他将这种敏锐带入设计，也唤醒了他人同样的感觉。

图 12　铃木元的笔筒设计灵感来自他对朋友
桌上堆放的胶带的观察。©Gen Suzuki

二、清晰的洞察力

第二个例子是未经计划的观察，目的是为新的银行空间和服务理念提炼出一套设计原则。这家客户公司作为一家全球性金融机构，想重新设计银行分支机构来帮助他们在中欧和东欧的客户获得理想体验。而在之前的体验中，许多市民要么认为银行没有什么价值，要么与银行有过不愉快的经历："是什么能让人们走进一家分行，怎样才能让人感觉到它不错？"

在这个项目中可以看到银行职员与客户之间的互动，这显然是有意义的。这将有助于发掘适当的文化方式来鼓励理想的关系与体验。事实上，设计团队约见了十个城市的客户和银行职员，并观察他们在二十五家分行和五十多家类似网站上的行为。这些观察结果揭示了职员的行为和空间线索是如何使银行客户产生不受欢迎的感觉，最终，全新的分行设计理念和服务模式应运而生，继而增进了职员与客户之间的良好互动。这一切听起来好像是设计因遵循可预测的理性计划而出现的，但慕尼黑团队中极富洞察力和文化好奇心的设计研究员安妮特·迪芬萨勒（Annette Diefenthaler）回忆道（见图 13）：

> 我们在诺夫哥罗德，面试得很晚。在回来的路上，我让出租司机把我送到我们经过的那家廉价购物中心。我只是好奇，想去看一下是什么样子。
>
> 我看到一个多层大厅，里面有很多小摊位。一切看起来好像都是

图 13　这张俄罗斯商场里某鞋店的照片，成为向东欧消费者展示的一个简单真实的"旧世界"的有力隐喻。©Annette Diefenthaler

临时的。这里的商品销售方式令我惊讶，一个摊位只卖蓝色牛仔裤，旁边的摊位只卖黑色裤子，再旁边的摊位卖浅色裙子，而另一个摊位只卖黑色鞋子。商品展示的方式也很简单——墙壁、挂钩、黑色鞋子，没有多余的装饰。当下，我们一直在多方寻找专售西方品牌的购物中心，创造围绕产品的各种体验。那就是新的世界、新的俄罗斯。

然后就到了这个鞋店。乍一看，你可能会不屑一顾，因为这太令人沮丧或无聊了，但我觉得这种销售商品的方式非常诚实和直观。顾客体验？这里没有。你想要买黑鞋？你得到的就是一双黑鞋。不必大惊小怪，产品上没有额外的承诺，一双鞋就是一双鞋——形状、材料、颜色、鞋底。这让顾客能集中注意力，清楚地评估、比较产品本身。此外，还包含着另一因素，即授权给顾客做出明智的、有针对性的选择。相比之下，许多"新世界"购物中心提供的购物"体验"，意味着商品不仅仅是商品，而且与周围的各种承诺混杂在一起，因此，这不仅仅是关乎买鞋，还关系到海报上模特穿着的酷感、品牌魅力，等等。

把这个故事反馈给团队，并将故事与受访者的评论相关联，有助于我们深入了解东欧：在他们的"旧世界"里，事情非常简单。虽然"新世界"带给人们这些体验，但这不一定就是人们想要的，他们想要的是诚实地提供产品。

这一深刻见解引发了我们对银行业诚信的思考，并将其转化为对分行的设计——布局、服务模式，同时对提供产品给出建议。正是团队空间墙上那张黑鞋子的照片，不断地提醒着我们。

安妮特偶然观察的能力非常强，这有助于团队在访谈中以更抽象的方式对他们发现的东西做出具体的解释——因为人们已经不太愿意去银行，所以他们不是为了"体验"而来的，就像鞋店一样，银行是实现人们目的的一种手段，顾客要么在那里进行交易，要么进行咨询。正如安妮特所说的那样："他们想要的是电视机，而不是贷款。"

设计团队明白，新分行的体验越简单，就越能令人产生信任感。因此，在设计中，他们的指导原则就是让事物变得更清晰、可见、具体。新的空间分为两个不同部分——一个用于交易，另一个用于咨询——灵感之源就是"顾客来银行是为了实现一定目的"这一想法。新的设计也增加了透明度，这样一来，街上的行人可以看到分行里所发生的一切。

这一戏剧性的观察源于安妮特天生的好奇心，这有助于阐明该项目的重要设计主题。这一灵感绝非偶然，出现得恰到好处，设计师在头脑里过滤处理其在田野调查中丰富的观察经验、故事和视野，将最终结果转化为设计的方向。重要的是，要确保我们在项目计划、日程安排和设计师脑海中都留有余地，才能让这种直觉好奇心发挥它的魔力。

三、对比文化

有时候，文化渗透是传达设计直觉的最佳方式。这一例子涉及设计师主要利用零碎的时间来直接且多感官地获得体验，同时通过比较与交谈来理解人们的印象。

哈瓦那（Havaianas）想为该品牌设计出衍生产品。他们标志性的"人字拖"作为巴西文化的代表，在世界各地享有盛誉、备受尊敬。他们想要从拉链包开始，做出与拉链包精神相契合的一套其他的配饰。

什么样的外观和感觉才能使这些拉链包与哈瓦那的品牌相称？设计团队首先想了解品牌与巴西之间的紧密关系。毋庸置疑，探索巴西最好的办法就是去巴西旅游。精力旺盛、思想深沉的巴塞罗那教育设计项目负责人米格尔·卡比拉（Miguel Cabra），向我介绍了团队流程并解释说：

> 我们必须去印度了解巴西，我们真的没有同任何人谈论过手袋！在很多方面，无论是文化和社会结构，还是天气状况，欧洲都与巴西迥然不同。因此，想深入了解巴西并非易事，因为我们没有什么可以进行比较的，这也是产生去印度的想法的来源。我们认为，去另一个（但不同的）第三世界国家或许有一定的意义，这样我们就能够找到什么才是真正属于巴西的。我们去了正快速发展的新兴城市班加罗尔，那儿有许多大公司，而且它的传统与贫穷的环境并存，这让我们感受到它与巴西的反差，你可以在那儿的贫民窟附近发现最令人惊叹的豪宅。

> 说实在的，我们不知道这次印度之旅会有怎样的收获，我们之所以去，完全是出于直觉。我们没有任何正儿八经的观察，但我们的确和很多人聊过，并用过好奇的眼光打量他们。正是在班加罗尔之行之后，我们才开始真正理解巴西生活方式的本质。乘飞机返程时，我们谈论了有关印度和巴西的差异与相似之处。对于我们来自发达国家的欧洲人来说，有些东西，在去班加罗尔之前似乎基本上

是"巴西"的，这在两种文化中极为普遍。下面是一个相关的例子：我们在巴西常看到这样一件物品，是将一块布斜对角打结并缝合做成的"简易的包"。

事实证明，这只是贫穷时期最为普遍的携带物品的解决办法——在班加罗尔和圣保罗，你也可以看到一模一样的包。

但它们也存在着差异。颜色是其一。众所周知，巴西是一个绚丽多彩的国家。相比凉爽的国家，在气候温暖的国家，人们对颜色没有恐惧感。在班加罗尔的实地考察让我们更深入地认识到巴西人对颜色的理解。在巴西，颜色不仅仅具有装饰功能，还是人们用来表达希望、乐观和反抗贫穷的一种方式。这是展示他们的态度和改善生活、工作场所最廉价的方式。

团队对巴西色彩的观察，是从照片中捕捉到的，这些照片直接影响到他们对拉链包进行设计时用的色板（见图14）。而且他们"巴西式"的观察不仅对设计元素产生了影响，对团队的工作方式也产生了影响（见图15和图16）：

我们做完研究之后，便像平常那样，构思，头脑风暴，然后写生。然而却一无所获，对我们来说，这样的结果感觉不真实。我们意识到，在巴西，我们已经看到如果我们将设计理解为执行前的规划流程，那么巴西人没有进行过"设计"；他们创造事物时主要凭直觉，不会先起草一个解决方案，然后再进行构建；他们会先看到他

设计人类学

图 14 （上）这两张照片记录了在巴西观察到的颜色用途及含义。©Katie Clark

图 15 （下）超载的小拖车。这种在巴西极为常见的典型景象，激发了一个想法，即袋子不仅是容器，而且还能承载比自己本身更大的东西。©Katie Clark

图16 哈瓦那设计的拉链包体现了巴西文化
中的颜色、手势的表现方式及多样性。©Katie
Clark

们所拥有的东西，然后从中构建出一些东西，这就是原型设计的意义所在。

因此，我们开始将策略转向更为"实际操作"的方式，这种做法带来了很大改变。我们的设计原则之一是"1 + 1 = 3"，它是关于如何将两件完全互不相干的东西去文本化，然后构建出一个全新的物件。这就是如何制作"拉链包"——将两个"口袋"缝合在一起，给你的毛巾或瑜伽垫隔出第三个开放空间。一个能携带比包本身更大的包，这也是我们常在巴西看到的物品，参见超载的小拖车的图片。

最终，为了让人感觉到真实，我们必须采用巴西人的创造方法：我们不以设计师的身份，而是变成制造者，用"手的风暴"代替"头脑风暴"。在某种程度上，这就像做演员一样，临时扮演一会巴西人。

研究团队是通过设计师与有关巴西生活的方方面面所建立的深层联系，才充分了解认识了哈瓦那的品牌。正如米格尔所说：

当一个品牌与一个国家的文化融为一体时，你不能只围绕着人与产品进行研究，而是需要真正将自己沉浸在里面。你必须深入其中，因为，在你离开之前，你不知道你需要了解什么，或者甚至你能了解什么。

这种沉浸需要经过一个过程，尽管它并不苛刻：

它是"你使劲儿观察和思考所看到的一切"。所以，我们注意到颜色、材料和形式的普遍流行，我们问自己：这里有可辨别的模式吗？有哪些相似之处？如果如此，其背后又有什么正式规则？实际上，你有可能将文化设计原则称为模式吗？

谈论对你所见模式的提议及测试，思考它给我们做设计带来的影响，可能比实际投入更为重要。

此外，需要留意以下设计原则：

是的，对颜色、材料、人们所做的记号以及鼓励和强迫行为的好奇……并不是为了描述，而是为了回应新生事物，为了解释得更清楚。例如，我所感兴趣的是，某个特定的物品如何迫使你以某种方式行事，而这一方式展现了整个身体语言、对事件或活动的筹划，以及所有这些是何以具备文化意蕴的。因而，当我们想到手提包，我们可能联想到斯堪的纳维亚人将物品放进袋子里，再把它合上，拿起来，背在身上，这一系列细致而简约的动作、姿势和手势。这将影响你对待它的方式——喜爱，背上，携带，取下，放下——而这些又受到身体和背带材料、外壳、配件的影响，这些都与巴西人的方式截然不同。于是，我们为哈瓦那品牌设计了一个橡胶皮带，你可以随身挎着带弹性的包，大踏步地走。

四、有趣的本质

这个例子说明了设计师对视觉隐喻的洞察力以及对直觉的尊重，尽管对它的重要性还缺乏足够认识。

杰森·罗宾逊（Jason Robinson），这位足智多谋、富有想象力的视觉思考者和叙事者，是工业设计师中的领军人物，他开发了一套高端脊柱手术器械。通过回顾这个项目，他忆起自己两次重要的视觉经验。杰森分享了他的思考过程，以及对过度合理化所持有的谨慎态度，以描述第二件事：

在考虑使用什么材料和饰面时，外科手术工具的样子一下子吸引了我。它们经过不锈钢手摇机加工，阳极氧化，能承受高压。亚光银色金属的清洁精确度对我来说很有启发，我想探索一下我所开发的一些形式的有效性究竟如何。与此同时，我被这些黑色的复杂严肃的工具外观迷住了。我和马丁在电脑前审阅屏幕上的 CAD（电脑辅助设计）模型，首先采用银色字体。我们希望看到相同的黑色工具，并避免重新渲染一遍——那要花太长的时间了——我选用了一个矩形区域，并只将那部分图像重新渲染。然后，我们看到的是一个亚光银色工具，其中间部分是黑色，矩形区域被投射到工具上。马丁说："真酷！"的确如此。

结果出人意料，而且他对此做出的反应完全出于直觉。尽管如此，他觉得这需要深入探究。在设计开发的过程中，杰森一直对投射在银色半有机形态上的黑色元素的那种对比反差的张力感到好奇："可是，为什么酷呢？"他不停地问自己。

　　我记得当时在想："它不适合，它不会在这种形式中采用任何其他线条，比如分两行什么的。正方形的形状与形式的其他方面之间，存在冲突。这一形式所有的其他方面和元素，均由逻辑和实用原因所驱动，要么符合人体工程学，要么包含功能元素。而这个正方形存在于另一个平面上。这很胆大！"

　　我的思绪回到我们第一次参观手术室，那个戏剧性的手术场景令人印象深刻。外科医生做的事情简直难以置信，绝不允许出现任何失误。这就是我当时看到场景时所想到的。正方形与外科医生正在做的史诗般的事情之间的联系，在我的思绪里划过，这与我在手术室中发现的并行出现的一对 X 射线之间的连接，是一样的，这对我产生了很大的影响。

　　这是脊柱 X 光片，一张是术前的，一张是术后的。外科医生在术前的片子上大胆地进行标注，用笔画了结论性的红色线条标记，表明脊柱应该设置成这个或那个角度，应该放置各种硬件。术后的片子上显示的是带有所有硬件的脊柱，这张片子成像质量很高——任何金属都会在 X 光片上出现，因而，你可以看到外科医生手术处理后留下的白色灼伤与脊柱的 X 射线柔和的灰与黑的有机形式的搏斗。柔软弯曲、活生生的脊柱有着一种意志，即以自己不正确的方

　　　　　　　　　　　　　　　　　　　　　　　　　设计人类学

式生长，而外科医生的标记表达了以科学和技术进行纠正的意愿与决心。这便是这些工具的全部内容，做一些身体非常不愿意做的事情；外科医生正在创造秩序和结构，创造直线性和刚性。这就像两种意志的挣扎、反抗。因此，这就是故事的寓意。从视觉上看，正方形元素叠加在工具上，它与 X 射线的图形特征有着同样的不妥协的统治感。

令我印象深刻的是，那个（手术操作的）房间里有着很多令人着迷的东西，而正是那些 X 射线——戏剧性的双折画，引起了我的注意。我深知它们的重要性，于是拍了照片，将其封存在记忆中，但是它们的意义随着时间的推移才真正显现出来。对我来说，把它们与投影在渲染图的黑色方块联系起来，这一过程并不是有意识的。

但是，一旦建立了这种连接，并得到其他设计师和客户的验证之后，我确信自己最终拥有了组成故事的部分，可以用这些故事解释这一明显随机的黑色区域为什么对我来说很重要，以及它是如何关系到这些工具的特殊之处。设计意图塑造了这些工具的与众不同。我们希望它们成为高端产品，并传递出它们是"特殊的工具，为特殊的事物，由特殊的人完成"的信息。这是一个简单的细节，却传递出这样一种声音："在这里，一些重要的、与众不同的事情正在发生。"

杰森在手术室里观察并意识到一个有趣的视觉隐喻，开始时只是一个稍纵即逝的念头，但最终却促成标志性形象的设计完成（见图 17）。

图 17　手术工具的最终渲染图，它体现了刚性与有机视觉元素的鲜明特征对比。©Katie Clark

无疑，这种直觉意识的过程，得益于观察，但任何特定的结构化计划都不能确保使之完整。杰森说："重要的是，在一段时间里，一个实体与精神性兼具的空间，能让所有这些东西都被看到、被探索、被焊接在一起。"

结论

这些故事的共同之处是什么？这四位设计师以各自的方式，从他们对世界的个人观察中获得灵感，并看到了其他人没有看到的美、诗意或者意义。

有时，这种灵感是刻意寻找到的，比如来自巴西、印度之旅或手术室；而有时则是出于在俄罗斯购物中心或在阿尔卑斯山度假期间偶得的好奇心。在每一种情况下，他们的洞察力源于活动和思维，而这不是高度形式化的研究计划的一部分。但是，他们的方法当然不是没有规范，也不是不严格的。每个案例都关乎类似的模式：专注的好奇心，加上相关背景下的知识，关注引人注目的元素、可视化文档和随后重新审视这些记录的元素，与团队成员和客户谈论有意义的事情，讲故事，探索设计的选择和细节。

无论是制造产品、生产服装、提供服务，还是设计空间，设计师都会对情境、形式和材料所固有的物理、隐喻和文化价值，以及如何体验这些价值观，表现得尤为敏锐。也许，作为生产者，他们对环境中那些可操控的元素有了更高的认识：颜色、质量、布局和纹理这些感官品质，与反馈、节奏、顺序、分层和逻辑这些动态特性之间的正式关系。这反映了人们对事物怎样形成，以及他们在制造过程中所做的选择和工艺效果的认识。

直接接触到人、地点和事物，似乎是关键，但是并没有什么程式化的方法来观察这种非常个人化的东西。设计师们被这个世界所吸引，也对寻找适用模式和隐藏规则而着迷。但是，他们的目的并不是观察并描述他们所看到的（这将涉及真实和客观的观察），而是变得具有生产力和战略性。具有生产力是指，就观察事物未来方向的意义而言，高度依赖于想象力和阐释；而具有战略性指的是，他们的观察有助于对特定设计选择的相关性和含义做出深思熟虑的判断。

设计师只有作为团队，而不是作为某个人，才能看到更多的东西，而且谁都会希望自己看到的东西是与众不同的。但是在团队中重要的是，要让多元观点与单一视域之间的张力持平，这才能使最强有力的新观点得到拓展。实际上，设计师所做的最有价值的贡献之一，就是帮助人们用全新的眼光去看待事物，认识到如何让某些东西（产品、服务、空间等）成为能被人们看到或感受到的未来体验。

为了更广泛地获取设计灵感和拥有设计思维，人们越来越重视设计教学和学习的过程。这不可避免地导致对设计活动和方法形式化的尝试。[3]由于鼓励跨学科团队运用集体观察的能力去探究问题，所以保持灵活性，

3　最近由 IDEO 发布的例子包括《以人为本的设计工具包：启发发展中国家新解决方案的开源工具包》（IDEO，2011）、《以人为本的设计实践指南》（IDEO，2015），以及创始人大卫·凯利和他的兄弟吉姆·凯利（2015）的《创造性信心：释放我们所有的创造潜力》。

能够通过个人视角，借助直觉在未经规划的时间里进行观察和探索，是很重要的。

　　不论在哪个特定项目中，关键性的灵感与顿悟往往都是以不可预测的方式闪现的。努力、专注、时间和对相关事物的明智的（或甚至看似无关紧要的）关注，这些因素似乎在起着作用。这就是人类（设计师）建立联系并识别（或创建）模式的思维能力——项目简介同时成为永动的过滤器和发动机——似乎会从最随意的经历中迸发出灵感，显露出洞察力。

　　理解了这一点，并为它创造天时地利的条件，是尤为重要的。这不是放弃结构化研究计划的理由，只是警告不要经不住诱惑而误以为预先确定的研究计划是唯一的基础，并不是只有通过它，设计团队中的个人才能明确表达他们对工作环境的认识。回顾这些例子，我们可能会遵循这些原则，以确保对于设计的敏感能够优先：

　　　在设计研究计划中给予机会并自发探索。

　　　记住要腾出时间和空间，满足个人的好奇心，并尊重由此产生的直觉。

　　　确保足够的时间沉浸、记录和过滤，进而消化、吸收有启发性的内容。

　　　鼓励人们了解和探讨的事物不仅要适宜、实用，而且要美丽、引人入胜且富有诗意。

　　　理解奇特的个人意见，能够丰富并增进团队间的了解。

观察世界对于设计而言，是天然且必不可缺的。但最终，重要的不是你去看什么，而是你看到的和你所做的。在设计师眼里，我们对设计的追求超出了对纯粹功能需求的意义。我们对有意味的诗意与微妙细节的追求，不仅应该借助它融入文化与环境，而且要为它增添新的维度。

参考书目

1. Ante, S. E. with C. Edwards (2006, June 5). "The Science of Desire: As More Companies Refocus Squarely on the Consumer, Ethnography and its Proponents Have Become Star Players", *Bloomsberg/Businessweek*. Available at https://www.bloomberg.com/news/articles/2006-06-04/the-science-of-desire (accessed January 24, 2017) .

2. Burroughs, A. and IDEO (2007). *Everyday Engineering: How Engineers See*, San Francisco: Chronicle Books.

3. IDEO (2011). *Human-Centered Design Toolkit: An Open-Source Toolkit to Inspire New Solutions in the Developing World*, Palo Alto: IDEO.

4. IDEO (2015). *The Field Guide to Human-Centered Design—Design Kit*,Palo Alto: IDEO.

5. Kelley, T. and D. Kelley (2015). *Creative Confidence: Unleashing the Creative Potential Within Us All*, New York: Crown Business.

6. Nelson, G. ([1977] 2003). *How to See: A Guide to Reading Our Man-Made Environment*, Oakland: Design Within Reach.

詹姆尔·亨特

构建
社会原型

设计与文化交汇的当下与思辨性未来

我们不能再满足于人类学"袖手旁观"的感情用事和设计"多即是多"的头脑用事了。实在有太多复杂的、大规模的问题给我们的生存带来压力……不论是全球变暖、人口过剩、水源和食物短缺、经济不平衡，抑或是全世界采取的非可持续的"美式生活"，真正的社会变革亟待来临。

"理解用户"已经成为企业战略家的一句口头禅，它后来无处不在，唯一能与之媲美的是它那令人惊叹的明显性。为了推进这种方法的应用，最近可能会被罗斯·佩罗（Ross Perot，朴素的得克萨斯亿万富翁，1992年曾经为美国总统筹划独立选举）称为"巨大的吸食声"的，是设计咨询机构贪婪地将文化人类学家列入他们的招聘名单当中。原因不胜枚举，但主要的根源是出自近期设计和商业的方法向"以用户为中心"的设计发生转向，这是一种预见终极用户的需要，并将其作为新产品服务核心的举措。大企业例如宝洁（P&G）和英特尔（Intel），雇用了人类学家和其他社会研究者来协助他们了解用户需求和愿望，并实现最终目标，获得更大的市场份额，保证更多新产品成功发布的可预测性。在设计的内部，设计民族志、协同设计、参与性设计，以及设计调研（还有其他被五花八门命名的设计方法），进一步标志着设计师以社会观察的手段作为资源的趋势正在增长，帮助人们更好地获得"地方性知识"并启发新想法。这种将民族志方法（一般快速且草率）轻易运用在商业设计过程中的混合模式的热度持续不减，时常让设计师们感到为难，而人类学家也越来越多地担心他们的神圣实践被商业化利用。

　　大多数人类学家不会考虑录制一个星期刷牙的视频来用于民族志研究，就像他们不会用说服中产阶级上流新进阶的父母，用挑选尿不湿品牌的精力，花六到十年去学习涂尔干[1]、米德[2]、福柯[3]。在某些方面，这种协同策略和民族志的融合，是新兴工业的需要与社科类博士毕业生的被迫联姻，博士毕业生们面临萎缩的学术工作市场已经有数十年了。然而，在急于完善这项事务的过程中，通常会被忽略掉的是这两项实践——设计与民族志——它们代表了通往变革和不同时代的全然不同的状况。进一步而言，每一种实践都涉及将它们的方法置放在当前难以细微比较的结构体系之中，在它们之间制造一种分隔，既揭示又生成潜在的新方向。

　　本文将审视民族志和设计实践中暂存事物所扮演的角色。通过探索思辨性、批判性、实验性的设计工作导向，提出文化矛盾的问题，而不是通过解决新产品开发的问题来使两者的参与举措成为当前焦点。贯穿整个工作的重心将会成为设计运用人类学方法的意义基础，而非相反的结果。这才是迫切需要的。如果仅仅只有少数人能在学院里见过人类学家所做的深入工作，出于商业利益的繁荣才去推动设计师的工作，是不够的。我们不能再满足于人类学"袖手旁观"的感情用事和设计"多即是多"的头脑用事了。实在是有太多复杂的、大规模的问题给我们的生存带来压力……不论是全球变暖、人口过剩、水源和食物短缺、经济不平衡，抑或是全世界采取的非可持续的"美式生活"，真正的社会变革亟待来临。这一切对于设计与民族志方法论重叠的有争议的领域而言，意味着什么？充满文化洞察力的设计过程能否重绘社会想象的蓝图？

1　埃米尔·涂尔干（Émile Durkheim），法国社会学家。——译者注
2　玛格丽特·米德（Margaret Mead），美国人类学家。——译者注
3　米歇尔·福柯（Michel Foucault），法国哲学家。——译者注

即时性

从单纯意义上而言，民族志项目试图通过追问它（最近）的过去来阐明现在，它的方法是观察性的、描述性的、分析性的、说明性的。虽然不是社会历史学家，但人类学家着实通过实地走访，叙述一系列近期的活动、突发事件、访谈或观察，来建立起他们对于某种文化初步印象的阐释。换句话说，民族志极少是主观的，它不推测后面可能会发生什么；它专注于当下，基于一连串过去的"当前"时刻。

设计，从另一方面而言，是一种物质和非物质制造的实践，但它存在于世的模式又是衍生的、思辨性的和转换式的。设计师必须放眼于潜在的未来，从而实现人造物变革最近的当下，并重写我们的未来，如果一切顺利的话。无论民族志研究者是不是通过研究前所未有的细节来保证他们选择的现在"恰如其分"，设计师都利用当下——通常利用得并不是那么完美——作为重新设想潜在未来的临时起跳点。设计师总是心安理得地把一个项目置于世界的宏观假设之下，例如，"现在的人类是游牧状态，我们如何为流动性做设计？"然而，社会科学家则想知道对游牧的定义为何？如何游牧？在什么条件之下，以及以什么作为标准？总体上而言，设计师将这种假设作为一个必然不完美的起点，而让事情做得绝对正确并非关键，重点在于，要从这个假设转向创新的方式，来配置未来的生活方式。关键是项目的结果在多大程度上改变了我们对于未来可能性的理解。

托尼·弗莱（Tony Fry）是研究设计与可持续性的哲学家，他以不同的方式探索在当下与未来之间的矢量（Vector）。他挑战设计，使之去面对自身的影响力，从而彻底"解构未来"。对于弗莱而言，"解构未来"是我们投资的短视和不计后果地放弃未来所造成的后果。我们优先考虑眼前的事而不顾长远发展。他写道："在我们努力在短时间里满足自我的时候，我们对那些人类和其他生命赖以生存的重要事物所做的，是破坏性的。长期以来，仍在不断增长的'解构未来'需要叫停和抵制。"（Fry，2009：22）。"解构未来"，对于弗莱来说，不仅只是规范未预见后果的法规；相反，它根植于设计风格的理念模式，赋予社会工具以特权。设计师忽略了"在他们自身和他人的危机"这个范围中，任何设计行为不光预示着未来社会的环境，还消除了选择的多重可能性。设计，对于弗莱而言，意味着设计品和持续的设计行为。成也预言，败也预言。正如大多数案例那样，当设计不能全然理解当下，便会使自身走向毁灭的歧途。"'世界的状态'和设计的状态需要整合到一块。"弗莱不是为了简单地、温柔地纠正设计的航线，而是彻底重新思考它的实践和前提："这个职位暗示着设计师应当将当下市场的需求放在第二位，才能获得可持续发展的政治伦理项目。"为了这么做，弗莱写道："设计，首先应该从人类学的层面来理解。"

介入

两种实践交集时的时间间隔，反映了另一种冲突，它常常存在于这两种实践都尝试去好好合作的过程中。设计师通过训练和实践的模式来

　　　　　　　　　　　　　　　　　　设计人类学

缓和地介入正在探索的语境的需要，社会的、物质的、技术的变革，总归是他们工作方法的一部分。当世上没有了物质和社会的影响，设计就不再是设计了；设计师的行为结果必须改变现实。是否总能明智地、有足够的预见性来做这件事，正是关键所在。我们的环境四处遍布着被建筑师雷姆·库哈斯（Rem Koolhaas）描述成"垃圾场"的地方，废弃的残渣遗留在建筑师、产品设计师、室内设计师以及其他设计师工作的历史现场。设计的当务之急是制造和促使改变，即便结果并不总是那么考量周密。对于人类学家而言，介入更是一种来自历史、政治、伦理层面的担忧。

马林诺夫斯基（Malinowski）的"参与—观察者"（Participant-observer）模型，确实将重点放在了"参与"上，但这不意味着人类学家会像设计师那样对此感到舒服。因为这个学科殖民制度的黑历史和对于当地人民的征服，使得许多当代的人类学家都从干涉主义的计划中退了出来。天平已经严重地向"参与—观察者"的"观察"一侧倾斜；只记笔记，只留下足迹。大部分民族志学家的野心已乘虚而入，为了一记精准的、观察性的重击，生产出新知识，而不以改变在场现实为代价。那种工作随后变成"为了知识而生产知识"的民族志，并且让知识在学术界内循环，开始先尝试，随后，或许被运用到更多的领域（比如成果、政策制定、商业，以及军事）。人类学被运用到更多领域的情况一直存在，但主要还是作为这一职业的附属品而处在边缘位置，并且带着政治污点。在2007年，《纽约时报》头版刊登了一篇报道，内容是人类学家与美国政府在阿富汗和伊拉克进行合作，试图左右当地民众，支持美国对当地的军事入侵。

这导致美国人类学协会——职业人类学家的官方机构内部，迅速爆发抗议活动（Rohde，2007）。这个极端例子使得大多数人类学家在面对他们自己的方法论时，会产生一种厌恶感。当代人类学家通常会从直接干预中退缩，这并不意味着他们的工作与我们的现代生活无关。如果这种不干预不是看起来的样子呢？撇开"任何一个人类学都会改变他所处的环境"这一显而易见的事实不谈，在 20 世纪 90 年代，人类学领域有一个有趣的争论，部分是由乔治·马尔库斯（George Marcus）和米开尔·费彻尔（Michael Fischer）的著作《作为文化批评的人类学：一个人文学科的实验时代》（*Anthropology as Cultural Critique: An Experimental Moment in the Human Sciences*）的出版而引发的。作者声称，人类学并不是为了建立人类百科全书而去发现某个遥远的"他者"的本质，而是或多或少地关注我们自己，并通过他人的视角来折射。作者认为，一些运用民族志研究的企业一直在其内部对我们的实践提出批判，尽管是以含蓄的方式——我们研究"他者"并不只是为了更好地理解，而是揭示了我们自己的方式是偶然的、建构的、可转换的。在这个构想中，民族志成为一个审视我们自身习俗的天然放大镜。作者称，对"他者"的深入分析是一种文化批判的形式，而民族志总是探讨我们自己比探讨"他者"更多。马尔库斯和费彻尔这样来形容这个过程："对于严肃的文化批评的挑战，是把外围的观点带回到中心来，给我们解决问题的方式造成了严重破坏。"（Marcus and Fischer，1986：138）因此，或许人类学的工作一直都不是在一个远离故乡的领域进行知识生产，而更多的是在我们自己神圣的信仰体系中，对社会阶层、出生仪式、性别、死亡、财富或价值观等，进行微妙的、

设计人类学

潜移默化的侵入，剥去他们不可避免的和永久性的虚饰。

在某种程度上，人类学的批判性转向（通过马尔库斯、费彻尔和其他人的作品展示）重新对这个领域进行了调度，将种族主义的目光从"异国他者"转向了"异国情调"。无论是贸易商人、科学家、知识分子，还是社会精英，许多人类学家都自外而内地对其进行审视，将目光望向靠近故乡的地方。对人类学来说，在对其殖民主义的根源和内在权力关系进行批判之后，这是一个探索新民族志主题的转变。这是在很大程度上做出的明确努力，既要保留民族志的过程，又要重新定义所谓的"领域"。田野调查——在这个重新构想过的形式中——可能发生在实验室、大厦或中央银行。流散的社区、大规模移民和全球化发展，使该学科聚焦于地理上被孤立的"原始"文化。但是，虽然这个领域已经发展，但基础方法论仍然保持不变。尽管在我们自己的文化中，更为明确地关注权力和机构动态，但这种民族志的形式仍然是一种分析的和描述性的实践，而不是干预。考虑到人类学家对干预长久以来的矛盾心理，民族志学者的批判性目光能否打破透明的屏障，并产生有意义的改变？还是说，它的从业者会在另一侧，隔窗相望？

批判性转向

一条思维的创新之路，通过设计和民族志实践结合起来，围绕批判性概念出现在人类学中，不过，是一种直接关注其时间约束的人类学。乔治·马尔库斯和保罗·拉比诺（Paul Rabinow），这两位在 20 世纪 80

年代主导人类学"批判性"转向的人类学家，在《当代人类学的设计》
（*Designs for an Anthropology of the Contemporary*）一书的一系列对话中，
强调了这个观点。在该讨论里，拉比诺称，民族志研究在除了努力自我
整顿之外，还必须重新调整当下。借用尼采的观点，拉比诺通过唤醒人
们去构建不合时宜的当下，来勾勒新民族志实践的轮廓，它会使人类学
跳出回望的传统，转而跃进即将到来的当下。

> "不合时宜"这个词来自尼采的《不合时宜的沉思》，并且用来
> 形容和当下存在着临界距离、寻求同当下建立一种与主流声音不同的
> 关系……我们总是试图教导学生，以一种探究导向的方式来思考。我
> 们给予他们概念和方法论工具，这些使他们慢了下来。今天，教育的
> 挑战在于，重新思考已经确立的快速和慢速的方式融合在质疑的核心
> 中应该是怎样的？有人或许会说："我们去切尔诺贝利吧，但不要把
> 韦伯丢下。"当然，韦伯不会直接告诉你那里会发生什么——期待是
> 可笑的，但上网也同样不会告诉你什么值得注意。因此，我们需要其
> 他工具、其他方法和不同的社会思潮。（Rabinow and Marcus，2008:59-60）

在这里，拉比诺努力去重新定位民族志的实践（或者用他自己的
词——"探究"），区别于以往探索模式依赖长线与一种表现主义的取
向，强调关联、节点、实验。这就像把民族志作为速写，转化成设计语
言。令人惊讶的是，这种对话最终得出了这样一个结论：设计工作室或
许正是当代人类学需要的那种正确的研究模式。正如对话的主持者，托

设计人类学

比亚斯·利斯（Tobias Rees）所描述的："对话逐渐开始思考设计工作室的价值和可能性，这其中，当代人类学可能的目标、概念以及方法，都得以发展、测试、怀疑、改进，以及处于未完成的状态，待其他人继续完成。"（Rabinow and Marcus，2008：11）这种对设计方法逻辑的显著飞跃的认识，只有当人们从时间的角度看问题时才能明白。拉比诺继续说道："好，如果人类学仍与当代世界相关，它就应当弄清楚如何加快自身在某些领域探究实践的速度。我们要抵达的一些特定地点变化得太快了，以至于我们没法再做些什么。"设计给这个过程带来的是一种通向更有效挑战方法的途径，以抓住眼下一些零散的线索，当它们在精神分析的注视下展现自我的时候。它将人类学家推往一个更加思辨的探索模式中，这个模式对于设计师来说非常熟悉。用一段话可以轻易地描述设计师所做的事，拉比诺曾这样陈述人类学家面临的挑战："我们的任务是创造概念来使正在萌生的事物变得可见。这需要与当下留出批评的距离。"这个"与当下之间批评的距离"，不是那么轻易到达的。那么，对于设计，存在的问题是，如果它真的做到了呢？如果设计作为一种实践被落实在了当下，而设计的场景指向未来，那它是不是批判性的实践呢？当然，设计师反映当下并提供令人期待的可选方案。从这个意义而言，正如费舍尔和马尔库斯对于人类学"批评边界"的评价，设计确实给当前的状况提供了一些替代选项，所以是批判性的，虽然只是在"简化"的层面。

以批判之名是为了什么？大多数民族志研究者，特别是在过去几十年，已经通过揭示平民生活中的权力束缚，以及结构、权威和纪律扮演的角色，而获得了特别重要的地位。坦率地说，存在一种意识形态的前沿，它试图对权力说真话。大部分民族志学的从业者，在身份政治、后殖民主体性和全球化进程方面进行争辩；从政治上来说，这些批判——更加温柔或更加执拗地——同新左翼意识形态结盟；从另一方面来说，有些则以商业机会主义的名义在操作。虽然它关乎当前的状况，站在完全相反的立场，但多数时候驱动它向前的，要么是市场机遇，要么是为创新而创新。最好的情况是，问题确实解决了，但仍声称它的主要目标是忽视曾以"新"的名义所制造出的大量垃圾。任何一本飞机购物型录《空中商城》（*Skymall*）都可以立刻证实这一说法。

批判性设计

由于关系到设计在世界范围内的地位，一些边缘的设计实践愈发采取了在意识形态驱动下的立场，这些工作开始表明，批判性社会分析与设计颇有成效的结合。这些项目通过场景和技术来构想设计未来，它们把目前条件的合理性拉伸到极致，从当下推断到将来。

如同科幻小说，这类设计好的未来场景预测了我们当下狂热的政治活动。由此一来，他们就暗地挑战我们设计过的、社会和政治的正统观念。这些项目的有效目标是，让新兴的社会实践成形，为我们提供一面变形的镜子，透过它可以看到我们当下的面貌。总体来说，场景是社会性的场景，在其中，物质与非物质创建出激发新行为的环境。例如，希瑟·弗兰克（Heather Frank）的新基因学（Neugenics），展示了一个不太遥远的未来，到那时，转基因和基因重组都非常普遍，以至于已经有提前穿透皮肤以植入改良 DNA 的案例。这样的话，他们如果想重置自己的基因配置，便获得了重回自己"原初"遗传基因的途径（见图 18 和图 19）。弗兰克给伪造图像配上了来自某个印刷运动的相关信息，从而让基因改良成为消费者的基本选择，类似于挑选一支口红或文身。她这么做，是在刺激我们去思考，同时推进基因改良和身体改良两种路线的对接，因为这将会成为消费者文化合理化的下一阶段。她揭示了我们当前对于重新自我设计的消费机器的迷恋，不过是通过将质疑悬置在信与不信之间。因此，她的计划既取决于它对社会环境的了解的能力，也取决于它通过对未来的推断以预测未来的能力。

在我们如今的时代，由英国设计师安东尼·邓恩（Anthony Dunne）和菲奥娜·拉比（Fiona Raby）（见图 20 和图 21）设计的虚构社会场景，非常先锋。他们给自己的作品明确地贴上"批判性设计"的标签，不断审视我们的文化视域，从电子室内风景和生物工程领域，到安全系统与机器人助手，过滤现有的社会科技。从此，他们创建的未来场景放大了我们的焦虑，并披露了当前投资的风险。他们在伦敦的科学博物馆（2004）里程碑式的装置《这是你们的未来？》（*Is this your future*？），阐明了我们当下能源危机与未来分布能源生产的前景之间的潜在紧张关系。[4] 正如为《流行科学》（*Popular Science*）所做的项目已逐渐轻微地失去理智一样，他们构筑了一个未来日常的原型，让孩子们在其中完成他们对于共享能源需求应尽的本分。但这个场景并不完全像它刚开始那样和谐，

---

4 邓恩和拉比最新的设计包括月经仪器、幻肢感应记录仪，以及用于觅食的设备。见邓恩和拉比在 2013 年的著作。

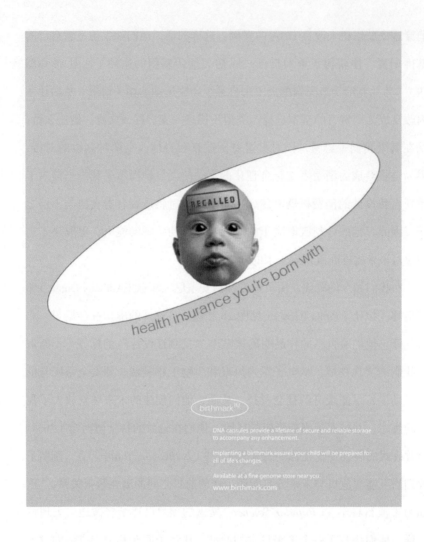

图 18　Neugenics Birthmark 商标，健康保
险广告，2002 年。设计师：希瑟·弗兰克
© Heather Frank

图 19　Neugenics Birthmark 商标，健康保险广告，2002 年。设计师：希瑟·弗兰克
© Heather Frank

图 20 氢能源未来，2004 年。设计师：安东尼·邓恩和菲奥娜·拉比©Jason Evans

图 21　血肉动力的未来，2004 年。设计师：
安东尼·邓恩和菲奥娜·拉比 ©Jason Evans

因为他们描述了在这个家庭化的经济中，孩子所扮演的能源生产者的角色将扩大。他们是否会成为 21 世纪的童工，顺从地穿着制服，在体制内的日常中无忧无虑地生活？展览试图追问，距离填满我们对能源的渴望，还有多远？而我们每天有多少时间能保持我们瘾君子的习惯？

Knowear，一家纽约的设计与时装公司，同样探索这种对成瘾文化的依恋，以及将设计、时尚、身体雕塑融为一体的项目系列，对于身体和精神所进行的消费（见图 22 和图 23）。他们关注品牌在商业景观和我们的个人身份中的重要性。当我们像买衣服一样，漫不经心地选购新的身体部位（鼻子、嘴唇、小腿、胸部、头发、眼睛的颜色，等等），我们究竟在多大程度上是为了迎合品牌，并且这一点会越发成为我们自我意识构成的一部分呢？虽然我们似乎对于大公司的洗脑更加怀疑了，但同时我们又似乎无法抗拒他们的强烈冲击。Knowear 的项目"Skinthetic Redux"和"BrandX"，推动了这种痴迷的两面。"Skinthetic Redux"将我们的身体作为时尚的下一系列的站点，通过"香奈儿"使肉体和标志性的柔软纹理变得易于识别。而"BrandX"则更进一步，将我们看似无害的迷恋，挪置到肌肤上，暴露出品牌标志。通过将关于品牌的最初想法（在皮肤上做标记来标识牛的所有权）关联在一起，Knowear 发掘出当代的特征，并把它推到极致。品牌塑造的偶像强制我们的肉体屈服，直到它们也融入我们之中，扩散成病变并不可控地暴发。

很显然，他们不会像这些项目一样，在他们自身内部或对其自身带来大规模的社会影响。他们比干涉主义者更加有思辨性。这些设计中的每一个作品，都说明了对当下的批判分析与对可能的、原型化的未来的

设计人类学

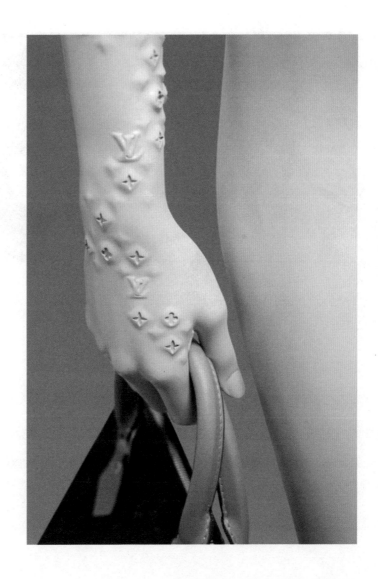

图 22 BrandX：路易·威登系列图片 #1，纽约，2007 年。设计师：彼得·艾伦（Peter Allen）、卡拉·罗斯·艾伦（Carla Ross Allen）©Peter Allen+Carla Ross Allen

图 23　Skinthetic Redux：香奈儿系列图片
#4，纽约，2009 年。设计师：彼得·艾伦、
卡拉·罗斯·艾伦 ©Peter Allen+Carla Ross
Allen

预测，是鲜明的混合体。但不像其他的商业设计项目，它们表达了一种带着明显社会政治目的的参与性，甚至有时候它们还质疑我们是不是处在现实与虚构中的一片不安地带。它们迫使我们去重新思索现在是如何通往未来的——用托尼·弗莱的话说——以及我们会如何仍将有机会重新组合未来的可能性。这些设计让未来放慢了脚步，并且通过预先建构起未来时刻的我们，解构未来。它们将民族志学者眼中的深刻分析与设计师愿景的实体化，融合在了一起。用拉比诺的话说，它们是不合时宜的，就这样，它们通过放慢当下的速度来加快通向未来的速度，让"正在萌生的事物变得可见"。

参考书目

1. Dunne, A. and F. Raby (2013). *Speculative Everything: Design, Fiction, and Social Dreaming*, Boston: MIT Press.

2. Fry, T. (2009). *Design Futuring: Sustainability, Ethics, and New Practices*, New York: Berg.

3. Koolhaas, R. (2001). "Junkspace", in C. J. Chung, J. Inaba, R. Koolhaas and S. T. Leong (eds.), *The Harvard Design School Guide to Shopping/Harvard Design School Project on the City*, 2, 408–422, Cologne: Taschen.

4. Marcus, G. and M. Fischer (1986). *Anthropology as Cultural Critique: An Experimental Moment in the Human Sciences*, Chicago: University of Chicago Press.

5. Rabinow, P. and G. Marcus with J. D. Faubion and T. Rees (2008). *Designs for an Anthropology of the Contemporary*, Durham: Duke University Press.

6. Rohde, D. (2007). "Anthropologists Help U.S. Army in Afghanistan and Iraq", *The New York Times*, October 4.

波琳·加维

7

消费宜家
与作为物质形
态的灵感

设计师是"创意经纪人"，他们以新方式对知识经济进行整合、吸收与重组。创意经纪人综合不同领域的创意，并以新颖的方式将它们传播出去，但并不一定非得是设计师才能从事这一行业，宜家消费者也用类似的词语来描述自己。

导语

"没有人能做到像这家蓝黄相间的大型家具公司那样去塑造一个品牌",瑞典工艺与设计学会[1]旗下的北欧建筑与设计杂志《形式》(Form)这样来形容宜家。宜家这一品牌与杂志所称的"北欧展示"捆绑在一起,展示的是宜家和斯德哥尔摩几家知名百货公司的家具。这一刊物呈现的宜家,不仅是一个非常成功的全球品牌,也堪称是斯堪的纳维亚展示实践的典范,这些"超越了人体模特"的展示方式,倡导了一种充满"表面的、场景化的与伪装的"生活(Cirelli,2012: 59)。

宜家作为一家跨国公司,自1958年推出家具零售店业务以来,要么被描述为无障碍设计的供应商,要么被称为标准化平板包装"整体美学专政"(Hartman,2007: 492)。宜家被视为来自瑞典的国际偶像(Kristoffersson,2014)或者是一种悄然萌发的国际新风格,在全球范围内,它所营造的同质化家居环境久盛不衰。宜家立足于废品问题,并长期倡导可持续发展。[2]与此同时,它还代表着近年来的家具零售趋势——越来

---

1 瑞典工艺与设计学会(Svenska Slöjdföreningen)是一个由瑞典政府授权负责推广瑞典设计的非营利组织,于1845年成立。

2 IDEA 集团可持续发展报告,参见 http: //www.ikea.com/ms/en_US/pdf/sustainability_report/sustainability_report_2014.pdf.

越时尚，成为一次性用品（Reimer and Leslie，2008）。如果说品牌在抽象符号和物质材料记载之间具有一系列双重性，那么在这一点上，宜家表现得最为明显。因此，对于宜家的描述很容易陷入抽象化。研究受访者也这么认为，他们浏览了马来西亚的宜家网站，并将这种虚拟体验与莫斯科的同类体验进行比较。我们听到所谓的"宜家化"指的是"一种必然脱离于群体的状况，是感觉到只有当一个人得到庇护，而不是积极参与社会现实的时候，所做的努力才最有用"（Hartman，2007: 493）。哈特曼认为，明亮活泼的宜家商品，宛如覆盖在矛盾的自我建构和社会政治动荡裂缝上的壁纸。这个群体被滞留在短暂、孤独的幻想中。

　　基于对斯德哥尔摩宜家消费状况的人类学研究，本文会提供另一种视角。我认为，从瑞典首都南郊的宜家旗舰店的展示技巧和在那里的购物过程中，你会发现，社会性和灵感作为关系实体和物质实体，二者惊人地一致。[3] 在宜家的销售修辞中，灵感是它的优势。在管理层和内部手册里，都强调了这一点，并在向公众提供必要资源时加以宣传。因此，灵感是一种线性的过程，从外部提示到内部状态，必然会诱发新的想法，促成新的消费。就像是对流行词"尤里卡"（Eureka）[4] 的翻译，这种互联性通常被描述为一种反社会的抽象过程。按照这种逻辑，灵感深藏在个人经验中，当受到一些随机的外部事件的刺激时，便进入到意识中。接

3　通过对宜家消费人类学的研究，在瑞典首都南郊的昆根斯库瓦（Kungens Kurva）宜家全球最大的旗舰店中，48 位用户接受了采访。瑞典宜家商场占地面积达 56200 平方米，它让斯卡勒布霍曼（斯德哥尔摩的一个地区）成为北欧国家中最大的市场。我的研究目标就是跟踪调查在斯德哥尔摩及其郊区，从商店到家庭所有的家具。

4　"尤里卡"指的是因找到问题的解决方法或发现某物时而发出的欢呼——"我找到了！"意为顿悟的时刻。——译者注

　　　　　　　　　　　　　　　　　　设计人类学

下来，我将从相反的角度阐述灵感是如何通过整体经验进行扩散传播的，并通过瑞典设计的具体案例和实际参与展示的经验来证明。

通过一幅画来供人思索普遍的室内设计的难题，样板间同时展示了家庭消费的主客体。在样板间里为消费者提供一席之地，是宜家展示策略的特点，但它提出了更普遍的逻辑——将体验作为购物的一部分——符合典型的跨国品牌的做法。全球领先的企业都认识到从制造商品到提供服务再到分期交货，这其中递进过程的重要性。因此，他们已将自己的经验视为品牌认可的核心价值（见 Foster，2005；2008）。品牌根植于消费者的活动、社区的表达，并融入日常生活行为中（Arvidsson，2006:236）。消费者被誉为当代商业中"价值共创"的未开发资源（参见 Arvidsson，2006; Zwick, Bonsu and Darmody，2008）。"价值共创"意味着消费者不仅要努力组装平板家具，还要汲取专业知识，获得技能且具备创造力。因此，在鼓励企业与公众之间的协作时，当代商业逻辑的目标就是将消费者的知识和情感工作与品牌和产品的开发相结合。方法之一是与消费者建立关系，比如，鼓励他们认同品牌，巩固公众形象，创新和提供新的产品开发途径（Zwick, Bonsu and Darmody，2008），其中，购物环境是过程中不可或缺的一部分。早在 1974 年，科特勒提出"氛围"一词，用于描述商业店铺的店面环境，目的是强调感官在零售中的重要性（Kotler, 1974, 48-64）。现在，"品牌标识"被用来命名"灯光、设计、音乐和员工的行为举止，以鼓励消费者在零售中心共同营造出一种特殊的氛围"（Arvidsson，2006，80；Manning，2010，43-44）。商店氛围应该包含有嗅觉、触觉、听觉和视觉（Hultén，2011），而"品牌社会性"则描述了在商店环境中，社会互动的不同类型下企业的精心编排。

　　然而，这并非单纯的模拟策略，洛夫格伦（Löfgren, 2005；2013）认同对于 1995 年至 2005 年间出现的、对于全球趋势的一种非常瑞典式的说法，该说法认为社会经济的骤变带来的是非正式的增长，无论是瑞典国家机构，还是企业和文化产业的各领域核心，都采纳了这种日常化。这种"新经济"对当地的创新和体验价值而言，从产品、场所和服务的包装上可见一斑。创造和创新在工作场所倍受重视，轻松活泼、积极开放的个人体验被视为销售商品的途径。从生物技术到文化中心，各行各业都出现了打破传统等级制度的趋势，这只是部分日常化的转变，而品牌的表述性和情感性则被商业企业所接受。迄今为止，这种重视还在唱全球商业的主旋律，但洛夫格伦指出，日常化的特殊味道、对消除传统规则的重视，以及对自主性的特别强调，都有利于采取体验经济，这种经济"在瑞典比在其他大多数欧洲国家发展得更快、更强"（Löfgren, 2005：19）。

　　显然，宜家运用展示策略，积极策划了一场整体体验，鼓励顾客与样板间的家具有实物和情感上的接触。我认为，感官刺激注入的潜台词就是，"先试后买"的推销宣传，它通过其他人的活动让样板间里的商品充满活力。但是，尽管这些品牌战略符合国际商业惯例，但宜家旗下的昆根斯库瓦旗舰店却是一个有趣的例子，因为它在瑞典国内设计和文化历史中占有特殊的地位。具体来说，一些因素标志着当地的承诺与全球零售的一揽子假设完全不同。例如，20 世纪的瑞典见证了设计、家庭生活和国家政策之间的重要联盟，瑞典制造的"优秀设计"，"将一种本质上的'瑞典风格'，投射到被视为民族自豪感象征的物之上"（Murphy, 2015: 3）。

对于斯堪的纳维亚国家来说，生活质量的核心是家庭。直至 20 世纪 90 年代，国家住房规定需要明确的设计尺度。这种设计包括对家庭活动的精确衡量，以促进对空间最有效的利用。其他重要的住房条件包括光照、室内气候、隔音状况、电气装置、电梯、建筑物高度和配套建筑物、露台（Eriksson，2000）。此外，精确测量是通过对家庭活动的研究得出的，诸如厨房台面的高度或宽度、炉灶与厨房水槽之间的距离的标准。其结果是，一系列强制执行的建筑规范出台，这些规范不仅得到了国家的批准，而且严禁建筑业从国家（市）获取资金。这些努力的目的在于，管理家居空间，规范房屋尺寸和形状，并使狭小空间的收纳更加方便。所以，长期以来，瑞典的家庭生活一直围绕着家庭物质文化进行宣传、展示和审视，而这种家庭物质文化包含着影响深远的权利主张（Sandberg，2011；Garvey，2017）。在这里，设计并不是日常生活的附属物，它是积极的政治干预手段，承诺在 20 世纪改善社会（Lindqvist，2009；Kristoffersson，2014；Murphy，2015）。

宜家样板间

传统的展示策略"依赖于吸引眼球的橱窗展示，在无休止的互相攀比的循环游戏中彰显戏剧性，相反，宜家的展示策略与传统的展示策略形成了鲜明对比。他们的销售策略要求客户在宜家样板间中辨别自己和自己的家"（Cirelli，2012：68）。的确，传统百货商店是通过橱窗展示来吸引顾客注意力，而宜家却用"力求熟悉"的样板间取代商店橱窗。在那里，顾客必须路过一连串餐桌和可进出的阶梯式房间，这些都是为了满足当地特定人群的需求而设计的。在样板间里没有任何可购买的商品，因此，顾客的购物欲一直累积到地下仓库。展示是循环的，大玻璃幕墙便于顾客看到楼上和楼下。首先，映入眼帘的是客厅，其次是其他的生活空间，如卧室、办公室和厨房，典型的家庭场景在那里一览无遗。例如，在"我们生活在 25 平方米"的标牌下，两位男士正一同烹饪。或者，更巧妙地借助婴幼儿与年轻夫妇（暗示父母）或年迈女性（祖母）的照片来呈现。

还有其他虚构的家庭成员照片、碗里的编织物、架子上的书（见图 24 和图 25）。在这些房间里，单身一族、有孩子的夫妇，以及典型的家庭追求和爱好均有所体现。具体的兴趣或目标群体，都通过书架上堆放的汽车杂志、成人休闲或学习用品来体现。儿童游戏也凭借放置特定的家具和建议使用的储物空间来满足需求。通过对不在场的暗示，彰显这些房间的可用性，让消费者把自己置于场景中。画面上，床上放着早餐托盘，仿佛有人刚刚起床（见图 26），而婴儿床则放在角落里。融入家庭的氛围与单纯的闲逛，这两者的区别在个人与家具进行互动或阅读"小贴士"标签的过程中被消解了。

同时，消费者是这种视觉和触觉体验的主体与客体。一个男人懒洋洋地躺在沙发上，心不在焉地盯着电视，然后又关掉它。过了一会儿，他将手臂举过头顶，陷入沉思，好像打算在这待一晚。周围喧哗吵闹：孩子们兴奋不已；父母们疲惫不堪，时而左顾右盼，时而若有所思；购物者坐在沙发上，拉开抽屉，凝视着镜子，所有人都沉浸在家庭沉思的集体计划

图 24 （上）家庭照片。宜家的样板间给人留下居住者不在场的印象。©Pauline Garvey
图 25 （下）织针毛线让人联想到家庭活动。©Pauline Garvey

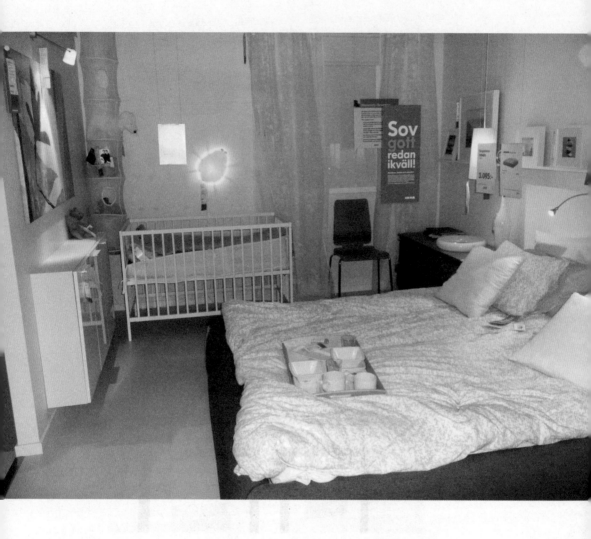

图 26　斯德哥尔摩的宜家样板间床上的早餐
盘。©Pauline Garvey

中。他们不仅在观察房间，他们还让自己和其他人都置于这种环境里。一位都柏林人正兴致勃勃地翻阅高端设计杂志，他发现在宜家家居目录里一再出现的居住者非常令人分散注意力，纯属多余。"让这些人走开"，当他和我一起翻阅产品目录时，他这样说道。他心不在焉地在头上晃动着手，仿佛在拍一只蜜蜂或要赶走干扰他注意力的别的什么东西。

人们在宜家会发现，大众与家居设计的互动被误贴上"孤独"的标签。这些房间无人居住，但这些生活空间的隐含居住者并非完全不存在。更确切地说，他们当着房主的面，闲逛、触摸、比较，除此之外，他们还给予了一种"家"的感觉，而这些都是其他场景所没有的。在宜家样板间里，父母们以逗乐的语气责备孩子躺在样板间的床上，就好像他们违法了一样。实际上，宜家的管理不仅允许顾客坐在床上、沙发上或餐桌旁，而且还极力鼓励他们这样做。在都柏林的商店里，顾客与展品的互动是用颜色编码来衡量的——展览中，展品四周人越多，他们就认为越成功。这些实践背后是"灵感"的框架，这是一个基于人与场景共存的模糊想法，设想自己在这些空间中，身体上与家具互动，情感上回应它们。逛宜家，在很大程度上意味着集体活动。我在店里调研的第一天，工作人员就跟我讲，有时候一些老年人每天光顾宜家只是为了有人跟他们交流。

宜家的社交生活

在斯德哥尔摩，宜家的商品及其各种附属品，一直是人们在公共和私人空间外围视觉的一部分。就宜家小的标志性家具而言，比如，一进家门，首先映入眼帘的是灯和书柜，再到蓝色和黄色的便携袋，这些袋子是方便洗衣或大件物品使用的，宜家是标准化住房的社会政治组织的一部分，也是构成国民想象中"典型"家居的一部分。

无论是在商店还是在幕后，员工办公室都在鼓励一种集体精神。在都柏林，宜家公司的海报提醒员工们，"和多数人站在一起"。从创立之初，公司创始人英瓦尔·坎普拉德（Ingvar Kamprad）就强调家庭的重要性，它既是对员工的集体隐喻，也是对顾客群体的一种隐喻。在 2016 年，宜家客流量达到 9.15 亿 [5]。赫尔辛堡营销总部经理尼尔斯·拉尔森（Nils Larsson）声称，80% 的瑞典人每年至少去宜家一次。同样，宜家与英瓦尔·坎普拉德直接相关的事实对国内市场非常重要。由哥德堡大学学者编写的年度"信任度指标"，记录了公众对国家机构的信任度。[6] 多年来，宜家一直是瑞典最值得信赖的机构之一，远远超过人们对政府或媒体的信心。大众在零售服务办公室的走廊里呼吁民主或平等。在其他地方，宜家商品的规范潜力可能会带来一个问题，即如何平衡。

我所采访的对象普遍认为宜家产品质量尚可，设计良好，但拥有太多"宜家"——通常作为一个抽象存在的名称——意味着没个性或展示不了个人历史。一位女士表达了她对于拥有一间所有家具都是由宜家设

---

5 宜家"全球事实与数据"，2014 年 9 月—2015 年 8 月的图表。请登录 http://franchisor. ikea.com/ikea-retailing-facts-and-figures-new/，于 2017 年 1 月 26 日访问。

6 宜家保持了领先地位，78% 的人表示非常信任，而家具巨头英瓦尔·坎普拉德也获得了同样高的成就。"信任度指标"是对社会机构、政党、大众媒体和公司的信任度的年度衡量标准。该指标由哥德堡大学 Lennart Weibull 教授和 SörenHolmberg 教授设计，2008 年与市场研究公司 TNS Gallup 合作。

设计人类学

计师设计的客厅的尴尬之情："人不该活成品牌塑造的样子，你懂的。"与这个情况相反的是，受访人反复强调采购家居用品并不孤独，强调逛宜家的惬意胜过独自逛的孤独感。这些评论也涵盖了一些有关逛商店、浏览网页、一日游或全家出游的内容。此外，受访人一致认为，逛宜家必须与他人同行。卢卡斯，38 岁，是两个孩子的父亲，他说自己不单独出行："宜家涉及家庭，就像现在的出游。"其他当地人回忆起他们年轻时的旅行，他们会在放学后（也可能在学校期间）和朋友一起吃午饭。

斯德哥尔摩一位名叫佩尔的地铁售票员抱怨说，宜家所有的东西都是一样的，但有评论说，至少"每个人在一起的时候都可以是一样的"。终于，贝利特，一位中年律师，把家庭购物之行描述为一种能够与十几岁的女儿相处得不错的途径：

贝利特：但是我喜欢小东西——带着女儿去逛几个小时的夜市。这是一种很好的交谈方式，因为我们清楚地知道自己想要什么，要找什么，这是一种社交方式。如果有人在上班时说，今天我开车了，要去宜家吃午餐，有人愿意和我一起去吗？那你的车一定是坐满了人，每个人都想加入，因为这是一种社交方式。

波琳：这与其他商店有什么不同？你还会去别的地方吗？

贝利特：嗯，没人建议我们去别的商店。不，没有人会建议去不同的商店。宜家不是商店，它是一个概念（笑）。宜家就是……宜家。

然而，围绕集体的思考超出了规范家居陈设的范围。以琳达为例，她是一位35岁左右的女性，在学校当老师。最近我遇到她时，她刚回到学校。在一次讨论中，她说到一个问题，我才开始意识到这个问题很普遍。与其说是关于商店本身，不如说是购物的线路，人们走过迷宫一样的通道，或者是她所抱怨的尺寸问题。更确切地说，这可能会让人们聚焦于她的人际关系质量而使其置于被审视的目光之下。为了解释她的观点，她举了例子，讲了几位最近刚离婚的朋友去宜家为新公寓购置家具，资金有些困难。谈到一位朋友的前任时，她说：

琳达：他的感受跟我单身时的感受一样，除了得到属于自己的东西之外，并不是很享受，但这种感觉也还不错，因为你可以得到你真正想要的。但你得有这种心态才会觉得很享受，尤其是在宜家，情侣们手牵手，情意绵绵地计划着未来。我的意思是，如果你自己没有存在感，这可能让你很不舒服。事实上，我带着最好的朋友来逛过几次，牵着手，这听起来很荒谬，但确实有用。

波琳：如果你是单身，而且心情不大好，你会避开去那儿吗？

琳达：我从来没见过谁一个人在宜家转悠——可能我见过单身的人，但是，谁会一个人逛宜家？你懂的。都是一对儿一对儿，或者你会看到我这个年纪的人有父母在身边，比如一个男孩跟他的妈妈，女人带着蹒跚学步的孩子，一般都成双成对，这是一件非常社会化行为的事。如果你觉得还没有做好准备的话，就很难进入。

琳达继续说，有时她自己逛宜家时，会产生一种疏离感。在谈到这些情绪反应时，她没有提及陈列上的实际摆设，而是详细描述了她周围的人以及他们的计划对她的影响。与店内陌生人的互动，不一定会减轻这种感觉，但她认为，在特殊情况下，那里的人可能"相当轻浮"。

灵感

宜家网站上声明，灵感是免费的。所以：

去宜家购物吧，坐下来，躺下来，测一测，摸一摸和试一试。看看我们的衣橱和床底下。(谁知道你会在那里想到什么好注意呢)就算你空手而归，也会带回很多新想法。[7]

在设计研究和实践中，个人的创造力往往被认为是有价值和前瞻性的，而且从事与设计相关的行业，同样被视为应该"天生具有创新性和创造性"（Sunle 等，2008：677；参见 Heskett，1980；Dorst and Cross，2001；Reimer and Leslie，2008）。然而，设计师作为英雄的地位，不仅在大众文化中得到加强，而且通过一系列设计教育计划进一步强化，通过

---

7 《想法和灵感》，宜家官网，http://www.ikea.com/ms/en_SA/the_ikea_story/the_ikea_store/ideas_and_inspiration.html，2015 年 11 月 3 日访问。

设计准则得到传播（Julier，2000：38-39，引自 Reimer and Leslie，2008：150）。[8] 尽管如此，桑利等人对设计行业的创新是如何运作的，知之甚少。哈特曼消解了"设计师即英雄"的形象，但他强调个性化的消费，虚构了一个设定——自我即英雄，将独来独往的宜家消费者比作设计师，这一形象所产生的幻想替代了日常现实。这并不是幻想着"真正成为成功的年轻城市建筑师，而是渴望融入一个轻松的现代设计构成的世界"（Hartman，2007：487，在原文中强调）。他认为，人们把样板间的场景视为媒介，从中折射出人们想要的身份而不是实际的身份。有人说："我不是官员，而是艺术家。"另一个人说："我不是工人，而是作家。"哈特曼所认同的斗争是在创造一项发明，对渴望在现实生活中获得但又难以企及的身份进行探索与创造。他认为，宜家为人们提供了一种满足感，而不是真正的幻灭。而真正的社会变革被颠覆，则成为对这种现状不利的补充。在他看来，宜家消费体现出肤浅和短暂的特点，它更像是"进食与排泄，而不是收集"。

　　我没有将关注点放在创意设计过程的终端产品上，而是延续了雷蒙和莱斯利（Reimer and Leslie，2008：150）的观点，设计从多元化的知识与关系网络中脱颖而出，但并不孤立。鉴于这一观点，创新和创造力并不局限于个人艺术家，而是源于一系列社会影响或集体影响，并在社会规范框架内得以认可（Woodman，Sawyer，and Griffin，1993；Sunley et al.，2008：685）。设计师是"创意经纪人"，他们以新方式对知识经济

8　比如，在 2015 年上映的好莱坞电影《史蒂夫·乔布斯》。

进行整合、吸收与重组（Sunley et al.，2008：685）。创意经纪人综合不同领域的创意，并以新颖的方式将它们传播出去，但并不一定非得是设计师才能从事这一行业，宜家消费者也用类似的词语来描述自己。在这一模式中，样板间的展示与任何设计环境一样，均为活跃的"交战和纠葛"的竞技场（Highmore，2009：3）。这些物质阶段，作为规划中的环境，更多的是呈现购买的社会性，而非单纯的商品。当把设计指定为一个活跃的领域时，消费空间既包括产品，也包括以多种复杂方式塑造世界的行为（Highmore，2009：3-4）。宜家样板间提供了一个互动的空间，顾客可以在此咨询、闲逛，人们偶尔还可以了解他人的家居陈设，认识其他夫妇和其他家庭。这种仓储式的购物体验并不是呈现一个人真正想要成为怎样的人，而是不断地重复呈现集体性家居意图，而这种意图又体现出个人必须让渡出存在的独特性。

在宜家的内部出版物中，关于规范的建议十分有意义。面向"宜家之家"会员的出版物《宜家家居生活》（*IKEA Family Live*）的目录中，宜家敦促消费者做出微小的改变，哪怕在时间和金钱都有限的情况下。这里的"灵感"一词指的是通过他人传递而获得的灵感：

有时，杂志上呈现的梦想厨房，距离我们的现实太遥远，试图改变的现实令人不免绝望。或许你已经拥有了梦想厨房，结果又发现在日常生活中，它并没有物尽其用。这就是我们杂志希望能帮助你的地方，激发和鼓励人们对改变的渴望。或者再去做一件结果不太好的事情。建议进行改变，即使时间和资金有限，这也有可能发生。世界上还有谁更能激励我们，向你展示他们如何做事的。如果他们能，那么你也能（Brandt，2008：3）。

尽管整体价位很合理，但对于许多完全使用宜家的产品装饰的房子而言——或者是过度的"设计"——这恰恰被视为"缺乏"个性的例子。的确，在受访人向我推荐的一本瑞典畅销小说中，便有一个对家庭缺乏个人兴趣的案例：女主人公打算装修公寓，但她只去过一次宜家，而且对具体要买的东西也缺乏考虑。[9]这一例子表明，这里所强调的不一定是宜家家居的实际情况，而是协商的过程，即家具的购买以及融入现有家居形式的方式。

这个方案的一部分来自经常围绕家居配置的环境。在宜家购物，通常以人生重要时刻的改变为中心，例如，第一次安家，进入大学，搬家与他人合住，或偶然出现的婚姻破裂时期。在这些关键时刻，宜家家居套餐中的低廉家具往往被用来填补新家庭环境中的缺失。这一角色的实现，使宜家得以遍布斯德哥尔摩的大街小巷，甚至偶尔在电视剧中也会出现情侣在宜家自动扶梯上的画面，暗示着浪漫承诺。

由此，一种混合概念应运而生，而这种概念结合了灵感的特性与受到其他重要因素影响的协商过程。近几十年，出于种种原因，宜家以个人设计师命名，提升了创意人士的形象和推陈出新，打造个性化创新产品或流行产品。在普通产品和家庭环境中引入机智的解决方案，在这些

9　斯蒂格·拉森（Stieg Larsson，[2007] 2011），《捅马蜂窝的女孩》（*The Girl Who Kicked the Hornet's Nest*），千禧年系列，由 Reg Keeland 翻译（New York：Vintage Crime/Black Lizard）。

环境中，设计师——"宜家设计师"——被视为一个整体，而不是个人。换言之，尽管宜家的营销策略是一种设计个性化的过程，但我的调查对象通过集体在场所形成的环境，回答了"灵感是如何形成的"。此外，这些存在既意味着与他者共存，也意味着在商品中实现设计意图。这些意图，诸如仓储式的"方案"，被消费者购买，运用于家庭空间，而家庭空间中的设计并没有因此停止。这种双重体验的本质是灵感，但却不是来自灵感。

结论

宜家，作为业务遍布全球的跨国企业，很容易会被人们误以为是抽象的存在。从抽象意义上讲，人们可能会对具体的制造车间有一种印象，觉得是一片没人的空地。然而，许多了解平板包装之妙的人，也体验过在迷宫似的商店里，从逛、碰到摸、闻，这一漫长的购买流程，还有让人感到挫败的重新组装。就像萨拉·平克（Sarah Pink）在谈到温格的工作时所说的，认知的经验是"具体的、参与的、积极的、体验式的"（Wenger，1998:141；Pink，2009:34）。她还认为，鉴于认知是体验性的，它"与我们对环境在感觉和物质上的接触是不可分割的，认知就是这样存在的（2009：34）"。

宜家的设计并不是最前沿的，但即使仅凭设计属性固有的美德，宜家也完成了指定角色的指涉（Drazine and Garvey，2009）。阐明这一点的方式之一，就是通过"宜家即瑞典的优衣库"这样的概念，为普通人设计，或者说是为每一个人设计。在这里，似乎"每个人"都呈现出在闲逛、在走动和商量的模样；触摸和比较，坐下、检查、试用和观看，这一切被带入全国众多普通家庭、酒店、社区中心和四处散落的公共建筑。在宜家，灵感是一系列设计意图，而非独立于解决方案的智慧与沉浸感的人性化之外的存在。

在与斯德哥尔摩 2008—2009 年的商品目录同时推出的广告宣传活动中，有一张耐人寻味的图片，由上百张小图片构成。这些广告在都市火车站和地铁站中的投放比重很大，并标志着当年庆祝的多元化主题（Lindqvist，2009：57）。在多元化的框架下，这一形象暗示着宜家从无数单个元素中创造出统一的凝聚力。由微小的单个产品精心拼凑汇集而成的面孔，消解了所有独特个体和数不尽的消费品之间的清晰界限。在这张海报中，宜家是众多人和物的集合——不同的集合组成了凝聚力的想象，一个独特的集体是由数百个小的个体组成的。宜家的宣传材料如此巧妙地用不同产品的普通人形象来构成，增强了人们对灵感的集体感受，丝毫不逊于批判性的民主规范。

参考书目

1. Arvidsson, A. (2006). *Brands—Meaning and Value in Media Culture*, London: Routledge.

2. Brandt, L. (2008). *IKEA Family Live*, summer edition.

3. Cirelli, J. (2012). "Facing the Street", *Form: Nordic Architecture and Design since 1905*, (5): 60–69.

4. Dorst, K. and N. Cross (2001), "Creativity in the Design Process: Co-Evolution of Problem Solution", *Design Studies*, 22 (5): 425–437.

5. Drazin, A. and P. Garvey (2009), "'Design and Having Designs in Ireland': Introduction to Anthropology, Design and Technology in Ireland", *Anthropology in Action* 16 (1): 4–17.

6. Eriksson, J. (2000), "Bostaden som kunskapsobjekt", in C. Enfors, B. Nygren, and E. Rudberg (eds.). *Hemi Hemiförvandling: Arkitekturmuseet, årsbok 2000,* 44–73, Stockholm: The Swedish Museum of Architecture.

7. Foster, R. J. (2005), "Commodity Futures: Labour, Love and Value", *Anthropology Today*, 21 (4): 8–12.

8. Foster, R. J. (2008), *Coca-Globalization: Following Soft Drinks from New York to New Guinea*, London and New York: Palgrave Macmillan.

9. Garvey, P. (2017), *Unpacking Ikea: Swedish Design for the Purchasing Masses*, Abingdon, Oxon: Routledge.

10. Hartman, T. (2007), "The IKEAization of France", *Public Culture*, 19 (3): 483–498.

11. Heskett, J. (1980), *Industrial Design*, London: Thames and Hudson.

12. Highmore, B. (ed.) (2009). *The Design Culture Reader*, London: Routledge.

13. Hulten, B. (2012). "Sensory Cues and Shoppers' Touching Behaviour: The Case of IKEA", *International Journal of Retail and Distribution Management*, 40 (4): 273–289.

14. Julier, G. (2000), *The Culture of Design*, London: Sage Publications.

15. Kotler, P. (1974). "Atmospherics as a Marketing Tool", *Journal of Retailing*, 49 (4): 48–64.

16. Kristoffersson, S. (2014). *Design by IKEA: A Cultural History*, London, New Delhi, New York, Sydney: Bloomsbury.

17. Larsson, S. ([2007] 2011). *The Girl Who Kicked the Hornet's Nest*, millennium series, New York: Vintage Crime/Black Lizard.

18. Lindqvist, U. (2009), "The Cultural Archive of the IKEA Store", *Space and Culture,* 12 (1): 43–62.

19. Löfgren, O. (2005). "Cultural Alchemy: Translating the Experience Economy into Scandinavian", in B.

20. Czarniawska and G. Sevon (eds.). *Global Ideas: How Ideas, Objects and Practices Travel in the Global Economy,* Malmo: Liber & Copenhagen Business School Press.

21. Löfgren, O. (2013). "Changing Emotional Economies: The Case of Sweden 1970–2010", *Culture and Organization,* 19 (4) : 283–296.

22. Manning, P. (2010). "The Semiotics of Brand", *Annual Review of Anthropology,* (39) : 33–49.

23. Murphy, K. M. (2015). *Swedish Design: An Ethnography,* Ithaca and London: Cornell University Press.

24. Pink, S. (2009). *Doing Sensory Ethnography,* London: Sage Publications.

25. Reimer, S. and D. Leslie (2008). "Design, National Imaginaries and the Home Furnishings Commodity Chain", *Growth and Change,* 39 (1) : 144–171.

26. Sandberg, M. B. (2011). "The Interactivity of the Model Home", in A. Ekstrom, S. Julich, F. Lundgren and P. Wisselgren (eds.). *History of Participatory Media: Politics and Publics, 1750–2000,* New York, London: Routledge.

27. Sunley, P., S. Pinch, S. Reimer and J. Macmillan (2008). "Innovation in a Creative Production System: The Case of Design", *Journal of Economic Geography,* 8 (5) : 675–698.

28. Wenger, E. (1998). *Communities of Practice: Learning, Meaning and Identity,* Cambridge: University Press.

29. Woodman, R. W., J. E. Sawyer and R. W. Griffin (1993). "Towards a Theory of Organizational Creativity", *Academy and Strategic Management,* 12 (4) : 493–512.

30. Zwick, D., S. K. Bonsu and A. Darmody (2008). "Putting Consumers to Work: 'Co-creation' and New Marketing Governmentality", *Journal of Consumer Culture,* (8) : 163–196.

尼科莱特 · 马可维奇

"情趣女红"

21 世纪市场中的本土设计

手工艺赢得了所谓颠覆性的优势，不仅成为当时想象中新自由资本主义社会经验的解药，而且还站在典型资本主义个体单位——企业的对立面。出于适应新全球化市场的必要性，丁字裤（手工情趣蕾丝丁字裤）的兴起，是否揭示出一条通向技艺的新道路？

据说，一条丁字裤拯救了在波兰南部的科尼亚科维正缓慢消亡的蕾丝手工艺。在内战期间，喀尔巴阡边疆的这个山村里，妇女们一直都在钩织桌巾、桌布、衣领和上衣，以及一种带有精致的花卉蕾丝的教会织物和背心。十多年以来，蕾丝手艺人还在美国、英国、日本、德国的线上商店，为私人客户及零售商生产文胸和女裤。

在当地的画廊里，比基尼和最小号的内衣挤走了科尼亚科维的蕾丝小桌布和装饰画，被一并呈献给教皇约翰保罗二世和伊丽莎白二世。当蕾丝手艺人发现整个 20 世纪 90 年代都很难卖出传统产品的时候，这种手工"民间内裤"的出现重新点燃了公众对当地工艺的兴趣。尽管他们有着巨大的商业吸引力，但丁字裤和他们的制作者还是遇到了一些来自官方文化代表的反对，以及社区内部的抵制。国家艺术与民族志委员会拒绝从官方立场认可这种钩针内衣的"民间艺术"地位，并试图维护其确定与控制"科尼亚科维蕾丝"（Koniaków Lace）作为一个品牌的权利（Grygar，Hodrová and Kocárková，2004）。在这场辩论中，波兰和国际媒体将这些紧张局势描述为一个自由主义的年轻少数民族，对保守的天主教村庄发起的挑战。丁字裤因此成为传统波兰想象的空间里，蓬勃发展的现代性与世俗主义象征。

手工艺通常会被看作是现代设计行业的先驱，由于工业生产的出现和福特主义工作的出现，它被挤出了主流经济（Heskett，1980）。这种分工的结果是，"创造力"越来越与实现的"技能"脱节，而技艺通常与手工艺有关，而非设计活动。尽管最近人们对于专业工作室的作品和工艺理论作为学术研究主题的兴趣重新燃起（Alfoldy，2007；Risatti，2007；Adamson，2007，2013），但像在科尼亚科维发现的那种家庭或农村手工业，通常被认为是"非自觉的"或乡土的设计（Alexander，1964；Jones，1992；Lawson，1997），即一种由有限的工具、现成的材料和传统风格结构约束而制成的拼贴。这种对乡土设计固有的保守主义的信念，使它与后工业化世界的影响，以及发展中国家的送礼经济、血汗工厂、剥削和童工现象，密不可分。在一个例子中，乡土设计代表着舒适的反现代主义，而在另一个例子里它却是工业的竞争拍档。丁字裤及制作并销售它的女手艺人，并不符合这两者的描述。它们的吸引力可以被理解为千禧年以来，艺术家、设计师、学者和普通大众对手工制作、手工艺品和手工艺技术重新燃起的兴趣（Hung and Magliaro，2006）。例如，纽约艺术设计博物馆（Museum of Arts and Design）的前卫蕾丝编织展（Radical Lace and Subversive Knitting，2007）和面向公众的编织团体活动（Stitch'n Bitch），都是对工艺与手工制作进行重估的证据。手艺与以集体传承和实践为基础的社会代理人相关联，成为政治评说的一种有力工具。然而，在 21 世纪初出现的丁字裤表明，关于当代手工艺的问题，可能会有所不同——不仅仅关于传统和社区，还关乎创业、个人、市场的问题。他们的成功很大程度上是基于对 19 世纪风格的乡土工业的重新阐释，以适应 21 世纪市场的需要。在我看来，这不仅颠覆了科尼亚科维的传统主义，

设计人类学

而且挑战了艺术家的浪漫形象，这种形象在艺术和设计领域仍然困扰着许多艺术设计的理论与实践。

2003 年的夏天，科尼亚科维举办了一场节庆活动来纪念当地蕾丝手工艺发展两百周年。当地画廊主和策展人，以及乡村的蕾丝博物馆，主持了两天的展览、音乐、美食、舞蹈和比赛活动。[1] 在当地企业家杰吉（Jerzy）的艺术馆里举办的节庆活动中，蕾丝丁字裤迎来了它的首秀。钉在墙上的，除了别具一格的通花碟、桌布巾、庄重的女式衬衫、色彩斑斓的蕾丝内裤，还有当地家庭手工业生产的那些著名的保留项目——带有挑逗意味的新奇之物。然而，正如杰吉所说的，如果没有媒体或摄影师来记录这次周年庆典，丁字裤或许永远不会获得盛名（或声名狼藉）。一位记者参观他的画廊时，看到出售的丁字裤，便询问它们的来历，最终买了下来。据杰吉所述，这位记者后来带着这些丁字裤，一家一家地登门拜访艺术馆，询问当地好的蕾丝制造商对新产品有什么意见。杰吉似乎是在暗示记者正在寻找哪里存在争议，并最终在年纪最大的蕾丝手工艺获奖者达努塔·库查尔斯卡（Danuta Kucharska）的家中找到了答案。据报道，当她看到钩针内裤时的反应是，"这是一种耻辱"（Domanska，2003）。按杰吉说法，达努塔对新产品感到愤怒，因为"她是一位上了年纪的女性，她对于自己的女儿穿着丁字裤去教堂一无所知，她以为只有'放荡'的女人才穿丁字裤"。然而，她将有道德风险的丁字裤看作是与卑劣的艺术一样的东西："它们不过是一些这么细的薄带，怎么能显示出

1　虽然这个纪念日是虚构的，但民族志研究表明，当时（1968 年），当地近一半的手工艺组织举办这个节日的动力，都是出于商业目的。

图 27　科尼亚科维丝蕾丝手艺人玛尔塔·勒吉耶斯卡,坐在小屋的窗边钩织蕾丝,她从事这项手艺已六十年有余。©Nicolette Makovicky

图 28　科尼亚科维的蕾丝手艺人家中正在展销的丁字裤。设计师：Krzystyna Gazurek ©Nicolette Makovicky

精湛的技艺呢？我不是反对女人做这些，而是它们就只该叫作科尼亚科维丁字裤，而不是科尼亚科维蕾丝。"[2]

当媒体津津乐道地讲述乡村老奶奶编织性感内衣的奇特故事时，美德和技艺、羞耻和贪婪，成为讨论传统和现代的话题。通过《选举日报》（*Gazeta Wyborcza*）和《华尔街日报》的新闻报道，科尼亚科维和当地的蕾丝手艺人受到国内外媒体的关注。这类产品的挑逗性与天主教乡村社区显而易见的虔诚形象，存在着很大的反差，有一家德国杂志将当地生产的内衣称为"情色针线活"（德国《明星》周刊，2006年4月13日）。达努塔对科尼亚科维蕾丝的嘲讽——"过去遮住祭坛，现在盖住臀部"——成为许多对于有争议的新蕾丝的调侃短评。按照媒体的报道，那些制作蕾丝丁字裤的妇女在礼拜天的布道会上，将有被点名羞辱的危险，其他人则不确定她们是否有义务在忏悔时承认制作性感内衣。蕾丝手艺人被普遍报道为"对参与制作丁字裤的新业务感到羞愧和害臊"，没人想对来访的记者承认参与丁字裤的制作，也没人会对自己拥有丁字裤的事实供认不讳。丁字裤使杰吉和他的艺术馆暴露在公众的关注之下，他显然很喜欢扮演魔鬼的拥护者，他声称，在他看来，丁字裤和祭坛布一样传统。另一方面，据传，达努塔将依次拜访村落里的蕾丝手艺人，试图让他们相信新潮流的不着边际。

尽管达努塔竭力唱衰性感内衣的生产，但蕾丝丁字裤在商业上的成功，还是成为商业实践迅速转型、推行学徒制、在当地匠人与蕾丝手艺

2　采访引用来自伊娃・科卡科娃（Eva Kočarkova，2005）。

图 29　伊斯特布纳一位年迈的蕾丝手艺人，夏日坐在自家屋外工作。©Nicolette Makovicky

图30 女帽上的古董——科尼亚科维蕾丝（局部）。设计：玛利亚·歌瓦尔科娃 ©Nicolette Makovicky

人之间建立权威的驱动力。在短短几个月内，三个销售蕾丝和蕾丝情趣内衣的新型公司，在科尼亚科维和毗邻村庄伊斯特布纳（Istebna）落户。虽然由男性经营的公司有两家，但年轻的蕾丝手艺人夏莲娜·维伊索卡（Halina Wysocka）却被媒体评为"最具创新开拓精神的企业家"。夏莲娜和她的哥哥一起创建了公司，并购买了域名 www.koniakow.com，开始在线上销售蕾丝丁字裤。在公司的网站上，有专业模特展示，在热带树叶和沙滩的背景下摆出撩人的姿势。如今，在这家网站上，任何东西都能买到，从丁字裤到比基尼、帽子、手套、蕾丝衬衫，甚至是完全用夏莲娜公司生产的蕾丝制作的长裙。在她的名单中，有超过三十位蕾丝手艺人，大多数人签了短期或灵活的合同，她同时还接受零售和批发的订单，并为一些在美国、英国、日本和德国经营网站的公司提供服务。她所有的产品都受到严密的版权保护和冠名，夏莲娜向她的客户保证，所有的产品都是手工制作的，使用了原创的图案和技术，不管它们是桌布、婚纱，还是丁字裤。夏莲娜告诉我："我们利用传统，花儿（图案）是传统的，但是是当代的艺术样式。"

新闻报道所述的科尼亚科维丁字裤的故事，把年轻的企业家夏莲娜和社会保守派达努塔塑造成波兰后社会主义社会的刻板形象，他们已经将丁字裤的出现和商业上的成功，变为 1989 年后波兰社会市场化和自由化的隐喻。丁字裤成为落入乡村社区中的新资本主义现代性的象征，而在乡村内部，性感内衣的原创性仍有待辩驳。蕾丝手艺人对于丁字裤的商业成功感到满意，这让他们对产品的需求又回到了社会主义晚期的幸福时代，那时的国家民间艺术合作社"塞波利亚"（Cepelia）拥有稳固的订购群体。然而，蕾丝手艺人对于"丁字裤是否可以被视为原创和传统"这一问题，并没有达成共识。这些疑虑甚至在丁字裤成为当地工艺制作的主要内容之后，还持续了很多年。我在 2007 年第一次采访蕾丝制造商时，关于原创性的讨论，集中在是否有技术或形式上的先例。一些蕾丝制造商声称，任何用钩针或本土图案制作的物品都可以叫作蕾丝，而其他人则坚持认为，实用性和适销性使得丁字裤成为一种纯粹的商业产品，只与当地传统沾一点边。正如一位蕾丝手艺人所说："是的，它们是用钩针编的，但这不是传统。丁字裤——谁看得见它们？如果一个人做丁字裤，他就能养家糊口。"

对于这位蕾丝手艺人而言，丁字裤的快速周转和商业化在她看来，本质上是站在传统工艺的对立面。所以，她认同达努塔的观点，科尼亚科维蕾丝和科尼亚科维内衣之间的区别，不是技术或形式上的不同，而是功能和商业精神上的不同。按照达努塔的观点，丁字裤因为其冒犯性的功能（遮蔽臀部）而被区别化，但同时也体现了功能实现方式的朴实简单。它们通常由 30—40 个相同的蕾丝花纹图案连成带状，而并不像桌布那样把丰富的本土图案样式都杂糅在一起。这类产品并不是出于自豪感和关心而制作的，而是为了商业。的确，事实上，丁字裤能在很短的几个小时内做出来，无须花好几天甚至好几周来制作更大面积的织物，这进一步佐证了达努塔认为它们低级的看法。在达努塔看来，由于丁字裤受欢迎而受到威胁的道德，不是教会或家庭所崇尚的道德，而是技艺精湛的手工艺的道德。社会学家理查德·桑内特（Richard Sennett）将这种过时的价值定义为"利己主义"（Sennett，2007：104；2008），这是她的艺

设计人类学

术家身份的核心，也是她衡量创造力和艺术权威的标准。她的观点来自国家艺术与民族志委员会，该委员会宣称，由于丁字裤的功利性，它不能被认证为"民间艺术"（Grygar, Hodrová, and Kocárková, 2004）。该委员会所表达的观点是，手工艺应该以其具有代表性的品质为主要价值。在达努塔和持类似观点的委员会看来，民间手工艺和手工艺品是通过生产过剩的象征性展示而获得价值。它们强制性的"无用"与投入在它们身上的劳动力数量不成比例，有直接关系。手工制品不仅必须是非功利的，而且还必须对抗当今市场上其他生产或购买过程的成本效益分析。而这种品质应该是通过"技术的魅力"来吸引眼球，正如前面的那位蕾丝手艺人所说："丁字裤——谁能看见它们？"

达努塔和国家艺术与民族志委员会对蕾丝的象征性和价值特权的强调，揭示了他们对手工艺品的普遍偏见，认为它们是"古雅的"和"装饰性的"。这继续标志着欧美公众对这一问题的讨论。不过，它也触及了手工艺品和手工艺技术的潜力，为市场和消费社会提供了一个重要的替代品。像蕾丝这样的工艺品，不光利用历史性的图案和技巧，还通过它们的生产方式，展示出一种可供选择的时代性。艺术家、设计师和消费者在近期重新发现了工艺和手工制作的乐趣，很大程度上是基于这样一种对于工艺的感受，即想让人们接触到这种截然不同的时间感（Hung and Magliaro, 2006）。尽管手工设计和制作的成本效益极低，但正是这种低效率使其在过去的十年里成为社会评论和政治活动的工具。"手工主义"的兴起见证了女权主义团体，如"革命针织圈"（Revolutionary Knitting Circle, 加拿大）利用世俗的物质性，为全球化、战争、贫困、环境问题和妇女权利提供了有力的社会与政治批判。[3] 特别是针织，在当代流行文化中找到了新的位置。

像 *Stitch'n Bitch*（Stoller，2003）这样的出版物，将家庭主妇和贫穷的家庭关系，转变成一种新的、幽默的、颠覆性的创造性表达方式。编织纸杯蛋糕、比基尼和狗狗外套的教学秘籍，现在正和编织毛衣、披肩、袜子竞争。编织脱离了家庭，已经成为一种主要由年轻女性在公园、咖啡馆和博物馆等公共场所聚集消费的爱好。编织行为挑战了家庭生活和女性气质，使其成为一种对时间管理、高效的生产和灵活的专业化的反抗（Parkins，2004；Minahan and Cox，2007；Pentney，2008；Myzelev，2009）。

理查德·桑内特的著作将手工艺视作使用寿命的模范，这一呼吁也来自在新全球经济背景下对人类价值的贬值的关注。他主张对技术、经验、委托和训练有素的判断进行重新评估，因为他将此看作手工艺的一部分，是"一种持久的、基本的人类冲动，想要为了自己做好一份工作"。在追求"客观标准"和"事物本身"的过程中，工匠是一个人"全身心投入其中，如果不是必须使用工具的话"。在一个职业工作已成为特权的社会里，工具成为大多数就业状况——短期性、灵活性和不稳定性——的隐喻（Bauman，2005）。桑内特认为，市场竞争不会创造有利于提高产品质量的条件，这一观点印证了一种说法，即丁字裤只是为了

3　"革命针织圈"运动为和平与社区可持续发展而努力，比如 2002 年的 G8 峰会和 2004 年 3 月 20 日在卡尔加里结束伊拉克战争的行动。其他手工艺激进主义（Craftivism）和为社会而编织，是对于无国界医生组织"无国界针织厂"、丹麦艺术家 Marianne Jørgensen 与伦敦"废弃针织俱乐部"（London's Cast-Off Knitting Club）之间合作的支持，从而创作了"Tank-Cozy"（一辆"二战"坦克被覆盖着粉红色针织毯），以抗议丹麦参与伊拉克战争。更多有关细节，请参见 Pentney，2008。

"生计"而制作的，而其他形式的蕾丝手工艺品所展现的才是正宗的真实工艺。

虽然桑内特可能不愿意认同达努塔和国家艺术与民族志委员会所倡导的狭隘的手工艺概念，但还是与他们一样，都相信手工艺与技艺是另一种时间、知识和价值的政治经济产物。与这个背景相反的是，受欢迎的蕾丝丁字裤出自波兰一个小村庄的女匠人之手，也就不足为奇了。就像针织纸杯蛋糕和乳房假体（"Tit-Bits"）[4]一样，科尼亚科维蕾丝丁字裤经过材料、技术和功能出人意料的组合，显得与众不同、诙谐幽默。然而，尽管这种幽默有很大的潜力，但它并没有给手工艺品本身的社会和象征价值带来挑战。对手工艺品的社会和政治颠覆性的挪用，依赖于对手工艺品的论述，这种手工艺品本身即使不浪漫，也绝对是保守的。手工艺品和手工制作被认为没有受到效率、商业、政治的影响，而是受到经济效益、家庭和历史的影响。同样，将手工艺定义为对客观标准无利害关系的追求，表明了规范美学、真实性和卓越性的规范是累积的、共同的实践经验的"自然"结果。

虽然艺术史学家霍华德·里萨蒂（Howard Risatti）警告说，工作室手工艺正面临被美术行业吞并的危险，但研究行会工艺品、民间传统和本土艺术的学者，已经将所谓的手工艺传统性与其传播生产的集体性直接联系起来。从中世纪的欧洲行会到来自工业社会边缘的本土手工艺男女工匠的传统，社区被视作学徒、审美判断和风格一致的语境和媒介

4　详见 www.titbits.ca.

（Gell，1998；Sennett，2008）。如今，具有颠覆意义的手工艺人，可能并不追求像英国工艺美术运动那样，把设计师和手艺人联合起来，人们会有一种明确的感觉，像桑内特这样的学者和像 Stitch'n Bitch 中的成员，通过创建社区，将工作和生活的手工艺美术哲学留存下来。在这样的集体中，可以制定出一种替代性的政治经济，来融合时间、知识、手工艺及其内在价值的想象。简言之，手工艺赢得了所谓颠覆性的优势，不仅成为当时想象中新自由资本主义社会经验的解药，而且还站在典型资本主义个体单位——企业的对立面。人们对手工艺的认知是基于一种特定的文化模式，即空间和时间的界限——无论是一个工作间，还是像科尼亚科维这样的本土村庄社区。此外，它还在集体继承和行动的基础上，宣传某种形式的社会机构。在这种背景下，丁字裤和夏莲娜·维伊索卡的企业的出现，似乎是一个诅咒。一个实践社区是如何同时还能成为创业社区的呢？这是否意味着一种激进的新工艺方法，为了适应新的全球市场而应运而生？

想要回答这些问题，就必须了解民间文化和人格的概念随着时间的推移所发生的变化，以及在科尼亚科维制作蕾丝的历史。它揭示了一些有趣的事实，关于本土手工艺品的性质及其与工业设计、国家意识形态，以及整个 20 世纪市场之间的纠葛。就像自 19 世纪以来整个欧洲的乡村社区经历了巨大的社会文化变革一样，在科尼亚科维生产蕾丝的制作工艺及其所处的地位，都不存在于一个时间的真空里。相反，随着波兰社会的现代化和波兰国家边境的不断变化，它们的结构和目的也发生了改变。与其他民间手工艺一样，科尼亚科维的蕾丝制造商发现自己被一系

　　　　　　　　　　　　　　　　　设计人类学

列政治话语和不断变化的意识形态的生活设计所占据。波兰像更广阔的中欧地区一样，19 世纪晚期开始使用的方言是民族浪漫主义运动的一个组成部分（Crowley，2001；Kinchin，2004；Szczerski，2005）。随着国家被俄罗斯帝国、普鲁士和奥地利王国割据，直到 1919 年，寻找家园的波兰知识分子认为喀尔巴阡边界地区是波兰民族性格、语言和表达风格的故乡（Crowley，1992，2001；Manouelian，2000；Dabrowski，2008）。例如科尼亚科维的村庄和高地（Górale）居民[5]，以及他们的物质文化，成为波兰民族的"诗意空间"（Smith，1991）。

19 世纪后期，科尼亚科维的妇女开始生产蕾丝，用于装饰"Czepiec"（波兰西北部的一个村庄）的门面，或者是已婚妇女的头巾。直到 20 世纪 30 年代初期，附近的低地维斯瓦村发展成一个温泉小镇，钩针蕾丝才失去了与当地服装的独特联系，成为外地人的消费商品，而家庭手工艺则成为一项农村产业，雇用了村里绝大多数的妇女。据当地报道，将当地蕾丝重新设计成适合中产阶级的温泉客人的产品，得到了 Wisła 杂货店的犹太老板和一个名为安娜·卢卡（Ana Rucka）的科尼亚科维蕾丝个体制造商的联合资助（参见 Poloczkowa，1968）。安娜不仅在制作钩花桌布方面有所建树，设计了圆形的小桌垫和桌布，还将钩针技术知识传播给了其他村庄的妇女，这些妇女在冬天的晚上聚集在彼此家里，纺线、缝补或刺绣。随着人们对蕾丝需求的增长，科尼亚科维妇女所制作的圆形、

5　戈兰人，字面意思是"高地人"，指居住在波兰和斯洛伐克塔特拉斯高地，以及跨越波兰、斯洛伐克共和国和捷克共和国当代边界的贝斯基德山脉上的牧民。今天，科尼亚科维的居民自豪地宣称戈兰是他们的遗产，并为他们的畜牧业历史、特色民俗和音乐举行庆祝仪式。

方形、三角形的桌布、桌垫，以及像衣领、袖子和手套这类饰品，在维斯瓦的酒店和商店出售。

"二战"后，另一个当地的蕾丝手艺人玛利亚·格瓦尔科娃（Maria Gwarkowa）负责创建了一个手工艺合作社，雇用了几百名当地的蕾丝手艺人。该合作社是位于卡托维兹（Katowice）的民间艺术合作社 ARW 的一个组成部分，由塞波利亚提供保护并组织运营，合作社为妇女提供设计和缝纫，并通过国家与国际塞波利亚民间艺术商店的网络来销售成品。然而，社会主义国家对科尼亚科维家庭手工业的参与，远远超出了为适应社会主义意识形态的要求而重新组织生产和销售的范畴。在整个东欧集团中，共产党为了巩固社会主义统治的合法性，征用了农民的手工艺品（Kaneff, 2004）。在这方面，波兰似乎没有什么不同。虽然强调的重点可能是"民间"，而非"手工艺"，但这两个运动也代表了将民间手工艺改造成当代表达媒介的尝试（Makovicky, 2009）。斯大林主义的社会主义现实主义的主导地位，导致"二战"后民族主义设计哲学的复兴和本土手工艺在新的国家工业设计美学发展中起到主导作用。作为一种可以直接上溯到工人和农民阶级根源的文化形式，手工艺品为斯大林主义物质文化的"社会主义者内容"提供了一种"民族式样"。

在 20 世纪 50 年代的工业设计研究所（Institut Wzornictwa Przemysło-wego）员工的带领下，农民工匠和工厂工人开发样品设计，随后，训练有素的设计师将它们付诸生产。作为这个计划的一部分，设计师莉迪亚·巴克泽克（Lidia Buczek）重新解释了科尼亚科维的蕾丝设计，为装饰内衣创建模板。现在被遗忘的是，今天的这些丁字裤的原型是由罗兹（Taylor,

1990）纺织厂大批量生产出来的。

民族志学者、艺术史学家和设计师通过塞波利亚手工艺人的创造和使用当地手工艺，来发展工业设计研究所的"政治正确"的设计。尽管这种合作声称具有民主性质，但像塞波利亚和蕾丝生产合作社这样的协会——倾向于一种顽固的、等级分明的社会主义制度组织特征——仍在其赞助下运行。尽管民间手工艺被当作充满集体主义"'常识性'霸权而被簇拥……超越了艺术家创造性的个人主义的产物"（Crowley，1998：76），但最后对于产品的批准和认证，取决于民族志顾问和该组织训练有素的设计师。这一举措将艺术的权威置于学者手中，并脱离了村庄和行业本身的地方背景。蕾丝制造商被邀请为塞波利亚工作，或申请国家艺术与民族志委员会授予的众多比赛、奖品和证书，以分享这一权力，但最终，还是那些需要同时考虑雇主和客户的国家机构规定了真实性的标准。因此，在政治的支持下，作为设计哲学的公共事件理想，与这一系统的现实之间存在一种紧张关系，它让蕾丝制造商能为他们自己提供成为"民间艺术家"的机会。合作社创办人玛利亚·格瓦尔科娃和反对将丁字裤贴上"科尼亚科维蕾丝"标签的达努塔·库查尔斯卡——她们在社会和艺术领域拥有发言权——与这些机构的商业与政治权力相关联。然而，自1989年以来，后社会主义者、新自由主义经济改革，意味着像塞波利亚这样的国家机构不再从实际活动或经济上对科尼亚科维的蕾丝生产负责。而在"二战"前，供应与需求再次受到市场调控。这种国家支持的合作制度的解体，给制度影响下的艺术与社会权威机制的有效性带来了不确定性，使当地社区所有的参与者重新协商关于传统、创新和真实性的问题。达努塔（以及国家艺术与民族志委员会）未能阻止丁字裤作为真正的科尼亚科维蕾丝来制作和出售，这说明当今的商业贸易是传播当地文化传统的主要途径。实际上，杰吉和夏莲娜·维伊索卡先前的成功，是因为像他们这样的男性和女性，有能力将市场作为创业活动的新领域。然而，他们的成功是以之前国家资助下的民族志研究、商业、权威为代价换来的。达努塔·库查尔斯卡和其他拟定名单上的前辈蕾丝手艺人，错愕的或许不是年龄、信仰、性道德观的问题，而是一群手工艺人目睹了当时的社会和艺术当权者否认蕾丝制作协会成为民族民间文化遗产，以及国家规避其保护的责任之后的一次抗议。

距离丁字裤首次出现在科尼亚科维的画廊和线上销售平台多年之后的今天，大多数蕾丝制造商和经销商对于钩针编织、媒体炒作的回忆与流言蜚语，睥睨目光和戏谑微笑的抵触，都不再有什么顾虑了。"既然有人想买，又有什么可羞耻的？"一位蕾丝手艺人解释道。丁字裤和胸衣仍然卖得最火，而蕾丝制造商现在已经扩展到为男性生产丁字裤，事实证明，这种丁字裤备受追捧。不像女式丁字裤，男士丁字裤还是会令一些蕾丝手艺人感到害羞，而其他人则完全脸不红心不跳地说："是的，我做丁字裤！女式的、男式的，各种尺码……你见过男式丁字裤吗？嗯，它们挺重要的，因为男性的私处的确需要装饰一下！"

在波兰各地，科尼亚科维已经成为这种古怪"民间内衣"的代名词。从2003年丁字裤第一次出现，波兰和国际媒体迅速利用公众对于农村边远地区作为传统和宗教保守主义空间的浪漫想象。这些想法被投射到达努塔·库查尔斯卡这位年长的蕾丝手工艺获奖者代表的形象上，而

　　　　　　　　　　　　　　　设计人类学

夏莲娜·维伊索卡和她的企业，则是推动这个小型社区变革的先驱。然而，虽然媒体报道了这是一种在新的后社会主义现代性的压力之下对于手工艺实践者的社区构建，但我还是认为可以将它理解成一个依赖于村庄以外的顾客品位和风俗习惯的工业化革新。丁字裤在产品上的成功，挑战的不仅是古老的蕾丝样式，还有已经过时的商业结构，它是新业务的催化剂，似乎成为长久以来手工艺周期性革新的一部分。当地家庭手工业的历史，是对洞察力和知名个体企业家精神的设计创新与庆祝，如安娜·卢卡和玛利亚·格瓦尔科娃，在大众的想象中是一意孤行的先驱者。在这些庆祝性的叙述中，文化创新与商业创新密不可分——设计的改变直接关系到蕾丝销售方式和销售对象的改变。当夏莲娜·维伊索卡和吉杰谈到他们选择进行赞助并以"正宗的科尼亚科维蕾丝"的名义推销丁字裤时，他们的叙述和为丁字裤正名的方式，就成为了讲述当地工艺、创造力和创业传说的手法。

参考书目

1. Adamson, G. (2007). *Thinking Through Craft*, Oxford & London: Berg Publishers and the Victoria and Albert Museum.

2. Adamson, G. (2013). *The Invention of Craft*, Oxford & London: Bloomsbury.

3. Alexander, C. (1964). *Notes on the Synthesis of Form*, Cambridge: Harvard University Press.

4. Alfoldy, S., ed. (2007). *NeoCraft: Modernity and the Crafts*, Halifax: The Press of the Nova Scotia College of Art and Design.

5. Bauman, Z. (2005). *Work,* Consumerism *and the New Poor*, Maidenhead: Open University Press.

6. Crowley, D. (1992). *National Style and Nation State. Design in Poland from the Vernacular Revival to the Inter-national Style*, Manchester: Manchester University Press.

7. Crowley, D. (1994). "Building the World Anew: Design in Stalinist and Post-Stalinist Poland", *Journal of Design History*, 7 (3) : 187–203.

8. Crowley, D. (1998). "Stalinism and Modernist Craft in Poland", *Journal of Design History*, 11 (1) : 71–83.

9. Crowley, D. (2001). "Finding Poland in the Margins: The Case of the Zakopane Style", *Journal of Design History*, 14 (2) : 105–116.

10. Dabrowski, P. (2008). "Constructing a Polish Landscape: The Example of the Carpathian Frontier", *Austrian History Yearbook*, 39: 45–65.

11. Gell, A. (1992). "The Technology of Enchantment and the Enchantment of Technology", in J. Coote and A. Shelton (eds.). *Anthropology, Art and Aesthetics*, 40–66, Oxford: Oxford University Press.

12. Gell, A. (1998). *Art and Agency. An Anthropological Theory*, Oxford: Oxford University Press.

13. Grygar, J., Hodrová, L. and Kocárková, E. (2004). "Konakowska Krajka TM. Vyjednavin. tradice a lidovostiumeni ve Slezskych Beskydech", in L. Hodrov and E. Kocarkov (eds.). III. Antropologické symposium, 56–76, Plzen: Aleš Cenek.

14. Heskett, J. (1980). *Industrial Design*, London: Thames and Hudson.

15. Hung, S. and Magliaro, J., eds. (2006). *By Hand: The Use of Craft in Contemporary Art*, Princeton: Princeton Architectural Press.

16. Jones, J. C. (1992). *Design Methods*, Chichester: John Wiley & Sons.

17. Kaneff, D. (2004). *Who Owns the Past? The Politics of Time in a "Model" Bulgarian Village*, Oxford: Berghahn Books.

18. Keeve, V. (2006). "Tangas: Heilige Höschen", Stern (April 13) . Available online: http://www.stern.de/lifestyle/mode/tangas-heilige-hoeschen-3495178.html (accessed January 18, 2017) .

19. Kinchin, J. (2004). "Hungary: Shaping a National Consciousness", in W. Kaplan (ed.).

设计人类学

The Arts and Crafts in Europe and America, 142–177, London: Thames and Hudson.

20. Kocárková, E. (2005). "Hanysy do chałpy!' a jine reprezentace mista v beskydskym Trojvsi", *MA thesis*, Prague: Charles University.

21. Lawson, B. (1997). *How Designers Think: The Design Process Demystified*, Oxford: Architectural Press.

22. Makovicky, N. (2009). "'Traditional—with Contemporary Form': Craft and Discourses of Modernity in Slovakia Today", *The Journal of Modern Craft*, 2 (1) : 43–58.

23. Manouelian, E. (2000). "Invented Traditions: Primitivist Narrative and Design in the Polish Fin de Siècle", in *Slavic Review*, 59 (3) : 391–405.

24. Minahan, S. and Cox, J. W. (2007). "Stitch 'n Bitch", *Journal of Material Culture*, 12 (1) : 5–21.

25. Myzelev, A. (2009). "Whip Your Hobby into Shape: Knitting, Feminism and Construction of Gender", *Textile*, 7 (2) : 148–163.

26. Parkins, W. (2004). "Celebrity Knitting and the Temporality of Postmodernity", *Fashion Theory*, 8 (4) : 425–441.

27. Pentney, A. (2008). "Feminism, Activism, and Knitting: Are the Fibre Arts a Viable Mode for Feminist Polit-ical Action?" *Thirdspace*, 8 (1) . Available online: http://journals.sfu.ca/thirdspace/index.php/journal / article/view/pentney (accessed September 23, 2015) .

28. Poloczkowa, B. (1968). "Koronki Koniakowskie", *Polska Sztuka Ludowa*, 22: 209–240.

29. Risatti, H. (2007). *A Theory of Craft: Function and Aesthetic Expression*, Chapel Hill: University of North Carolina Press.

30. Sennett, R. (2007). *The Culture of the New Capitalism*, New Haven: Yale University Press.

31. Sennett, R. (2008). *The Craftsman*, New Haven: Yale University Press.

32. Smith, A. (1991). *National Identity*, Harmondsworth: Penguin.

33. Stoller, D. (2003). *Stitch 'n Bitch: The Knitters Handbook*, New York: Workman Publishing.

34. Surmiak-Domanska, K. (2003). "Hanba z trzydziestu kwiatkow", *Wysokie Obcasy*, 25 (10) . Available online: www.wysokieobcasy.pl/wysokie-obcasy/1,53662,1732959.html (accessed September 23, 2015) .

35. Szczerski, A. (2005). "Central Europe", in K. Livingstone and L. Parry (eds.). *International Arts and Crafts*, 55–76, London: V&A Publications.

36. Taylor, L. (1990). "News from Elsewhere", *Journal of Design History*, 3 (1) : 59–62.

弗拉基米尔·阿科契波夫

运作的形式

反设计

设计被看作是改变生活的变革之径。如今，设计却变得截然相反，成为现代消费社会的崇拜对象。设计在当代唯一的目标就是从"无"创造"有"。然而，对于艺术家而言，设计等于死亡。艺术家的真实使命是创造真正的新视域。

我最初的教育背景是工程领域。在航空研究所工作几年之后，我开始探索其他领域，如医药和视觉艺术。我没有成为一名医生，但是在参加了私教课程并参观了数个艺术工作室后，开始从事雕塑创作。后来我看了昆特·约克（Günther Uecker）1987 年在莫斯科的展览。他的作品完全使我转变了对雕塑、造型艺术和物品本身的理解，它们启发我重新思索形式。直至 1993 年，我用普通的日常用品来造物。我的目标曾经是调和功能主义与崇高，同时参照俄国先锋艺术、莫斯科观念派、达达和波普艺术的经验。到 1993 年，苏联解体所带来的社会后果已经很明显：医疗保障和养老金制度、社会福利制度和社会安保网络都已被摧毁，并且没能得到恢复。百万富翁和乞丐前所未有地聚集在一起。我的观众的社会和物质分层，在我看来是个人的悲剧：他们辛勤工作，没有吃的东西，对任何艺术都没有兴趣，他们不再参加我的展览。我不再像过去那样从事我的工作，并且最终开始思考艺术的社会维度。与此同时，在 1994 年，我参加了慕尼黑国际展览，第一次有机会看到年轻的西方艺术家的原作。这使我意识到许多艺术作品，包括我自己的作品在内，是多么站不住脚且无根无据。伴随着一种困惑和绝望的感觉，我寻找的新方向突然引领我通往自我塑造的功能性物品（不要与手工制品和自制物混淆）的想法。

虽然我参与这个项目已经十五年了，但我对它的兴趣丝毫未减。许多年来，我一直问人们一个问题："为什么你要做这个？目的是什么？"虽然我仍然希望了解他们的创作秘诀，但他们回答得老生常谈，没有给出实质性的答案。我希望他们深知此事（但不要透露，因为他们想让我自己得出结论）。人们通过他们自制的物品，解决了在生活范围之外的具体日常问题。艺术家的任务是表达观点。

早在成为艺术家之前，我就被各种各样的问题困扰着——"为什么农民们清早 5 点起来，工作了一整天，但仍然没能用上自来水，只有屋外的厕所和家里的土制地板？"那是我的童年时代。那个时候是 20 世纪 70 年代，我无法找到答案。但这些问题在很久之后的 1994 年又再次出现了，当时我正在为创作灵感走进死胡同而寻找出路。他们提出了一个更令人头疼的问题："什么是要做的？"奇怪的、令人惊叹的是，当我在一个朋友的避暑别墅中收拾冬装时，我突然想到了这些问题的答案。一个用牙刷做的钩子忽然吸引了我的注意，在此之前，从来没有任何人的创意能给我带来如此顺畅的体验。过去和现在、传统和创新、个人和普遍——这个自制的钩子包含了一切。后来我意识到，我被这个物品坚定的诚实——它的整体美感、它对一切观点的摒弃——所震撼。这是原始的创造力，在现代艺术和设计中几乎不复存在了。

在过去，设计被看作是改变生活的变革之径（例如，20 世纪 20 年代的包豪斯）。它主要的优势是实用性、广泛的吸引力和快速进步的潜力。如今，设计却变得截然相反，成为现代消费社会的崇拜对象。设计在当代唯一的目标就是从"无"创造"有"。然而，对于艺术家而言，

　　　　　　　　　　　　　　　　　设计人类学

设计等于死亡。艺术家的真实使命是创造真正的新视域。真正杰出的设计是与物品等量的设计。然而，作为一种规范，有一种互惠交换，即设计师不是直接从生活中复制形式，而是应该根据应用的问题，采用并修正它。从有些现象骤降的重要性中蹭好处，总是有可能的。当下正值货币贬值，并不是每一个想法都值得夸奖。记者和评论家一直在解读我的作品中用"民族设计"或"民间艺术"来表现艺术中的新现象的尝试，而"我的"创作者[1]被归类为一种自我放纵的优越感，被认为是手艺人和自己动手的制作者。两者都不正确。我的作品当然不是民间艺术，因为我不捕捉那些已经被创作者赋予审美价值的事物。我的作品也不是民族设计，因为没有任何一位"我的"创作者渴望这种分类。这些是我选择对象的标准之一（以下有更多相关内容）。我们在这里讨论的是一种特殊的创新形式——商品民俗学，或者，更确切地说是"后民俗学"，因为它既不考虑民族传统，也不考虑继承的知识。一切事物都是在特定的地点、特定的时间被制造出来，并且是独一无二的、与环境偶合的产物。

影响自制物品的因素有：物品的必要程度；制造者的专业技能、受教育水平、文化程度，以及收入；替代物的存在和实用性；城市或乡村的居住地；气候；制造者所处的国家在全球经济中的参与程度，等等。

从一开始，自制的实用品就已经存在了（至少对我来说是这样），也就是说，已经有人制造了它们。不像常规的物品，它们不是为出售而制

---

1 "我的"指代"被我发现的"。——译者注

造的，也没有复制品的需求。如果我们将设计理解为一种吸引消费者注意力的工具、一种刺激消费的东西，那么，从定义上来说，自制的日常物品就是反设计的：它们拒绝普通人的关注。这类物品的制造者并没有尝试展示或销售它们。换句话说，他们的物品只为他们自己服务。从这个意义上说，它们是带有宗教崇拜的物品；它们是理想的，专门为创造它们的人而设计的。像他们这样的人根本不存在！

人与物之间的联系是密切相关的：一个事物的美或功能的完善，无关紧要。人们以物品本身存在的方式使用它们。设计师认为这种关系是不可接受的。当然，与一切周围的事物相比，自制物品的数量是极少的。但是数量在这里并非决定性的因素，重要的事实是创造的行为及其结果：形式全无审美目的。如此纯粹而自然的审美形式是老练的观者所向往的。

人们共同营造他们的视觉环境（即便他们没意识到）和他们的审美环境。如果全世界的雕塑家和设计师明日都不复存在，新形式的创造也不会减少。风景的创造者自有其名——上帝。我感兴趣的形式具备其创造者的名字。任何职业的艺术家都是人为的形式来源。相比而言，我的来源很自然：我能够质疑他们，记录与他们的对话，并且为他们拍照。而他们对于"椅子"的观念，在"椅子"诞生之前就存在了。我们真的活在新柏拉图时代吗？亚里士多德认为，艺术是对现实的模仿。但什么又是现实的创造呢？以及，创造力与艺术有何不同呢？

我们的世界依赖于视觉图像的持续产出。甚至有人，如艺术家和设计师，被命名为他们所创造的事物。他们很清楚自己所承担的任务。他

　　　　　　　　　　　　　　　　　　　　　　　设计人类学

们是复杂的，他们使用专业的手法，以完美的执行力、技术及娴熟的工艺给我们留下深刻的印象。然而，真理并不是通过耍滑头获得的。哪里有创造奇迹的空间？出路又在哪儿？

于我而言，这些问题的答案就存在于这些自制的物品之中。它们的制造者已经完美地创造了独特的形式，而不用为解决审美问题费力。作为艺术家，我要做的只是忠诚地展现它们，而不是糟蹋它们。我们的责任不同：创造者为审美的纯粹负责（虽然他们对此一无所知），而我则会调查、筛选并展示他们的杰作。我并不占用他们的作者身份（展览中，作者的姓和名通常都会被附在他们的肖像旁边），而且我试图尽可能原汁原味地展示这些物品，不做任何改动。因此，展览过的铁锹在展后还能用来掘地。同样，还可以将同样的一把铁锹挂在墙上（犹如一件被投保的博物馆展品，它的全部价值都陈列在展览目录和网站上）。创造者决定了一系列行为。结果是，令人惊讶的转变发生了，司空见惯的自制物品成为了艺术品，然后又变回到了寻常的自制物品。我所收到的连锁反应，满足了我作为艺术家的虚荣心。事实上，我认为我的主要成就是战胜了自己的虚荣心：在作品的签名中，我的名字是排在最后的。我看到了项目的潜力，因为它界定了一种独立的方法，并且也作为可见的实物代表了俄罗斯自制物品的水平。

这里所说的方法可以很轻易地脱离我的参与而产生作用。根据这个结果，我将尝试描述筛选物品的标准：

挑选未来的自制物品时，应当考虑现存的藏品（展览等）。其实挑一件自制物品，与挑选某件并不有趣的系列商品，是类似的。

某个自制物品越是不同于超市百货大楼或以往商品市场出售的物品，就越是有趣。

技术上的完美、使用的便捷，与制造的质量无关。

自制物品应当功能齐全，并且不使用模板、量角器等。

如果物品被预订、出售，它就没有任何意义了，因为它遵循了马克思的异化理论（金钱—商品—金钱），因此丢失了自身的个性和光彩。

自制物品应该有一个创造者或拥有一个能够证明物品来源的人（家庭成员、朋友或证人）。

不接受创造者怀有恶意和攻击性的物品。

越少给物品增加装饰润色，它就越是有趣。

除了上述几点，物品的审美范围是没有边界的。

问题在于："这个寻找并呈现物品的过程能够持续多久？"从技术上来讲，过程是无止境的。然而，在现实中，还没等另一个创造诞生，这个方法就会因为缺乏喜悦、惊讶、担心和赞美而不再发挥作用。当新的发现再度激活我的这些感受时，我才能继续寻找和展示其他的宝物。

自制物品是矛盾的产物，创造性的自由精神与具体的需要相结合，就会产生这样的结果。为什么我会觉得它们如此有吸引力呢？因为现代艺术家都是策略的奴隶。他们幻想可以为了纯粹的创造力而牺牲自己，且不用离开艺术领域。但是，你无法既拥有蛋糕又吃掉蛋糕：创造性的行为不需要评估，只有创造性的行为本身就足够了。然而，艺术离不开价值判断（艺术作品的价值）。想要维持平衡，把两者结合起来的愿望是正常的，也是合理的，但这需要放弃对艺术产品的完全控制，并且允许不可预测的事情发生（艺术馆的历史和类似案例）。我的艺术将不可预测的事物、冒险主义的因素联系在一起，我相信自制物品能在（世界）各地随处可见。我从来不曾明确知道自己会发现什么。每个物品都关乎某个具体的人，而创造者并不总是那么容易被发现。我需要他不受大众媒体任何干扰的直接评价。我从来不知道将会有多少人接受我的采访，也不知道我们的访谈将如何展开。重要的是，我们的对话是非正式的，并且我的采访对象不仅仅是临时的或替身，相反，我们不会去找物品的创造者。我的项目需要众人的参与，结果成为了一件集体性的艺术作品：我看到一件物品；第二个人翻译；第三个人帮助确定了地址；第四个人记住了什么；第五个人给了一个电话号码；第六个人说制造者正在度假；第七个人给了我一杯酒，我正在喝酒的时候，一件新的有趣的物件吸引了我的目光；诸如此类。然而，并非每一件我找到的自制物品都能进入我的网站、出版物或博览会。其中的一个筛选标准也同样是合乎道德的，即我不会接受一个有攻击性的创造者制造的东西。如果一个人是封闭的且不愿交流的，我也不会强迫他们交谈。这是他或她的选择，我不希望引起负面情绪。我通常会告诉人们我要找的是什么样的自制物品，以及为什么要寻找，如果那个人很开朗，那么一切会很顺利（多亏了这个项目，有两位没工作的创造者成功找到了工作）。

最后，是一些关于自制物品现象的说法——地理的、历史的，还有社会的特征——作为物质文化的一部分：

亚当和夏娃被逐出伊甸园后所做的第一件事，就是制造获取食物的工具。

无论富人还是穷人，都能创造自己的物件，但是穷人更加经常通过自己的双手来改变周围的物质世界。

对于这一现象，我们既没有定量也没有定性的知识来解释。我所找的物品总是随机地来自我剑走偏锋的研究方法，我没有依托于任何科学数据。

虽然来自苏联时期的自制物品一定具有"苏联"的特征（甚至钉子和螺丝钉都是不同的），但要猜到自制物品来自哪个国家，通常是不可能的，它可能是意大利的、德国的或者西班牙的。

这种现象的价值是否超越了审美？

我还没有透露我的搜寻方法，但它并不复杂。

我搜寻的目的不是收藏或占有物品，而是通过非正式的对话，和同龄人互动，揭示出新的艺术法则来满足我对于生活多样性的兴趣，这些都不是以商业为条件的。藏品、电子数据库和网站，都和它们自身相关。我珍视某个物品，不是因为它的设计或展览价值，而是因为它的存在这一事实。对我而言，最引人注目的是形式的自发创造。

当我展示别人制作的物品时，我的工作到底是什么？它包括寻找物

设计人类学

品，和他们进行对话，并写一篇对作者的采访，"一针见血"地深入这些杰作。显然，最重要的是我对于我所见的东西的强烈的艺术感受，以及我想与观者分享的愿望。我的研究结果总是随机的——"我去没人知道的地方寻找没人知道的东西。"但它们都是有逻辑的，与其遵循"我是个艺术家"这个习语模式，不如创造新的习语——"他是个艺术家"。如果一个艺术家从他自身看不到艺术家形象，反而看到另一个与艺术无关的人，那么就会有源源不断的资源推动艺术的进步。这才是艺术的未来！这就是为什么我展示各种物品，它们简单的外观不足以使它们成为艺术品。这不是作者的观点，而是观者的视角，这使这些物品值得被任何博物馆收藏，作者根本不知道约瑟夫·博伊斯所说的那句"人人都是艺术家"。

自从我发现第一件自制物品以来，已经十五年了。这些年来，我一直在俄罗斯寻找和收集物品。在某个时刻，物品开始找我：那些喜欢我的想法的人开始给我打电话，告诉我他们见过的物品。[2] 终于，我寻找的地域版图跨越了俄罗斯：英国、爱尔兰、阿尔巴尼亚、奥地利、德国、意大利、西班牙、巴西、澳大利亚、阿拉伯联合酋长国、法国、瑞士都把他们自制的珍品送给了我。因此，我收集了大量的物品，我想和全世界分享。同时，我也希望提供给人们机会来提交和展示他们的杰作。在2008年，我创建了一个独立的信息资源——我的项目的线上版本，上传了关于自制物品的各种信息，比如有声故事、所在国的故事、参与者的

2　登陆 www.folkforms.ru。当然，网页制作毫无技术含量，网站也需要重做，但是目前我没有足够的经济支持。

照片、物品的照片。但出于某种原因，设计师并没有为我立一座纪念牌，无论我是否能够为他们提炼出由灵活的、动态的和结构性的理念所构成的免费"矿石"。

为线上博物馆所做的资料准备进展缓慢，目前正在处理 2000 余件来自不同国家的物品。自线上博物馆成立以来，一个有趣的事实出现了：自制物品的制造者是那么真实，他们毫不犹豫地把他们的自制物品公之于众并拍照。相反，那些已经为物品递交了照片并且已经对物品进行美学评估的人，夺走了我们开拓的乐趣。因此，他们的物品对我们而言，就没那么有趣了。除了那些知道出处的物品，有一个"造物启示"目录，在其中，匿名的物品也得以呈现。除了所有物品的完整清单，线上博物馆还具有查询功能，供访问者根据功能、制造者姓名、制造的年份或国家来查找物品。

来自路牌的铲子（弗拉基米尔·阿科契波夫，俄罗斯莫斯科，1998 年）

1998 年 6 月，我在库图索维斯基（Kutusowskij）做街道清洁工。当时发生了什么？莫斯科发生了一场声名狼藉的风暴。我不记得我是否经历过类似的事，那么多的树被连根拔起，屋顶被毁。当街道清洁工要清扫的时候，简直太可怕了。我们工作了九到十个小时，我们不得不把所有这些树枝、横梁、铁片，所有从屋顶掉下来的东西都装上卡车。这真是令人难以置信。我们不停地装车，砍树，清理漏油，直到后来我们没钱再做这些事。我们像傻子一样工作了两个月，只拿到了一百卢布——那

　　　　　　　　　　　　　　　　　设计人类学

又是另外的故事了。

难以想象我们不得不疏散这么多人。我把工具扔上车时，忽然发现手里拿着这个交通标识。我差点把它扔到一边，但它是那么简单，又有点有趣——我想它可以做成一把冬天铲雪的好用的铲子。我锯掉了两个角，然后折出第三个角，再钻出一个洞，用来镶上把手。

看，它成了一把铲子，这是那张图片——一个工人。图片并不重要，但后来，在冬天，当我不得不去清扫积雪时，我开始感激它。后来，我感到厌倦，然后开始垂直地握着铲勺。一些司机减速了，另一些司机则很生气。我两次都奇迹般地活了下来。混蛋！我用这把铲子扫尽了1998年的冬天和1999年初的积雪（见图31）。

电视天线（瓦西里·阿科契波夫，俄罗斯科洛姆纳，约1993年）

他们在宾馆安装了一台无线电发射器，然后，电视可以接收分米波段的信号。这个天线是一个集合天线，但它的主天线不能接收分米波段。他们根本就不在乎，只是后来才在上面安装了一个。《广播》杂志刊登了立体模型，所有的东西都来自它，比如分米波段的图表。我们根据这些立体模型来搭建天线，但你知道，发射器或接收器可以是任何物品。我们用叉子制作成接收器，那样会好得多。然后，我们把它们分开，并把这些铜质的发射器和接收器，做得像是笔刷一样。叉子像刷子，我的意思是它一缕一缕地，像是笔刷毛。就这样，做出了立体模型。在我看来，它运行良好。所以我们很快开始把它们连接到

图 31　弗拉基米尔·阿科契波夫：来自路牌
的铲子，俄罗斯莫斯科，1998 年 © Vladimir
Arkhipov

主天线上，然后将一个混频器连接到集体天线上，当然，分米天线比通过放大器接收信号更好。随后，每个人都扔掉了他们的扩音器。从一开始，效果就显而易见。每个人都想收看圣彼得堡的特别节目。我母亲把叉子放在她的柜子里……哈哈哈！我没买。我母亲在周围一切都走向萧条的时候买了它们。那时商店里除了叉子以外，什么都没有。虽然我们用它来吃东西，但从烹饪角度来说，它们并不好用，但当作天线却十分管用（见图 32）。

儿童的方向盘（阿宾娜·列奥尼朵夫娜·弗奥科，俄罗斯彼尔姆，1978 年 [她的儿子米尔伊哈·特博伊斯基叙述]）

1988 年，当我在斯维尔德洛夫斯克工作时，我制作了这些物品。这是 TU-134 引擎的一部分。这件据说有些缺陷。在我还是个孩子的时候，我有一张能够展开的沙发，连接的部分是一个可以爬上去的台阶。如果你把沙发垫子放在一边，在铰链之间就会形成缝隙。如果插入一根棍子，小孩就能用它当作方向盘。在 20 世纪 80 年代，方向盘是家庭驾驶游戏的不错的选择。我儿子现在在玩那种老式拉达汽车里的真方向盘，不过我很开心能有这种自制的方向盘，我想应该是在 1978 年，我的母亲为我做的（见图 33）。她是怎么从军需用品工厂把这个沙发垫拖出来的，这对我来说是个谜，但它是为我做的，这是一件多么令人幸福的事啊！那儿有很多有趣的金属零件，我可以把它们当成积木，玩上好几个小时。

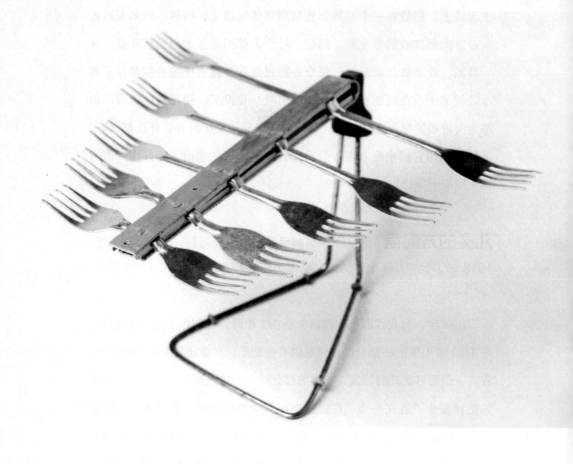

图32 瓦西里·阿科契波夫：电视天线，
俄罗斯科洛姆纳，约 1993 年 © Vladimir
Arkhipov

图 33　阿宾娜·列奥尼朵夫娜·弗奥科：
儿童的方向盘，俄罗斯彼尔姆，1978 年 ©
Vladimir Arkhipov

改装自凳子的临时马桶（阿列克谢·吉洪诺夫，俄罗斯梁赞地区，1990 年［他的侄子弗拉基米尔叙述］）

　　我的祖母住在梁赞附近的一个村庄。夏天的时候，许多亲戚会到这儿度假，顺便来看望她。她孤身一人住在村子里——她丈夫在战后因为受伤，不久就去世了。你能一眼看出这屋子对于曾经有男人居住过的时光的怀恋。村子的厕所大多都在室外而且很冷。冬天的时候，去上厕所相当麻烦——没人喜欢这样。大家都不可避免地想找到不用出门就可以解决内急的方法。在 20 世纪 80 年代末，一个从图拉来的亲戚连续好几年夏天都来探望祖母。他们叫他莱斯察叔叔，他已经退休了。有一次，他带着一把多层胶合板的凳子来了。他说他装修了他的公寓，而且想要帮祖母改善生活。一开始，我们都不懂为什么他要带着这把坐凳来，不过后来很快他就做了一个非同寻常的创造。他做了什么呢？那时，祖母的女儿，也就是我的小姨，带了四把凳子来，因为村里的小卖部并不卖凳子。这个莱斯察叔叔拿着其中一把凳子，便消失在谷仓里忙去了。过了几天，他给我们看了这个结构：他把马桶座用大头钉固定在了凳子腿上，橡胶沙发垫使座凳保持在水平的位置。你可以很容易地打开座凳，然后在下面放一个桶（见图 34）。冬天不用出去上厕所了——家里就有个舒服的马桶！他是在 1990 年做这个凳子的。后来，祖母一直用这个"凳子"，直到 1995 年去世。

　　　　　　　　　　　　　　　　　　　　设计人类学

图 34　阿列克谢·吉洪诺夫：改装自凳子
的临时马桶，俄罗斯梁赞地区，1990 年 ©
Vladimir Arkhipov

巴拉莱卡琴（斯文·胡内莫德尔，俄罗斯阿尔泰地区，2003 年）

那时我和我的妻子正在她的老家西伯利亚蜜月旅行，去拜访我的老丈人和丈母娘，但我身上没带吉他。与此同时，我妻子正在拍电影，我负责音乐部分。我没法把吉他放在行李里随身带着，而且我知道这不会是一件好事。我把自己锁在洗手间里，里面有一种类似谷仓里的木橱柜，然后我的老丈人敲门并喊道："你带的那是什么？为什么不出来啊？"我心里想，或许我能找到一些东西捆起来。在洗手间里，我找到了一个真正的锡罐，是俄罗斯制造的，还有一部分旧的盒式录音机。我用螺丝刀在罐子上戳了几个孔，到了晚上，我萌生了用这个罐子制作出一点音乐的想法……

在这部电影的首映式上，我的妻子本应该说点此时此刻的想法，但我站了起来，用这把自制的吉他弹了起来。我曾在塔什达戈尔唯一一家音乐酒吧里打赌赢了，舍妮雅打赌我不能用这把吉他来弹《加利福尼亚旅馆》这首歌。它变成了一把四弦吉他——或巴拉莱卡琴（一种俄式三弦琴），我们这么叫它——但有一根的弹法不一样（见图 35）。

带手工拉杆的行李箱（弗拉基米尔·阿科契波夫，法国波尔多，2009 年）

在波尔多机场，当我拿回我的行李箱时，箱子的拉杆已经坏了（见图 36）。在机场，我给法国航空写信，要求他们赔偿我的损失。行李服

图 35　斯文·胡内莫德尔：巴拉莱卡琴，俄罗斯阿尔泰地区，2003 年 © Vladimir Arkhipov

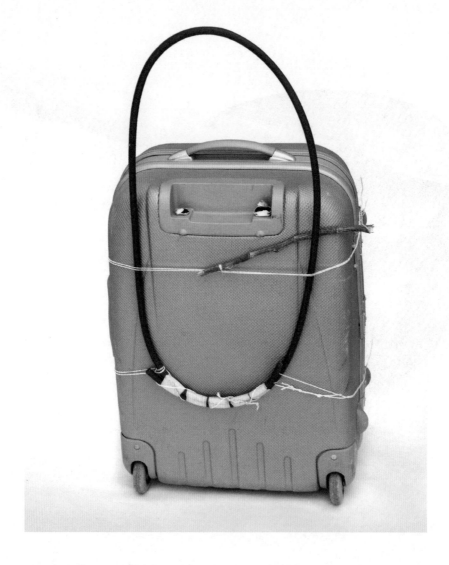

图 36 弗拉基米尔·阿科契波夫：带手工拉杆的行李箱，法国波尔多，2009 年 ©
Vladimir Arkhipov

务处的工作人员说，我能得到赔偿或换一个新箱子的可能性微乎其微。而站在我的立场的博物馆员工则说，我可能需要等两周。后来我带着翻译去了法国航空的总部，那里的人同情地听完我们的遭遇后，把公司的地址和联系电话给了我们。这件事说明，这家公司就是一家商业公司，在这里，每种特定情况都有相应的处理办法。一个法国航空的代表干脆建议我以后不要再买带拉杆的箱子了……

任何一个买过带轮子和拉杆的行李箱的人，都很难想象如果没有了拉杆，行李箱该怎么使用。我现在该如何搬动这个重20公斤的箱子？在我住的房屋院子里，有一家废弃的工厂，厂房窗户带着很旧的铁栅栏，有些还坏了。我掰下其中一根，把它弯成椭圆形，然后用胶带把两端缠起来，做成把手的样子，再用绳子将它捆在行李箱上。当绳子缠住一根木棍并被解开时，拉杆通过"连接、调动、固定"这三种方式得以使用。

参考书目

1. Akhmerova, N., ed. (2011). *Vladimir Arkhipov—Functioning Forms: Notes on the Swiss Collection of Vladimir Arkhipov*, Zurich: Textem-Verlag.

2. Arkhipov, V. (2003). *Born out of Necessity: 105 Thingumajigs, and Their Creators' Voices, from the Collection of Vladimir Arkhipov*, M. Typolygon.

3. Arkhipov, V. (2006). *Home-Made: Contemporary Russian Folk Artifacts*, London: Fuel Publishing.

4. Arkhipov, V. (2007). Design del popolo: 220 inventori della Russia post-sovietica, Milan: ISBN Edizioni.

5. Arkhipov, V. (2012). *Home-Made Europe. Contemporary Folk Artifacts*, second edition, London: Fuel Publishing.

6. Knack, H., ed. (2003). NOTWEHR. Russische Alltagshilfen aus der Sammlung Vladimir Arkhipov, Krems:Factory—Kunsthalle Krems.

7. Sofronov, V., V. Misiano, H. Stegmayer and I. Truebswetter (2004). *Vladimir Arkhipov: Folk Sculpture: Archäologie der russischen Alltagskultur*, Rosenheim: Kunstverein Rosenheim.

戴安娜·扬

10

给汽车上色

澳大利亚西部沙漠东区的汽车定制

阿南古族人与其他生活在澳大利亚西部沙漠地区的人们，用物品，包括消费品在内，来实现各种联系的物化。色彩是一种展现活力的方式，而生活在西部沙漠地区的人们，把汽车、引擎和电池视为活力与力量的化身。

在这家埃纳贝拉[1]的商店里，我和一位排队付款的顾客聊起了他的车。今年早些时候，他和妻子开着一款金色的轿车——福特猎鹰。在那之前，他开过一辆白色尤特（Ute）[2]。我有好一段时间没在路上看到过尤特了。今天，他开的这辆车，车顶是白色的，发动机盖是白色的，车门也是白色的。汽车前面板内的车灯是橙色的，与汽车面板的其余部分的色调相似。我告诉他，这款车看起来相当有派头。他说，在一次车祸中他"差点被尤特车劈成了两半儿"，所以才买了这款新车——他把金色福特猎鹰和白色尤特合成一体了。

本文主要涉及生活在西部沙漠地区的阿南古族人[3]（皮坚加加拉人和杨固尼加加拉人）定制汽车的做法。西部沙漠地区因远离澳大利亚南部和东部海岸的人口中心而被称为"偏远"地区，并且基础设施匮乏。阿南古族人从20世纪60年代初起就是狂热的汽车爱好者[4]，他们喜爱改装汽车，在改装时追求文化上的一脉相承；而汽车视觉上引人注目的特点在于汽车外表的对比色组合。

1　埃纳贝拉（Ernabella）：阿南古族的部落氏族之一，位于澳大利亚南部的皮坚加加拉地区。
2　"Ute"是"Utility Vehicle"（多功能汽车）的缩写，指后面带有开放式托盘的驾驶室。
3　"阿南古"意为"人"，这个词已经成为这群人用来称呼自己的方式。
4　直到1961年，皮坚加加拉人才拥有一辆汽车，它是通过钻井合同购买的（Dunlop，1962；Edwards，1994：148）。

图 37 （上）家乡的汽车 ©Diana Young
图 38 （下）埃纳贝拉的蓝白车 ©Diana Young

这种定制在很大程度上可以被看作是基于现实需要。在坑坑洼洼的土路上行驶，或是在丛林里穿越，玩追逐游戏，都会给汽车带来损伤，如：轮胎爆胎、碎裂，电池松动或压扁，发动机过热。此外，沿途的加油站很少，汽车经常耗尽燃料。汽车的磨损破旧可能也源于人为因素，如：人们坐在车上或者孩子们会爬到车上，这些都可能使嵌板压得很紧，造成车门或引擎盖无法关闭而需要更换。

在早期的"第一次接触"时期，金属是一种比殖民者更早落户的物品之一；原住民回收了迁徙者留下的物品，然后制成斧头，用来买卖。19世纪70年代，为了连通阿德莱德和达尔文两地，人们搭建了一条电报线路。原住民为了创造和革新技术，把从木杆、陶瓷变压器和铁脚板这些欧洲技术成果拆卸下来的材料，制成斧头和矛头（Jones，2007:116–117）。一百多年之后，原住民的后人仍然珍视从商店里买来的那些用来劈柴、雕刻的金属斧，但他们却以另一种方式看待汽车的物质性。

在相对干燥的沙漠地区，金属的使用寿命长达数十年，几乎比其他材料都要长；尽管个别汽车的寿命似乎很短，但它的零部件，特别是车身，经久耐用，可以回收利用。一旦汽车因无法正常工作而"报废"时，便被驶离道路或被拖回主人的家院，在那儿也堆放着不少其他汽车的残件；或者它可能像社区汽车垃圾场中的其他废弃车辆一样寿终正寝了（参见Young，2001）。这类汽车垃圾场里堆放着大批车辆。被废弃在路边的汽车可能会变成路标，但如果在某种程度上它们遭受了毁灭性的事件——通常指涉死亡——汽车或被烧毁。就像与我在商店里聊天的那位男士所描述的那样，所有的这些报废汽车都被阿南古族人简单地再利用，制造出混合动力定制汽车。正是汽车的颜色使它们成为富有表现力的交通工具。喷印了红色、黄色或绿色这类明亮色调的汽车极受人们的青睐。1997 年,我在一个社区的汽车垃圾场里看到过很多粉色、紫色和橙色的汽车。色彩鲜艳是年轻人的汽车的特点,目的是吸引女孩子。年纪较大的男性,也许会因爱情或政治目的而痴迷于这类汽车。这些重新上了色的汽车,给更多"健在"的汽车提供了它们所想要的零部件。

走近汽车

大约在 1930 年至 1970 年期间,阿南古族人来到配给站、铁路专线和传教地,告别了狩猎者的生活,前往那些被后人称为"社区"的"制度化的村庄"(Peterson,2000:206)。1937 年,"埃纳贝拉使命"由长老会使团委员会确立,是这些村庄中开明的政权,这些村庄鼓励阿南古族人一年里要通过各种方式——如差遣各种进口的驴、马和骆驼等牲畜——返回故土(Hamilton,1987)。从 1940 年至 1970 年期间,西部沙漠地区的人们第一次使用动物作为交通工具,直到很多人真正拥有汽车。原住民驱车能去更远的地方狩猎,但社交范围的扩大才标志着汽车时代的到来。

汽车让一切新的活动皆有可能,而且还扩大了现有活动的范围,比如,宗教仪式、基督教服务以及从梦想中衍生出来的各种传统仪式。在爱丽斯泉镇——澳大利亚中部城市中心——举办了原住民的足球比赛和体育嘉年华,邻近的居民也蜂拥而至。居住在北部的沃勒皮里原住民只有驱车方可前来参加这些比赛。体育嘉年华是许多来自不同文化、说着不同语言

设计人类学

的沙漠民族，跋涉数百公里，聚集一堂所进行的活动。社区之间可能存有沙文主义竞争；在社区加油站的汽油泵上，甚至有时在汽车上，涂有足球队的颜色。但是，任何旅程或事件都很少出于单一的原因。男孩的入会仪式，在一定程度上是来自体育嘉年华的社交活动，他们的社会影响力和活动范围的扩大应归功于汽车（参见 Peterson，2000）。当地的足球比赛也是只有男性参加的其他仪式的"前奏"（Peterson，2000: 211；Young，2001）。

21 世纪以来，在席卷西部沙漠地区的丧葬文化中，汽车不可或缺。阿南古族的皮坚加加拉和杨固尼加加拉地区，已不再为乘客提供航空客运服务，它距离最近的爱丽斯泉镇大约有 450 公里。不过，该地区近来开通了"丛林巴士"服务。简而言之，私家车给人以一种自主性和力量，它让人们穿越沙漠文化，扩展社交网络，在那里人们仍然致力于通过与他人的关系网络来进行自我定义，与此同时，重视个人的自主性（Myers，1986；Peterson，1998）。但购买汽车并非不用考虑人力成本，许多人丧命于严重的车祸，而且年轻人在公共道路上会因违章驾驶而入狱。

色彩斑斓的商品

阿南古族人到达这些定居点时，看到的商品不仅样式新颖，而且色彩艳丽。第二次世界大战后，工业化的世界爆发了一场色彩革命，随处可见彩色塑料制品、层压板、合成染料和织物。对于许多澳大利亚人来说，这些色彩在室内装饰中极其醒目，令人愉悦，即便在美国人和欧洲人看来也是如此。1959 年的《理想家庭》（*Idea Home*）杂志称，一种"清新的、完全不同的颜色和设计"的塑料层板，为家装增添了"迷人的元素"（引自 Shove etc al., 2007: 108）。

20 世纪中叶，从丛林狩猎来到教会、城镇和养牛站的原住民，忽然一下子跨入了一个随处可见新颖多样的商品世界，即便是在遥远的澳大利亚内陆地区，也同样如此。澳大利亚普通老百姓希望将怡人的彩色商品作为家居装饰品，与此同时，埃纳贝拉教会传统的树枝避难所——直到 1971 年原住民都在此居住——的屋顶是用三齿稃草、防水油布或铁皮覆盖而成的，空间局促。阿南古族人在露天的木柴堆旁烹饪，像现在大多数人一样席地而坐，先贤们创造与耕耘的能量和精神，就汇聚在这片热土家园之中。

阿南古族人最初渴望的是适合随身携带的彩色布料、毛纱、染料和油漆等这些新奇之物（Young, 2010）。正如美国雕塑家唐纳德·贾德（Donald Judd）所写的，如今的色彩已成为环境中的"视觉垃圾"，大都市的居民很难超越主观武断与肤浅的层面来看待色彩（Judd, 1994）。原住民运用色彩斑斓的物象模仿甚至强化这一物产富饶的世界，他们创造的艺术魅力四射，而人们很难想象得出这一切。

在阿南古族人看来，这块土地是创世祖先的力量所展现的地方。先辈们通过他们的活动塑造了大地和天空的特征，而这些行为在英语中被解释为"做梦"。然后，他们降落在地球（或有时升上天空），直至今日。创世祖先在旅行并与其他事物纠缠在一起时，以动物、鸟类、人类等多种形式现身，而且常变换形式。

如今，人类在许多方面显现出祖先的力量，其中之一便是身体的能

　　　　　　　　　　　　　　　　　设计人类学

力——人、动物、鸟类、植物或国家——改变其表面质量。雨后，土地表面发生了变化，红沙土变成了绿色，长出了新叶，接着，花朵的颜色可能出现黄色、紫色或粉色，随着所有的植物都结出了种子，地面也发生了进一步的变化。可食用的水果和种子通过颜色变化来改变其表皮，女性将其理解为一种富有节奏和可预测的序列、一种知识的形式。对于原住民来说，新定下来的彩色事物有一种"魅惑技巧"（Gell, 1992），它们提供了一种途径，能够让造物的先贤已有的想法和关联具体化，并得到进一步发展。迄今为止，这种方法只限于稍纵即逝的风景和苦心营建的仪式过程中。阿南古族人在各种各样的地方使用彩色材料，以迷惑一个又一个的外来者。只有在艺术品市场上，他们才会故意用色彩来吸引买家、外人和非原住民（Young, 2010）。

给汽车上色

色彩总是在今天人们参加时尚社交活动时被涉及，无论是着装还是汽车，都要得体恰当。然而，虽然越来越多的民族志的著作关注到汽车对澳大利亚偏远地区原住民的影响，但只有少数研究涉及汽车的物质性及其设计（Hamilton, 1987；Myers, 1988；Peterson, 2000；Stotz, 2001；Raydemon, 2006）。人们活着，会始终关心和保护着土地、国家，这一点亘古不变，而从商店里买来的商品——一个玩具，或是一把用来拧紧车轮螺母的扳手，或是一辆汽车——或被埋在地下，或被人损坏而不受惩罚。以局外人的标准来看，阿南古族人对待物品并不那么小心翼翼。

原住民生活的评论者认为，这些东西，包括西方工业生产的商品，只是用于维持亲缘，是可以随意丢弃的。也就是说，如果有人借亲戚和朋友的名义向你索要一些东西——食物、钱、衬衫、汽油、汽车——你就得给他们，否则就等于否认你与他们之间的关系。这被称为"需求共享"（Peterson，1993）。拥有一辆能去任何地方的四轮汽车，会不断地招致别人的诉求（Stotz，2001；Austin Broos，2006，2009）。要消除共享财物所引起的紧张关系，最好的解决方案，以汽车为例，就是把它们处理掉（Myers，1988）。

这种处理商品的方式证实了这样一种观点：与人际关系相比，工业化生产的西方产品对生活在沙漠地区的人们来说并不重要。这种观点也与西方的主流观念不谋而合，西方认为没必要为了强调事物的物质属性而忽略了人（Miller，2006）。在浪漫的大众话语中，原住民往往被认为是只注重灵性世界而不关心物质世界。然而，许多澳大利亚原住民过着极度贫困的生活，需要购置更多而不是更少的物品。对他们来说，灵性并不一定与物质性相对立。

阿南古族人通常对商品、货币保值没什么兴趣，因此，他们对消除物品，特别是汽车的物质属性，以澳大利亚或美国文化的方式来维持物品的市场价值也不感兴趣，那种方式的目的是消除人们及其物品活动的痕迹，从而保持物品作为商品的潜力（Spyer，1997；Young，2004）。相反，阿南古族人的目标是累积这些痕迹，作为积累社会相关性的标志，而不考虑货币是否贬值（Austin-Broos，2006）。

阿南古族人会专门和他人商量如何改变汽车的外观，他们承认社交

　　　　　　　　　　　　　　　设计人类学

生活的过程也会改变汽车。由于汽车是二手的并且是定制的，所以表皮由手工制成，这与机器制造的那种光滑相反。车上用有图案的织物屏风来遮挡，没有玻璃车窗，车身的面板有时是手绘的，甚至车辆的表皮和车内其他碎石花卉彩饰也是手绘的。所有这些都被认为是汽车的一部分。在这里，物品的耐久性并不重要。物品闪着光芒在特定的时刻进入人们的视野，在特定的地点、旅程或事件中扎下根，一旦结束，就被遗弃。

荷兰设计师马丁·巴斯（Martin Baas）通过设计家具来探究为何人们没有将灰尘视为物品的一部分：为什么要将其擦去？同样，一些建筑师在他们的建筑物中使用了反现代主义的材料，这些材料就是为吸引灰尘和藻类而设计的（Kaji-O'Grady，2010）。这些方法暗指对待"自然"或者时间和死亡的某种态度。但是，阿南古族人喜欢开车，是因为这代表着汽车被彻底社交化了（Stotz，2001；Austin-Broos，2006，2009）。不过，最常见的一种汽车颜色，是澳大利亚中部地区尘土的颜色——具有金属质感的金色、铜色或米色，看上去像是在红土路上行驶了很久。

流程色

"Walka"一词来自皮坚加加拉和杨固尼加加拉地区，意为"有意义的标记制造"或"设计"，阿南古族人在蜥蜴的皮肤、衣服、汽车上寻觅这一踪迹。在这一方面，天然材料与人造材料没什么不同。任何对比，即使只是"更密集"的条纹或修剪，都比那些纯粹的单色更受到人们的青睐。汽车的反差越大，越被人们视为"炫"。比如，我的同伴曾这样评价一款我很欣赏的带灰色条纹的白色轿车："只有一点点炫。"就是因为它的设计对比反差不够大。

色彩高亮度或者对比色的组合，能够显示事物的效果和"炫"的象征意义。正如灌木的果实要历经众所周知的外观阶段，女性艺术家在绘画中将其表现为肤色的不同阶段一样，车主对车身会进行一系列的改装（Young，2010）。这可以通过重复使用报废车辆的面板或在现有的面板上涂漆来实现。在被送到废旧汽车回收站之前，任何一辆车都可能经历"多次车身改造"。

比如，1997年3月至11月期间，玛利亚和丈夫朱尼尔曾有过好几辆车，他们对每辆车都做了快速改装。1997年5月，他们开的是鹦鹉绿的福特轿车，车门是白色的；到了7月，这辆车被换上了新的黄色引擎盖；8月中旬，这辆车被规规矩矩地停在他家后面的汽车垃圾场，随后，朱尼尔开始研究一辆蓝色汽车的引擎盖，车顶是白色的；10月，这辆车又寿终正寝，几周后，他们与另一个家庭换了车，用这辆白色轿车换了一辆金属蓝轿车。

一位人类学家与赫曼斯堡的阿伦特原住民——他们的移民史与阿南古族人不同——合作，认为现今的物化[5]是通过亲缘关系来实现，而不再像过去是通过国家实现的（Austin-Broos，2006）。在埃纳贝拉周围，人们确实通过与土地的关系来定义自身与他人的关系，尽管这些关系现在

5　例如，2010年澳大利亚一家妇女杂志刊登的关于Nissan Micra的广告，展示了不同颜色的汽车——"11种时髦颜色"，就像年轻女性手指上的戒指。这则广告展现了一种通过对一辆彩色汽车的个人选择来将自己物化的方式。

可能以不同的形式呈现。当涉及定义他们自己属于哪个国家时，他们居住的村庄可能成为许多年轻人优先考虑的地点。距离居住地最近的"祖先梦想之径"（The Ancestral Dreaming Track）将成为他们身份的主要标识，这取决于他们的性别。对于老年人来说，他们对孕育他们的生命、诞生或成长之地的依恋，决定了他们与特定祖先的关系。阿南古族人与其他生活在澳大利亚西部沙漠地区的人们用物品，包括消费品在内，来实现各种联系的物化，这些物品的颜色体现出许多微妙之处。色彩是一种展现活力的方式，而生活在西部沙漠地区的人们，把汽车、引擎和电池视为活力与力量的化身（Stotz, 2001），这既传达了信息，也不乏个性。汽车的颜色可以表达车主自己对社区、国家和亲缘关系的物化，甚至还有个人自我表达的空间，但是得在文化认可的范围之内。

车身的外壳就像从内部展开包裹的外衣一样，在它行驶中或停车时，外表被改变的信号会不断向外界发出。人们会根据车的颜色来称呼车主，比如，一个开黄色丰田车的人（Stotz, 2002：216）。人与车的身份识别是相互的。即使汽车明显被改装，其面板与原来颜色不匹配，识别颜色还是可行的——"那辆红色的"或"那辆黄色的"——永远不会变。阿南古族人认为，改装一辆车的变化可能性，与他们加工灌木果实、营造景观或人体彩绘没什么两样。人们可以重新命名改装之后的事物，例如，"白"灰棕色树皮。人们对于永恒的理解顺应了变化。

汽车的颜色或许是有关信仰和实践的一种陈述，或许是对特定地点的识别。最常见的蓝白色组合（通常是一辆原本带有白色替换面板的蓝色车）是基督教信仰的宣言。基督教也是以大地、天空为主题，还有耶稣和阿南古族人的魔鬼的行踪。在西部沙漠地区的大片土地上，人们用红色和黄色标识象征着燃烧的梦想，这种用于面板的颜色组合有时也出现在轿车上。

如上所述，足球队的彩色汽车，有时会涂上三种颜色来匹配足球的装备。有一支当地原住民社区足球队，身穿黑白相间的服装，阿南古族人在某些宗教仪式上也会使用这种颜色，然而，作为定制汽车的颜色却并不常见。1998年，一辆由年轻男士驾驶的定制雪佛兰——引擎盖和车顶是奶油色和黑色相间，还有一根（最初）纯铬合金的保险杠——在埃纳贝拉与东部原住民聚居地之间兜风。几个月之后，这辆车却停在另一个小型社区的汽车垃圾场里。

一位年迈的长者，在聚居地被公认是地位最崇高的"老大"，他开着一辆老式丰田，车顶的色彩对比鲜明，手绘精致。这些颜色与他家乡的祭祖活动有着很密切的关联。另一辆被隔壁社区归类为"阿南古族"的老式丰田车，是海军蓝，车身板件也是手绘的，而且，原先的蓝色车顶被涂了橙色油漆，整辆车呈现出一种普遍的对比色彩效果。

驾驶汽车是一种无须步行就能与乡村保持联系的方式。汽车不仅通过它与人的关系，还通过它所途径的乡村来实现社会化。汽车、乘客和它所途经的土地之间存在着互惠关系（Young, 2001）。阿南古族人认为，风景总是不断地变化，而汽车也是一种过程性的事物，它被旅程和乘客所改变，同时它也改变了所途径的国家。在这一点上，颜色具有多种可能性。汽车的定制由人与风景的共同参与而实现。西部沙漠地区原住民的这项设计工作，是针对其他人的，目的是物化人际关系网络以及个人

　　　　　　　　　　　　　　　　　　　　设计人类学

图 39 （上）家乡的蓝色丰田 4WD ©Dianna Young
图 40 （下）红白色轿车 © Dianna Young

在其中的声望。对原住民来说，汽车和颜色令人感到新奇。通过色彩材料将机动车吸纳到与其实际机动性相互作用的运动美学中，这一点颇有创意。这是一个赋予汽车以人性的过程。汽车在循环使用过程中积累了社会资本，被废弃物包裹，并呈现出不同颜色的车身面板。简而言之，车身面板越多样化，它就越社会化，也就越个性化。在此，我称之为"定制化"，原住民正在重新设计商品，而不仅仅是令其循环使用。原住民对非原住民事物的使用，是通过其逐步的重新设计来完成的，而这种重新设计只有通过丰富的民族志以及同用户接触才能被揭示出来。尽管汽车的品牌很重要，尤其是对于四轮驱动的汽车（Stotz, 2001; Redmond, 2006），但是，明显社会化的汽车及其所有的细微差别占了上风，使得在产品中保留这些痕迹的想法变得过时了。

附录：正在进行的工作

自本书第一版出版以来的几年里，全球金融危机对南澳大利亚州西北部偏远的本土私有土地上的汽车产生了影响。从 2008 年迄今，乌鲁鲁-卡塔丘塔国家公园的游客人数减少了一半。国家公园门票收入的一部分将发放给那些有资格申请国家传统所有权的原住民，这是用于购买汽车的年度分配款项，预计将提前几个月发放。旅游人数和门票收入的减少，降低了阿南古族人的汽车购买率，随着政府各项规定的实施，比如"救济工作"的变化，人们的经济状况每况愈下。全球金融危机也对本土艺术品的销售产生了影响，价格大幅度下跌，进而导致大多数艺家的收入减少。总的来说，被收购的汽车数量也因这些综合因素的影响而减少。

似乎开车的人变少了。除了周末以外，平日路上的汽车越来越少，外出打猎的人也越来越少，因为越来越多的政府官员认识到时间与工作的重要性。汽油费很难弄到，更不用说汽车修理费了。社区的大多数房屋院子的围墙外面和里面，至少有四辆废弃车，另外两辆正在使用。在发生了几起致命车祸之后，当地居民的人数更少了。在过去几十年里，当地仍留有废弃的汽车，这就是有关汽车设计和定制的考古学研究，除了那些有权拥有该地权利的家庭以外，任何人都不得进入。

20 世纪 90 年代，一些企业计划要在 21 世纪的第一个十年内清除掉废弃车辆，这意味着为原住民创造了就业机会，也增加了收入。然而，新一轮的废弃汽车开始出现，为定制提供更多的零部件。

现在人们驾驶的大多是 20 世纪 90 年代和 21 世纪初生产的二手车，主要是白色、银色、深蓝色或黑色这些全球化"商品"的颜色。这些颜色的车身很容易润饰（尤其是白色），并体现出易于销售的趋势，失去个性化的汽车不利于顺利销售，并缩短了使用寿命（Young, 2004）。阿南古族人对此并不感兴趣，而且，无论怎样，汽车作为移动的机器一旦驶入红土地，它的使用寿命便进入倒计时。通过组合汽车零件来构建对比和视觉复杂性的文化美学仍在延续。2015 年，有几款车在之前的白色车上添加了黑色车身面板。黑色和白色都与死亡和对家人的哀悼有关，同时也是各种橄榄球队的颜色。

有一些男款车的颜色很鲜艳"炫"丽，通常是那些想给人留下深刻印象，想在政治上或性方面张扬强势的男性在驾驶。人们可以在爱丽斯泉镇重新喷涂汽车，并且越来越多的人在这上面花费时间。2015 年，我曾参观过的社区有两款引人注目的男款车：一款是翠绿色的金属跑车，引擎盖上有两条黑色条纹；另一款是亮橙色的金属汽车。后者的颜色给人留下的印象就像是在绚丽的夕阳下附近岩石山脉的橙色。这些颜色唤起了风景的灵性与生机，反过来又反映出其所蕴含的先贤力量。先民的生命力表现在雨后大地上绿意盎然的改造能力上。

与这些夺目的男款车相反的是那些大多是深蓝色和银色的不知名的普通汽车，没有任何粉饰，似乎平时在路上也很难看到，会让人想起老年人的衣着，几乎与大地融为一体的大地色系。在前文中我曾提到，那些开着重新上过色的丰田车的老人已经过世（他们的汽车也已废弃），而新一代的年轻人还在亲戚的院子里辛苦地修理汽车引擎和车身。定制汽车以主人翁的身份与灵魂渗透的大地紧紧相连，深刻地表达了一种自我陈述——大多数阿南古族人对祖国的美丽与活力所产生的绵延不绝的自豪之情。汽车传达了人与土地和亲属之间的关系，并完美地概括了这些关系转变的本质。而汽车作为一项持续进行的作品，也一直处于未完成状态。

　　　　　　　　　　　　　　　　　　　　　設计人类学

参考书目

1.Austin-Broos, D. (2006). "'Working for' and 'Working' among Western Arrente in Central Australia", *Oceania*, 76 (1) : 1–15.

2.Austin-Broos, D. (2009). *Arrente Present, Arrente Past: Invasion, Violence and Imagination in Indigenous Central Australia*, Chicago: University of Chicago Press.

3.Cane, S. (2002). *Pila Ngura: The Spinifex People*, Washington: Freemantle Art Centre Press.

4.Edwards, W. H. (1994). *Pitjantjatjara tjukurpa tjuta* (= Pitjantjatjara Stories) (recorded and transcribed by Bill Edwards), Underdale, S. Austral.: University of South Australia.

5.Gell, A. (1992). "The Technology of Enchantment and the Enchantment of Technology", in J. Coote and A. Shelton (eds.). *Anthropology Art and Aesthetics*, 40–66, Oxford: Oxford University Press.

6.Hamilton, A. (1987). "Coming and Going: Aboriginal Mobility in North-West South Australia" ,in *Records of the South Australia Museum*, 20: 47–57.

7.Jones, P. (2007). *Ochre and Rust Artefacts and Encounters on Australian Frontiers*, Adelaide: Wakefield Press.

8.Judd, D. (1994). "Some Aspects of Color in General and Red and Black in Particular," *Art Forum*, 32 (10):70–110.

9.Kaji-O'Grady, S. (2010). "A Wound to the Head for Undead Modernism", *Monument*, 95: 33–36.

10.Miller, D. (2006). "Consumption", in P. Spyer et al. (eds.), *The Handbook of Material Culture*: 341–354, London, Thousand Oaks & New Delhi: Sage Publications.

11.Myers, F. (1986). *Pintupi Country Pintupi Self. Sentiment, Place and Politics among Western Desert Aborigines*, Berkeley, Los Angeles & Oxford: University of California Press.

12.Myers, F. (1988). "Burning the Truck and Holding the Country: Property, Time and the Negotiation of Identity among Pintupi Aborigines", in T. Ingold, D. Riches and J. Woodburn (eds.). *Hunters and Gatherers 2; Property Power and Ideology*, 52–74, Oxford, New York & Hamburg: Berg.

13.Peterson, N. (1993). "Demand Sharing: Reciprocity and the Pressure for Generosity among Foragers", in American Anthropologist, 95 (4) : 860–874.

14.Peterson, N. (1998). "Welfare, Colonialism and Citizenship: Politics, Economics and Agency," in N. Peterson and W. Sanders (eds.). *Citizenship and Indigenous Australians*: 101–117, Cambridge & Melbourne: Cambridge University Press.

15.Peterson, N. (2000). "An Expanding Aboriginal Domain and the Initiation Journey", in *Oceania*, 70 (3) :205–216.

16.Redmond, A. (2006). "Further on up the Road: Community Trucks and the Moving Settlement in Moving Anthropology", in T. Lea, E. Kowal and G. Cowlishaw (eds.). *Critical Indigenous Studies*: 95–114, Darwin: Charles Darwin University Press.

17.Shove, E., M. Watson, M. Hand, and J. Ingram (2007). *The Design of Everyday Life*, Oxford & New York: Berg.

18.Spyer, P. (1997). "Introduction in Border Fetishisms", in P. Spyer (ed.). *Material Objects in Unstable Spaces*, 1–11, New York & London: Routledge.

19.Stotz, G. (2001). "The Colonizing Vehicle", in D. Miller (ed.), *Car Cultures*, 223–244, Oxford & New York: Berg.

20.*The Aborigines of Australia*, 1962, film directed by I. Dunlop, Sydney: Commonwealth Film Unit (Screen Australia).

21.Young, D. (2001). "The Life and Death of Cars; Private Vehicles on the Pitjantjatjara Lands South Australia", in D. Miller (ed.), Car Cultures, 35–58, Oxford & New York: Berg.

22.Young, D. (2004). "The Material Value of Colour; The Estate Agent's Tale", *Home Cultures*, 1 (1): 5–22.

23.Young, D. (2010). "Clothing in the Western Desert", in Joanne Eicher (ed.). *The Encyclopaedia of World Dress and Fashion*, Oxford: Berg.

24.Young, D. (forthcoming). "Colours as Space-Time", in D. Young (ed.). *Re-Materialising Colour*, Wantage: Sean Kingston Publishing.

11

互联网、
议会与酒吧

当下物联网的倡议者和设计师们通常会空谈希望建立起一种全新的平等主义，这种平等主义源于对人类与建筑环境关系的重构。不可否认，人类学家在分析时必须考虑这一设想，但在分析型的救济里也同样需要。根据经验来看，这是一种更狂野、更原始的地带，就像任何人都会经常光顾的酒吧一样，充满了粗人、吹牛大王、机会主义者，还有无赖。

我想讨论一下工业设计领域最近的一场运动，它可能对人类学研究物品文化有用，不过我先简单介绍一下我的车钥匙。一年多之前，当我写作时，由于我个人状况的变化，需要依赖于开车上班通勤。这一变化带来的一丝希望是，它给了我一个机会，让我能做一度想做的事情：尝试驾驶一种新型节能汽车。如果非要我猜的话，和大多数西方人相比，对我来说想买辆新车的念头并不常见，在我的前半辈子只出现过一次（1989）。我知道了很多不曾知道的事情。经过一番考虑之后，我选择了一种全新的纯电动模式，虽然它并不是很"便宜"，因为它本质上是一种微型汽车，是受惠于我居住的州的巨额税收鼓励，平均下来每个月"燃料费"（电力）只有 20 美元。除了核心技术创新之外，这辆车还包括了许多让我感到震撼的设备（因为过去常常坐的是旧车、破车），它们在技术上非常独特：座椅加热器、传感器、卫星无线电、与我的智能手机无线连接，等等。其中一项"创新"——启动钥匙——已经证明对于我而言，是关于汽车和驾驶习惯认识的一个意想不到的挑战。

　　用不那么专业的话来说，当这把钥匙在汽车附近的时候，汽车是"知道"的。[1] 就其本身而言，这并不一定是一个大的改变。我和我的搭档拥

1　讲得更技术一点：自 20 世纪 90 年代中期发明了这种系统以来，其通常被称为"智能钥匙"。当按下"启动"按钮或门把手、后盖上的按钮时，车上的收发器发出信号，在大约一米的范围内搜索正确型号的钥匙。如果钥匙发出反馈信号，并且这个信号是恰当的（必须预先在汽车上注册），汽车就会启动，或在适当的一侧打开车门。

有一两辆带钥匙的"远程遥控车",让车主可以从远处打开车门,这把钥匙也有同样的功能,但它还有很重要的不同之处。想要打开车门或后备厢,你只需按下门把手上的按钮就可以了。从肢体层面来看,当你接近汽车时,不用在口袋或钱包里找钥匙,只要它们"在你身上某处",就可以打开车门了。同样的道理也适用于"发动汽车"。当钥匙"准备就绪"时,你只需把脚踩在刹车上,然后按下电源键,而不用把钥匙插入锁式开关中。我天真地以为这看起来似乎是一种不受限的便利,但我的经历却半喜半忧。虽然我尽力了,但我还是不能完全摆脱焦虑,因为直到我试着开车门,才能确定自己是否把钥匙"带在身上"。抽象地说,它改变了从一个物质机械装置进入到一个环境场的"身份验证"的方式,我是有进入汽车的权利的。让事情变得更复杂的是,汽车"知道"很多别的事情:钥匙是在车里还是在车外;钥匙最靠近哪个车门;当一个成人坐在前座的时候。[2] 这种传感能力让汽车禁止在钥匙座(可能是安全措施)的对面打开门锁,而当钥匙在里面却没有成人在前座时,则会锁住门锁。我的汽车导购员显然不太清楚这一设计的所有指示含义,他放弃死记硬背,找到了一个合理的设计理由——它能防止你不小心把自己锁在车外面。

美国中产阶级生活的发展对人与物的关系的重构产生了相当重大的影响。阿帕杜莱(Appadurai, 1988)很早以前写道:"当今强大的趋势是把事物的世界看成是懒惰的、无声的,它由人和他们的话语所决定,而且可以为人所知。"然而,有些时候,我的搭档给我的实验提供了帮助,

---

2 然而,这些传感器发出的信号还可能满足其他功能,正如我们在这里所描述的。

设计人类学

寻求某些能帮助我理解——谁"说"或"知道"什么东西在什么时候出现——的线索（她有备用钥匙，汽车显然可以区别出这把备用钥匙与第一把钥匙——复杂性倍增）。这也许并不是阿帕杜莱在头脑中想象出的那种"发声"对象，但很明显，我必须像接受按摩一样，逐渐适应规范的驾驶汽车的习惯和姿态。

物联网

这篇短文是为这些时日的探讨——通常被称为"物联网"的事物，究竟指什么——设置了一个语境，一种工业设计和数字媒体的混杂融合，也许是最新的技术命运实体，一直以来为我们现代人（"电气时代""太空时代"、绿色革命和类似的想象）做贡献。即使我对于这一新技术浪漫主义幻想的态度既非褒奖，也非歉意，读者们也不会感到特别惊讶，不过已经有很明显的迹象表明，它有了广泛的消费群体，我想，这将会激发大范围的关于物品文化的人类学洞察。在这里，我的目的是除了试图阐明这一发展与设计研究的相关性之外，还要指出，对于人类学来说，关于物的话题并不新鲜，但在主流的工业社会中进行普及，却是可能的。

大多数人——并不只是现代西方人，而是地球上大多数的人——都会认同消费技术，例如手机、社交网站和电脑游戏，是一种强大的力量，它们正在塑造我们对于世界的理解和与他人交往的认知，这并不是什么非常大胆的猜测。由于这种"消费水平"的通信和媒体设备是最广泛的人群所最为熟悉的，因此在某种程度上，这种技术在人类学研究中的地位也最为突出。在大部分情况下，它们都是清晰的、相对可理解的，它们被设计成供"普通消费者"使用。通过将互联网组织为中介层，我们可以顺理成章地将这些技术作为"人与人"的层面，其中涉及的人造物的首要目的就是"人与人之间的交互和交流"。

然而，互联网被忽略的这部分，正在以惊人的速度增长。各种各样的行人活动都会留下电子痕迹——不只是正式的"交流和娱乐"，还有商业交易、消费、公民演说、体育运动，等等。从二维码和电子标签到环境感应器、数据存储、移动电话和 Wi-Fi 收发器，以及高级嵌入式电脑，数字技术如今已经在诸多工业领域中广泛应用，将物质产品同电子数据库、产品历史和使用群体连接起来。当然，在这些技术的早期表征中，都是孤立存在的（例如，GPS 接收器），但它们开始加速激增，主要是由于"依附"在原本毫不相干的设备——手机、数码相机等上而被使用。这使得"位置感知"和"数据日志"成为许多物品和空间的默认属性。举例来说，"智能家居"和"联网汽车"领域的增长是有增无减的。在这些领域，支持者们会使用网络恒温器、门锁、安全或仪表盘摄像头、车载导航系统和集成数字音频，这些都可以通过互联网获得（或交换数据）。这种情况有一个共同之处，那就是一个人通常被假定"在循环中"，控制或消费具有即时功能效用的"数据"。我们称它为"人与物品序列"（Human-object tier）。当然，"家"和"汽车"都在浩瀚的人造物世界中享有盛名，它们取代了我们真正居住的世界，也是我们表达自我的演讲台。在此基础之上，有人可能会说，这些都是特例，没有那么容易被宣传出去，更有可能普及的是内置定位接收器的运动鞋，例如，经过特殊

　　　　　　　　　　　　　　　　　　设计人类学

概念设计，这些鞋子所记录的路线对于从事严格规定活动（如慢跑）的人来说有直接的效用（DeNicola，2012）。

然而，正如它的倡导者所设想的那样，物联网仍处在进一步介入的束缚之下。对于物联网设计师来说，他们借助类似奥莱利出版传媒（O'Reilly Media）的"立体"会议这样的场合聚集在一起，"革命性进展"的前景超越了额外的便利或定制的"用户体验"，成为我们与所构建的环境的关系的核心。将这些运动鞋的传感器扩展到其他的模式，从而拓展它们的数据记忆携带数量的清单。它们的"收集"数据功能无论在空间上还是在时间上，可能都被移除了，但没有关系。数据"保留"了下来，同整个人造物的价值融合在一起。为"终端"而做好准备的不再是电子邮件、图像、地图或音乐轨迹的"数据"，而是大量传感日志、状态更新、认证密钥和其他物品的链接。当这些运动鞋"知道"过去的细节清晰可辨时，例如，它们被生产的社会政治背景，它们的故障间隔平均时间，它们的材料的毒性和生物降解性，那些最有可能购买的群体，那些在经济上可行的劳动或贸易协定，等等，它们的本质才会更加明显地显现出来。我们可以将此"数据"称为"人/物品序列"，用一条斜线表示替代的叠加，而不是连字符所表示的意思。在这里，人造物被设计成是向内收压缩的，并将自己描绘成人类关系的中心。有人可能会申辩说，绳结仅仅是一种形态，与它所系的绳子没有本质上的区别，然而这种区别与人类的行动没有更大的关系。同样地，人造物最容易被理解为凝结、绑定，或组织配置人类关系的事物，而对于物品文化的研究者来说，借助工业设计领域来使想法具体化，并通过流行来推进概念，当然不是什么新闻。

具有批判性的人类学家可能会首先观察到这一点，就像它的"革命性的"先例一样，精英们将决定物联网设计在短期内的影响，而对于他们来说，"外部化的成本"、环境危机、社会不平等，以及类似的意外后果，会转嫁给大多数人。另一方面，研究数码文化的人类学家也会意识到，在偏远和发展中地区的语境下，人们感觉到了手机功能的重要性，而这个语境至少在最近几十年里，似乎已经发展得可以媲美发达地区了。在这里，我要再次强调的是，我的具体论点既非批判，亦非提倡，而是指出一场无序的运动已经在不断地延续下去，并建议人类学家如何去理解。在过快地否定物联网爱好者所使用的革命性言论之前，我们可以尝试更全面地描述它的运作方式。从抽象层面（特别是针对在职技术设计师）来说，数字表示逻辑与"各自独立"（和"连续"相反）的数学体系，数据表现为"量"（二进制），而不是像温度或电压那样平缓变化的量。这是一种抽象概念，在硅和微型化电子产品中，材料是通过巨大的全球物流网络获得实体化的。然而，从通俗的话语层面来说，"数字"一词意味着一个相对的历史框架——"实际的"或"模拟的"媒介（如纸张）既陈旧又浪费，"数字"则是新的和高效的。"数字"暗指"信息革命"，是在消费技术和非职业的媒介生产与传播中的加速创新，它关系到传播的民主化、参与性的加强，以及公民生活的振兴。与此同时，也引起了人们对于疏远、家庭生活的固执己见、无处不在的色情和未被制止的偏见的忧虑。它取而代之地掌握了访问实际地点的网络特权，将诸如移动性、跨域性和个人主义等品质，编码为"美德"。"数字化"催生出精确复制的规范、作为属性的"模式"概念、流动的和瞬时的交换，以及复

　　　　　　　　　　　　　　　　　　　　　设计人类学

杂性、短暂性、不可思议性。可以说，由"数字"所代表的合成物产出一种"新有机主义"，它是以半机械人的形象对活的、非生命体的《科学怪人》怪物的再现（Haraway, 1991）。

事物的议会

当然，定期强化"数字"和"物理"之间的定性划分，需要付出不小的努力。从本质上说，它与其他宏大的二元论有着惊人的相似之处，比如拉图尔（Latour, 1993）关于社会和自然的那段著名言论。现代性的一项基础工程，一方面是对社会必然相互依存关系的重新排序，另一方面是前现代主义者所认为的"自然"在后现代时期是不可持续的。我们再也不可能保有那种完整的幻想，即维持当代社会所需的庞大数量的基础设施，通常都与环境后果相分离。这些"纯净物"都不是现代科学所宣称的"自然"，如种族、微生物、基因，与它们的社会环境毫无关联。相反，它们必须被理解为类似的物体，即物品、表述、自然和文化的不可分割的组合，而科学家和其他参与者作为中介或对话者，代表他们发言：

> 让我们再来谈谈这两个代表以及对代表忠诚度的双重怀疑，我们将确定"物的议会"的性质。在它的范畴里，集体的连续性被重新编排了。不会再有更多赤裸裸的真相，也不会再有坦率的公民了。夹在中间的人有属于自己的整个空间……当下，"自然"是在场

的，并为自己代言——以他们的名义发言的科学家除外。社会也是在场的，除了那些自古以来就作为铺道砖的物品……这又有什么关系呢？只要他们谈论的还是同一件事，谈论一个他们创造出的相似的物品，谈论一个"物品话语"的自然社会，它的新特性使我们震惊，而它的网络以化学、法律、国家、经济和卫星的方式，延伸的范围从我家的冰箱跨越到了南极。曾经无处落脚的纷繁纠葛和网络，如今占据了它们自身的整个空间。它们才需要代言人，正是在它们的周围，"物的议会"从此聚集起来。

把这个"议会"（来自法语的术语——"讨论"）的召唤视为一种比喻——一个看似完全不同的人类或非人类演员的网络，一个充满活力的、正在进行的民主进程，一种自我排序和映像。冒着对同源关系过度依赖的风险，就好像当物联网的先驱者们在思考他们的工业设计的巅峰作品时，拿到了在20世纪90年代广为流传的《我们从未现代化过》这本书。物联网中的人造物上印刻着它们的物质依赖性；它们以"链接"的形式介入个体和社区的网络关系中，并为之所用。它们在一定程度上"活跃了"起来，又在一定程度上成为类似的中介，借助文字网络在人与人之间产生相互作用。新的工业生产透明度和它所带来的影响，促成了"社会责任消费"的实现。在这种假设中，特定的乐观主义——一种对技术革命者的特有的乐观主义（也许对科学的批判哲学家或人类学家来说，有点特殊），显而易见，即这些网络上的交流，能够或者将会被比作议会式的讨论。

在具有广泛社会影响的重大科学问题（如疾病传播、核能风险、气

设计人类学

候变化等）的背景下，这可能是合理的。可以说，涉及参与者的群聚效应（Critical Mass）将主要由理解、讨论、决策和关于这些问题的行动来驱动。在这篇文章中，人们的"立场"是什么？父母想让他们的孩子去洗手，是因为那儿的水是一种珍贵的商品？那些消费者完全不确定电力是如何产生的，或者他们为什么要关心？煤矿工人试图赋予所有这些"职业再培训"以意义，却突然间将其视为他们未来不可避免的一部分？他们也将在这个"议会"空间中拥有自己的发言人，但更重要的是，经过公约和规则的制约——有人或许会谈到关于它的时间和内容——那个空间或许能被视为"议会"。

物的酒吧？

让我们暂时转移一下话题，离开"技术科学"的语境，转向人类生活中的日常事物。然而，提及它们的相似之处，"议会"的比喻可能不适合文化研究者，例如，当照片将被自动传输到父母家墙上的网络相框里，或者是人类学家和英特尔的物联网工程师合作，或者是试图通过创意分享网站来了解 DIY 设计社区的聚集，我们对照片所赋予的意义会发生变化。将"物的议会"简单地移植到物联网的背景下，是很有趣的，因为它暗示了"人与物之间的关系变得清晰"的根本潜力，但局限性也很快就显露出来。鉴于这一情况，特别是在这种预期轨迹的初期，人类学家会倾听人们对人造物的看法是有怎样的不同或相同，这和可以讲的故事类型有关。"物"（在物联网的丰富意义上）的角色在被转化为物联网"演员"时被分配，它们通过互联网连接起来并受其影响。

在蒸馏的过程中，这样的物品可以"看"或"听"（比如，记录环境温度），可以"记录"（随时间的变化保持温度），可以"发出信号"或"说话"（定期更新温度），还可以"行动"（关闭火炉）。这种行为模式的控制板适合于各种各样的拟人论（Anthropomorphisms），由用户或使用者来调动"角色"。一串传统的车钥匙即是一种"凭证"，相对来说是"微弱和迟缓的"，但一辆车似乎"意识到"并且能辨认出是钥匙使得它们变成了完全不同的东西。上面提到的智能家居安全装置的例子，可以用"警卫"或"哨兵"来定性，除了信号异常的情况外，它们几乎不会出声。作为"代理"或类似的代理者，经过授权而代你行事的自动机器，近几年来在拍卖和投资网上一直是引人瞩目的一个类型，而遥控机器人领域已经把这个角色类型带入了艺术领域。对于记录如今的名人和其他编辑、处理音频与视频的流行文化流派，切中要害的地方在于网络数据交换中心的蓬勃发展，它们协助整理这些藏品、智能手机、智能笔、泰迪熊"保姆摄像头"（Nanny Cams），以及类似的不显眼的人造产品。它们不只是间谍、偷窥狂、狗仔队的工具，也能敦促演员行使自己的权利。像苹果的 Siri 和最近微软的 Cortana 这样的商业创新，都是字面上"向导"或"管家"的典型案例，其他领域则体现为指南手册、权威指导或个人秘书，它们的作用是帮助人类"访客"或"游客"在这个混乱的异质空间里，在疯狂激增的无序的"物理"或"数字"的事物中遨游。这种关系是存在疑问的。我们可能会扩大清单的范围，但广义的要点在于，要在一定的变化范围内维持人类与建筑环境的长远关系，就必须限制增速。不仅是在理想化的功

　　　　　　　　　　　　　　　　　　　　设计人类学

能中，而且是在实践中，人造物或空间也必须"有意义"。同样，以打字机和电视为参照，电脑也应在家庭范围内被合理地使用。如果只针对特定类别的产品，设计师们普遍采用的一种方法是赋予物品以"角色"，物品文化的分析师在分析这类产品时，可能会通过讲故事和人物角色的方式来获得人类学中跨文化的流畅性。

所以，在我们面前存在一个场景，中产阶级社会的家庭空间的每一个角落，都被网络和数字运算所覆盖。在家里，功率表每次的滴答声或门锁的开启都在提升"自我量化"的可能性（由此叙事得以继续）；每一条高速公路的车道都成为数据交换互利互惠的机会。人类学家即便了解住宅安保、交通流量和碳排放是这个讨论中唯一的共同话题，仍然会感到震惊。那些广告商究竟渴望利用我们什么样的消费习惯？是想要逃避罚单的超速驾驶者，还是暗中偷窥邻居的人？与"议会"的不着边际的隐喻相比，这种方格状的地形与传统的公共场所或酒吧（巧合的是，这是一个被人类学家当作会面地点的地方，至少和出入议会大厦一样频繁）很相似。作为一个理想化的空间，酒吧无疑是一种话语和集体互动的空间，它有自己的一套惯例，甚至有一些关于谁在什么时候该说什么话的规则。然而，通常情况下，那里的社交缺乏正式感和计划性，没那么有计划或"目标明确"。联系通常是偶然的，话题可能涉猎广泛，从琐碎的、粗糙的、耸人听闻的到微妙的、政治上的甚至哲学层面的挑战。少有人倾听和询问，更多的是投飞镖和搭讪。

物的酒吧会在这些方面走在前沿，让微观层面上的物联网的细微交流得以显现，然而，即便是在宏观文化的层面，人们也会察觉到有关的迹象。我们是否可以用一种完全不同的写作方式来介入，一种通过批判性的社会视角来重新映射公共领域（Habermas，1989）和咖啡馆、老式酒馆、新式酒吧（Watson，2002）的"第三空间"？当下物联网的倡议者和设计师们通常会空谈希望建立起一种全新的平等主义，这种平等主义源于对人类与建筑环境关系的重构。不可否认，人类学家在分析时必须考虑这一设想，但在分析型的救济里也同样需要。根据经验来看，这是一种更狂野、更原始的地带，就像任何人都会经常光顾的酒吧一样，充满了粗人、吹牛大王、机会主义者，还有无赖。

参考书目

1. Appadurai, A. (1988). *The Social Life of Things: Commodities in Cultural Perspective*, Cambridge & New York: Cambridge University Press.

2. DeNicola, L. (2012). "Geomedia: The Reassertion of Space within Digital Culture," in H. A. Horst and D.

3. Miller (eds.). *Digital Anthropology*, London and New York: Berg.

4. Habermas, J. (1989). *The Structural Transformation of the Public Sphere*, Cambridge: The MIT Press.

5. Haraway, D. (1991). *Simians, Cyborgs, and Women: The Reinvention of Nature*, New York: Routledge.

6. Latour, B. (1993). *We Have Never Been Modern*, Cambridge: Harvard University Press.

7. Watson, D. (2002). "Home from Home: The Pub and Everyday Life" in T. Bennett and D. Watson (eds.), *Understanding Everyday Life*, Oxford: Blackwell/Open University.

丹尼尔·米勒

12

室内装饰

网络世界与现实世界

当我们意识到网络世界和现实世同样会赋予我们以洞察力时，这无疑是广博的设计人类学的基础：室内设计不再局限于专业知识，它实际上是人的基本属性。

引言

　　住在你家隔壁的玛丽，是一家博物馆的策展人和专门从事室内装饰的设计师，你的确可以说她算是一位艺术家。好吧，可能她并不叫玛丽。事实上，我对于你家隔壁邻居的名字一无所知。无论你是谁，无论你的隔壁邻居叫什么，我都要说服你的是，那个人确实是博物馆策展人和室内设计师，或者可能是一位艺术家。

　　对我而言，我能这么说是因为要遵循这样一个原则，即每个有家可归的人都可以用这些词来形容。在"每个人"中找到"任何人"，并不是件易事，这就是为什么这篇文章是基于一项相当奇特的实验的原因：一个旨在捕捉想法的练习，要举例说明对于这种室内设计和策展职位，所有人的能力都是一样的。基于这个目的，这篇文章中前面的例子都出自同一本著作——《事物的慰藉》（*Comfort of Things*, Miller, 2008）。这本书描述了伦敦南部 30 个家庭的物品文化，这些家庭大多来自一条街道（及其小街）。这 30 个家庭是从参与这项人类学研究的 100 个家庭中筛选出来的。但是接下来，我会把对于这些现实世界的探讨，转向人们是怎么琢磨他们该在网上发布什么内容，因为我们能够看到，对于当今网络生活理解失败的最重要的原因在于，首先没有认识到这是我们如今生活的空间，其次是与策展和室内装饰进行比较，能够有助于理解很多我们公开发布的内容。

作为博物馆策展人的一家之主

提出"我们都是博物馆策展人"这个观点，究竟是什么意思呢？好吧，策展就是对你所拥有的物品负责，并看管它们。做一个博物馆策展人，意味着至少要选择其中一部分物品进行公共陈列，它们会阐明一些主题。大多数情况下，它们都是过去事件的一些历史证据，但也可能是品位的证明，或是艺术家的作品以及一些理念框架。如果一家之主已经从他们的财产中挑出了一些物品来展示，并提供了一些关于如何组织与呈现的想法，那么把一个普通的户主看作一个博物馆或艺术画廊的策展人，至少从比较的角度而言是合理的。

一个物品能被选来进行展示的原因之一，是它已经变得不可让渡（Weiner，1992）。某件曾经只是商品的物品，可能已经被某人所拥有了。然而随着时间的流逝，所有物品自身已经变成了与它们所在的家庭有着深刻共鸣的东西，不仅仅只是一件陈列品，甚至可能是一件潜在的传家宝。从这一点来看，它的不可让渡在于，没有人能出售这样一件东西，它的货币价值不是重点。对于长辈来说，在策展的背后，时间可能才是根源。博物馆实际上仍存在于历史之中。

朵拉的状况就是这样。我们清点了在她的客厅里发现的所有物品，这些物品反映了她的全部生活。其中最让人心酸的是那个大红色的小猪存钱罐，今天她仍装满了 20 便士。当装满到 50 英镑的时候，就可以花掉了——这个日常习惯让她想起原来没钱的岁月。有一张她小时候的照片，自从她父亲在"一战"战壕中被毒气毒死之后，她的日子就变得很艰难。另一张是她当女童子军的照片。她从母亲那里继承下来的只有一张桌子，从她第一次工作开始就被当作缝纫机，还有一个首饰盒，以及过去雇她的那户犹太人家经营的裁缝店里的一块帷幔。有一张六十多年前她第一次为自己做婚纱的照片，近几年的好几件针线活里还能看到与这件婚纱的对比。

虽然她有两枚来自两段婚姻的订婚戒指，但在陷入贫困的第一次婚姻中，几乎没有留下什么财产，只有第一任丈夫去世后政府寄来的慰问信。第二次结婚后，她去了葡萄牙和西班牙，她有一张桌子、一块毯子和一件来自葡萄牙的装饰品。她摆出了一张自己和丈夫在晚宴上的照片，另一张是她丈夫祖辈的照片，以及来自他的家族的首饰盒。自他去世后，她将他们大部分的贵重物品都给了丈夫的家人，并返回英国，取回一些她自己保存起来的东西，其中有她珍视的时髦餐具、蛋杯、来自伦敦高级商店的银杯。从她的小猪存钱罐可以看出她的节俭，她一次只买一件餐具，直到买够五件，经理会免费赠送一件。

她有一张战争期间的救护车服务证和一张午宴厅照片，她后来在那里工作了二十五年，直到伦敦市有了午宴厅，且不再需要用执照。她还有一张拍摄于 20 世纪 60 年代看起来状态很好的照片、一张密友的照片，以及一封来自撒切尔夫人的信、一张在法国度假的照片。无法想象，朵拉想要的是这种总结式的效果，相反，这是"人际关系经济"产生的结果，每一种重要的关系，无论是与人还是与她过去经历的事，最后都指向一到两个对象，因为其他的纪念品在为其他的关系让路。显然，一个人所拥有的关系越多，就越需要在经济表现中把任何一段关系缩减成一到两件完整的纪念品。

家庭物品的策展通常在两个原则之间平衡。第一，以朵拉为例，她认为摆放出来的东西与审美无关，她是根据纪念品的功能得出的逻辑。但大多数年轻人至少会在某种程度上，遵从一种相互竞争的策展原则，即室内设计的强制性。在这条街上就有一些高端设计的案例。声称"没涂彩妆只擦了面霜"的房屋，其原则是物品必须传达活力，而不是成为博物馆。因此，墙上挂的不是像其他房屋里的那些画，而是挂上作为装饰品的衣服，可以经常更换。30条牛仔裤被精心地按照水洗、褪色和破洞处理过的顺序排列。当你走进一个讲究"风水"的房间，类似不加掩饰的宇宙论是显而易见的，它讲述了一种没有感情或其他利益能够破坏平静秩序的生活。实际上，亲戚给的所有的礼物都被小心地收藏在橱柜里或送了人。在这里，灯光、喷泉的声音、岩石和木头，各得其所，以融合化解矛盾。这种"风水"对于他那位当管理顾问的妻子而言，是缓解工作紧张的解药，就像一名以东方精神来化势的针灸师，是缓解家庭主妇工作焦虑的解药一样。

多数人会在传记和设计这两个相互冲突的原则之间做出妥协。通常，核心的关联是，传记并不总是针对某个单独的人，而是指向来自关系中的身份无止境的表达途径。为了抢占这篇文章后半部分的先机，一旦我们意识到家庭装饰主要证明个人是一个"社交网站"时，我们看到的很

设计人类学

多内容都能被破解。例如，迪和其他许多人一样，想要保留一些父母的物品来作为纪念，但又不想它们破坏她精心构建起来的属于她自己的生活的自主权。所以当他们搬家时她带走了一些东西，并一直保留到今天。她没有将这些物品放在房屋里，而是放在花园的棚子里。这个棚子既足够近又足够远，足以证明她希望父母在她的生活中占据的位置。这很关键，因为她一生中培养起来的最稳定的关系都和这栋房子有关。从嬉皮士时代开始，这栋房子就变成了异国情调用品的仓库，这也代表了如今她在处理移民儿童的工作中所反映出的自由态度。甚至连离婚时她的丈夫也知道，他不可能从他们曾经共有的这栋房子中得到什么。房屋里满是她的情感，她在这里哭泣，在这里享受做爱；她可以望着满墙挂着的曾去过的那些摇滚演出的票根。但这里同样也是她的根据地，没有孩子，物品是她关照的对象。这栋房子是连接着情感和实用主义的特殊形式，这是迪的审美形式。

如果作为策展人的朵拉在生活中的每一个阶段都拥有标志着她"社交网站"身份的物品，那么同样的原则就能运用于室内的空间设计上。有一对爱尔兰夫妇，退休前以经营酒吧为生，他们承认展示的照片和图片太多了，甚至开玩笑说没必要再画画了，因为压根看不到后面墙壁的颜色。仔细观察会发现，不同的关系围绕着不同的主题展开，其中一组和他们作为酒吧老板的生活有关，另一组实际是一个宗教图像的天主教圣地；此外，还有一组专属于一些受过教育的亲戚。除了亲属之外，有一小块地方保留着已故顾客的纪念品。人们逐渐意识到，他们中的一些人死后，除了他们最喜欢的酒吧老板，生活中没有人会记得他们。运动、婚礼、爱尔兰共和军英雄、童年，还有节假日，共同建构起额外的关系类型，在一个主要依托于可用空间大小的经济体内争夺空间，以明确地表达纪念之情。

如果要用一种与诸如心理学和经济学那样相反的方式来定义人类学，就必须认识到，这些学科往往聚焦于作为个体的人，而人类学家则将人看作社交网站。理解这就是家庭内部显现的方式，将会把我们一部分的日常工作从实际生活转移到网络世界中。要感谢策展这项工作，能够将非物质性和物质性都包含进来。马尔科姆的情况很容易地证实了这一点。

马尔科姆的工作需要在澳大利亚和英国之间来回奔波，他知道永远不变的地址是他的电子邮箱，离家最近的东西是他的笔记本电脑。他的友谊联络和工作联系大多是通过电子邮件来进行的，他经常在邮件里不断地发送指令、返回、搜索，这里就是"他的大脑"所在之处。然而，要理解他与笔记本电脑之间的密切程度，我们需要读一下人类学家弗雷德·迈尔斯（Fred Myers, 1986）的著作。迈尔斯指出，许多土著群体都有处理掉死者的物质财产的传统。马尔科姆的母亲是澳大利亚土著，她的大部分财产确实是在她去世之后销毁的。但他接管了母亲寻找并保存家族史的使命，包括那些曾经从他们父母身边被带走的家庭成员。在他看来，有太多的关于土著的历史躺在警方的档案里，而他想建立一个像样的档案，并存放到澳大利亚国家档案馆。

马尔科姆反感物品，他把大多数继承的或童年的物品都送人了。他迷恋非物质的东西，喜欢一切数码产品。他沉迷于数码照片，下载完音乐就会立刻扔掉专辑封皮。这在关于这条街的研究中是非常稀奇的，他

设计人类学

甚至在读完书之后把书也送人了。一方面，这或许和他的善变有关；另一方面，可以将其与他对于新技术的潜在爱好联系在一起，也可以和土著的遗传特征联系起来。还有其他的原因，他父亲是卖老物件的，但结果是，他在童年时就开始迷恋的物品，都会被卖掉，这或许能解释他为何反感物品。还要提及的是，他的个人习惯（Bourdieu, 1977）过于专断了，这意味着他做事情通常不是因为某一种影响，而是好几种不同影响强化的结果。甚至马尔科姆都不能确定自身行为之间的因果关系，但总的结果是，正如他所说："我想我已经让自己失去与物品的联系了，所以这背后一定有什么心理上的原因。"他对于像文档这类不那么有形可感的东西更有建立关系的欲望，把他和他母亲的东西都归类到整齐的文件夹里。他不断地更新并整理他的电子邮件，这成为他的社会关系的更新，在查阅邮件的过程中，他能回忆起他还没回复邮件的那些朋友。

　　每个人都可以试着拓展土著家庭的遗产。笔记本电脑作为一种数码的梦幻世界，与那些逝者的物品在当下还保持着联系；这是一个马尔科姆经常出入的地方，甚至比真实生活还要逼真。他似乎无法摆脱一种假设，如果命不久矣，幸亏一直在整理电子邮件，他留下的遗物才能都存档至最新，所以不需要谁来恢复或整理他生前所做的工作。但正如我所想的，他首先代表的是他自己内心小宇宙中的多个决定，他的父亲、母亲和他的作品都可以合乎解释。任何猜不透他的人，如今都认识到他与笔记本电脑的关系为什么一开始看起来那么奇怪，而现在却说得通了。这是一个审美的、物质的宇宙。你可以看到秩序是如何从横向——各种当下的影响——与纵向的历史，一并造就了他深入骨髓的执拗。

策划网络世界

在过去短短几年里，我的研究大多关注的是网络和社交媒体的课题。这个领域的学者们面临的问题之一是，人们是怎么会对那些被看作无关紧要的网络行为视而不见的。如果人们把时间花在消除照片上的标签，或是用其他方式设计自己在网络上出现在他人面前的形象，那么这些都被视为替代活动（Displacement Activity）。然而，一旦我们看到壁炉上的装饰品和墙上的海报的相似之处，我们就会发现这和室内装饰是一样的行为，只是换到了不同的地方。但首先，我们必须承认在某些方面人们就是这么生活的。

2012 年，我和米尔卡·马迪亚诺（Mirca Madianou）出版了一本书，叫作《移民与新媒体》（*Migration and New Media*，Madianou and Miller，2012），这是一项关于在英国的菲律宾家政从业人员的研究，他们把自己的孩子留在了菲律宾。其中一个和我关系最近的调查对象其实并不是母亲，她是在伦敦兼职清洁工的年轻女性，大多数时候做老人看护。她已经在伦敦待了有两年半了，在那段时间里，除了我坚持让她跟我一起去的一些场合以外，她从来不去看电影、泡酒吧，甚至没去过伦敦其他机构或场所。她的一切就是工作，回到家，睡在另一个菲佣的上铺，这样她俩都能尽可能地省钱。她的大部分闲暇时光都花在和家人的直接交流上了，包括社交网站——过去曾经被 Friendster 独霸的社交网站，如今更多的是被 Facebook 占了鳌头。你可以说她是在伦敦工作，也可以说她在伦敦睡觉吃饭，但在很多方面，她都是和家人生活在一起，不是在菲律

　　　　　　　　　　　　　　设计人类学

宾，而是在 Facebook 上。

　　一旦我们认识到网络世界可以成为一个生活空间的时候，我们就能用民族志的方法去更加认真地调查人们装饰和规划这些空间的方法。有时候，一个人活在 Facebook 里的原因或许不是迁徙，而是因为自身状况的变化。在另一本叫作《来自脸书的传说》（ *Tales From Facebook*，Miller，2011）的书里，我讲述了一个来自特立尼达和多巴哥的故事，关于一个我称之为卡拉马斯博士（Dr.Karamath）的人。作为一个在人权领域的杰出专家，他人生的大部分时间都以加勒比地区的代表的身份参加了很多国际论坛。在他六十多岁时，他受了很严重的伤，所以从那以后，他不得不待在特立尼达和多巴哥的家里。但自从用了 Facebook 之后，卡拉马斯博士一点一点地重建了在他生病之前发展起来的人际关系。随后，他很快发现即便像他一样有着国际化经验的人，在这么多的地方见过这么多人，Facebook 也可以让这一切上升到一个水平。他现在可以比以前更高效地同更多的国家、与更多的人往来。之前存在的问题是，一个朋友在华盛顿，另一个在多伦多，他们都厌倦了坐通宵航班，以及与陌生的中转乘客在机场交流，而这些都不会再发生了。

　　在 Facebook 上，卡拉马斯博士可以同时在很多个国家。他与那些对政治有着相似兴趣的人建立了新的跨国友谊，而且都热爱一种特别的艺术样式——20 世纪 60 年代的海报和宣传画，这些是他和一些朋友家中装饰的主角。很明显的是，即便他们素面未谋，但多亏了电脑上的网络摄像头，这个朋友圈里的人都十分了解艺术作品、印刷品和他们各自家里的物品。看起来，似乎 Facebook 及与其互补的 Skype 和网络摄像头，设法效仿了那种老式鸡尾酒会轮流做东的做法。所以，家里的装饰还是能营造出某种氛围，帮助他们促成有效的交流和友谊。

对于卡拉马斯博士而言，这层关联的核心是网络摄像头，而关于特立尼达和多巴哥的这个研究中的下一阶段，则是一本专门关注网络摄像头影响的书（Miller and Sinanan，2014），其中包括网络摄像头如何促成人们能够在网络虚拟空间中共同生活。最值得一提的结论是，如果你把网络摄像头当作一个家，而不是把它当成一个交流的设备时，会产生更好的效果。

一位在英国学习的特立尼达和多巴哥人与同她共同生活了两年的稳定伴侣，异地相处时也会一直用网络摄像头来联络，甚至到了看着另一个人睡觉的程度。这种"一直在线"的媒介重要性在于，他们实际上消除了直接交流的需要，就像她写的："但这种方式的好处在于，它不费劲儿，所以我们不需要必须和对方联系。"

"一直在线"的网络摄像头意味着回到"合租"的共存状态，在那里，大多数时候他们都在处理自己的工作，知道可能会在做饭或吃饭的时候有所交谈。实际上，同一个人很清楚永远不要和自己的母亲在 Skype 上联络，因为她害怕提出同等的"合租"要求。在这种情况下，在厨房或放电视的房间所布置的共享空间营造出的相同氛围，如今也同样在网络上被共享，但通常与 Facebook 等在线空间并驾齐驱。

最近，我在一个由九名人类学家组成的团队中工作，他们同时在九个地区进行为期十五个月的人类学调查，其中有两个地区在中国，其他的位于巴西、智利、印度、意大利、特立尼达和多巴哥与土耳其（Costa

设计人类学

et al., 2016）。我们能够再次找到一些关于在线室内设计的案例内容，它们向我们展示了当今人们生活的地方。其中一个项目描绘了或许是人类历史上最大规模的移民——超过 2 亿中国人从农村涌向工厂打工。王心远[1]（2016）在其中一个工厂小镇住了十五个月，她研究了两次迁徙，一次是从村子到工厂，另一次是从他们工作之余基本是离线状态，到如今工作之余基本是在线状态，他们在中国社交网络上花掉的时间，比和其他工厂工人在一起的时间要多。这两次迁徙都是为了让他们自己更加接近以上海等城市为代表的中国现代生活。但她认为，在许多方面，向在线生活的迁徙要比向工厂的迁徙，更加令人感到愿望得到满足。在网上，他们用婚礼图片和他们为之奋斗的消费品来装扮自己的 QQ 空间（QQ 是中国最主要的社交平台之一），通过组织和管理这些图片，至少在某种意义上让他们觉得自己拥有了它们。

　　但实际上，我们不用考虑迁徙或流动的条件。我自己的民族志研究项目（Miller，2016）就是在伦敦北部的一些村庄里进行的。作为该研究的一部分，我开始认识到室内装饰的实践最近变成了儿童社交的主要方式。当青少年第一次实现空间自治时，我们看到了各式各样的卧室装饰，于是几十年来做这个项目的动机开始变得清晰起来。而早在之前，霍斯特（Horst，2009；2012）就意识到这个行为与他们的网络活动之间是有关联的。一方面，这些青少年住在不欢迎成年人进入的卧室，这些卧室被装饰得很炫目，是他们的父母不会喜欢的风格。另一方面，他们装饰自己

1　王心远，伦敦大学学院人类学博士、博士后研究员。——译者注

的 MySpace 个人资料，除了用颜色，也用音乐和数字化装饰。霍斯特关注到，通常他们的卧室采用的颜色会延续到 MySpace 个人资料中。切记，卧室和网络世界一样，切断了他们与父母之间的关联。简单来说，现实世界和网络世界都是不断重复的日常生活的一部分，正如你口袋里的智能手机确保了你能和网络世界保持联络一样。

因此，室内装饰的必要性已经很明显了。但由于能够在线制作室内装饰，室内装饰可以开始发展得更早。在我的民族志研究中，我发现如今年轻人的主要平台是在线游戏 Minecraft，而他们许多人的年龄还不到十岁。玩 Minecraft 游戏的基础通常是为自己建造一个家，事实上，如果你访问 Pinterest 这样的平台，你会发现专门介绍家庭内部装饰的内容，它被称为"室内设计"。[2] 现在，家长们对这里发生的事情感到非常困惑，他们在客厅里看到一群孩子在网上并没有太多交流，但他们通过 Minecraft 游戏来建造房屋和设计室内装饰，建立了联系。那么，对孩子们来说，面对面的交流是一种很好的社交方式，还是像雪莉·特克尔（Sherry Turkle，2011）所说的那样，他们"单独在一起"，是反社会的？这是他们手工制作的好东西吗？是不是像一位家长所说的"新乐高"？还是孩子们不再自己动手制作东西的迹象？但后来，这位家长在室内装饰方面做了很多事情，这一点值得怀疑。

最后，对于人类学与设计之间的关系，这一切告诉了我们什么？人类学的一个首要任务就是探索我们不熟悉的世界。通过带着同理心与人

2　参见网址 https://www.pinterest.com/danielmeg/minecraft-interior-design/。

　　　　　　　　　　　　　　　　　　　　　设计人类学

们共同参与一些事务，通常是与当时的氏族部落接触，我们会带回对他者人性化的描摹记录，并且展示出从他们的视角来看他们的文化实践，不过是普通的生活，和我们自身所经历的一样稀松平常。如今，人们大多是通过网络来努力了解陌生的异国世界。但在前文我曾说过，设计人类学的方法能够完成同样的任务以削减与日常世俗之间的差异。这一点已经表明，当我们意识到网络世界和现实世界同样会赋予我们以洞察力时，这无疑是广博的设计人类学的基础：室内设计不再局限于专业知识，它实际上是人的基本属性。

我们过去居住在周围世界的核心技术，以及我们将居住在这个新的虚拟世界的核心技术，是室内装饰技术，它让这个抽象空间变成个人的或家庭的空间。我们通过为自己创造一个家来营造如家的感觉。因此，正如我们在《成就的理论》（*Theory of Attainment*，Miller and Sinanan，2014:4-20）中所描述的那样，从实际生活到虚拟世界的室内装饰技巧的转变，并没有让我们变得更人性化或成为后人类。本文的重点是要说明，室内装饰是一种让我们所有人成为普通人的工艺，不论在哪皆是如此。

参考书目

1. Bourdieu, P. (1977). *Outline of a Theory of Practice*, Cambridge: Cambridge University Press.

2. Costa, E. Haynes, N. McDonald, T. Miller, D. Nicolescu, R. Sinanan, J. Spyer, J. Venkatraman, S. and X. Wang (2016). *How the World Changed Social Media*, London: UCL Press.

3. Horst, H. (2009). "Aesthetics of the Self: Digital Mediations," in D. Miller (ed.), *Anthropology and the Individual*, 99–113, Oxford: Berg.

4. Horst, H. (2012). "New Media Technologies in Everyday Life," in H. Horst and D. Miller (eds.), *Digital Anthropology*, 61–79, London: Berg.

5. Madianou, M. and D. Miller (2012). *Migration and New Media*, London: Routledge.

6. Miller, D. (2008). *The Comfort of Things*, Cambridge: Polity.

7. Miller, D. (2011). *Tales From Facebook*, Cambridge: Polity.

8. Miller, D. (2016). *Social Media in an English Village*, London: UCL Press.

9. Miller, D. and J. Sinanan (2014). *Webcam*, Cambridge: Polity Press.

10. Myers, F. (1986). *Pintupi Country, Pintupi Self*, Washington, DC: Smithsonian Institute Press.

11. Turkle, S. (2011). *Alone Together*, New York: Basic Books.

12. Wang, X. (2016). *Social Media in Industrial China*, London: UCL Press.

13. Weiner, A. (1992). *Inalienable Possessions,* Berkeley: University of California Press.

设计人类学

13

艾琳·泰勒 希瑟·霍斯特

海地金融
扫盲设计

我们的主要经验在于，认识到教育顾客有多么困难。当我们推出手机服务时，以为就像卖手机一样简单，无论你在哪儿，只要你把手机递到别人手里，几乎任何人都能够很快地开始使用，因为它很容易理解。而手机银行服务或手机支付服务，就没有那么容易了。

——马腾·宝特（Maarten Boute），

海地加勒比电讯（Digicel）前任总裁[1]

1 引自《海地移动支付计划初战艰难》，《每日通讯》，2012 年 10 月 6 日，http://dailycaller.com/2012/06/10/mobile-money-plan-stumbles-at-start-in-haiti/.

导言

在过去十年中，移动支付服务成倍增长，现已覆盖超过 64 个国家，主要分布在非洲、亚洲和拉丁美洲。[1] 这种前景良好的支付方式通过搭乘现有的电信和金融基础设施的"便车"，给穷人和贫困家庭提供了一系列的金融服务（Mas and Morawczynski, 2009；Maurer, Nelms and Rea, 2013；Maurer, 2015），移动支付服务的用户可以存款、转账、支付，甚至购买保险和贷款。移动支付服务除了依赖于电信基础设施，还基于用户对手机短信服务（SMS）的熟悉程度来管理信用和文本信息。考虑到全球手机用户的增长（Ling and Horst, 2011；World Bank, 2015），手机的广泛使用和导航能力似乎为普惠金融的挑战提供了一个合乎逻辑的设计解决方案（Donovan, 2012）。肯尼亚第一家移动支付服务公司 M-PESA 的情况就是如此，该公司目前服务的用户超过 1500 万。然而，正如马腾·宝特所指出的，将手机的日常使用范围扩展到移动货币服务层面，在实际操作过程中并非易事。因此，为穷人提供的很多金融服务都不均衡，尽管整个行业、政府和发展部门对此都充满着热忱（Flores-Roux and Mariscal,

---

1 《GSMA 移动钱包追踪者》，2015 年 12 月 23 日，http://www.gsma.com/mobilefordevel-opment/programmes/mobile-money/insights/tracker

2010；Mas and Radcliffe，2010）。

在本文中，我们将研究移动支付服务的可用性是如何与识字能力交织在一起的，这是移动支付服务商在推广其服务过程中所面临的一系列挑战之一。根据 2010 年至 2012 年海地加勒比电讯和博拉（Voilá）的移动货币服务案例研究，我们主要关注用于传播和指导移动支付产品的宣传材料（例如：广告、宣传册、卡通画），它们展示了当人们试图用手机进行货币交易时，各种不同类型的文字是如何融合在一起的。为了说明这种移动读写能力普及的过程，首先，我们概述了移动支付设计中与文本识别相关的问题，以及把文本识别作为障碍的局限所在。其次，我们将呈现海地移动货币支付的简史。随后，我们探究了推广文案是如何利用熟悉的文体类型来给用户传授关于移动货币方面的知识，同时还探讨了社会学习对于提升海地居民运用产品的熟练能力所起到的作用，从而展示不同类型的学习需求及其局限性。我们的结论是，移动支付的设计不仅应该考虑到不同的文化水平，而且也要考虑到消费者如何在不同社会背景下与产品进行互动。

设计移动钱包

对于附加服务来说，手机是非常有前景的"平台"，因为它们在全球的应用范围如此广泛，特别是对于那些贫困人口而言。无论是用电脑、平板电脑来提高教育水平，还是用手机来影响市场价格，用户的体验都是围绕着一个设备展开。用户如果要想顺利使用，需要适当的设计硬件

设计人类学

和软件，而且必须具备足够的关于设备属性的知识。他们通常需要具备技术和文字知识，并且在金融服务或购买金融产品的情况下，还需要拥有金融知识。

手机使用的基础文字有助于手机作为开发的工具，因为使用手机所需的技能往往是全面的。这其中包括发短信，这是手机使用中最常见的操作，尽管它依赖于用户的文字读写能力。短信的使用在年轻人中尤其普遍，在南半球地区，通过短信进行交流通常比打电话更便宜。（Ling and Horst，2011；Slater，2014）。例如，佩尔缇拉（Pertierra）指出，发短信和短信服务在菲律宾非常普遍，在更为工业化的环境中，短信服务取代了发短信（Pertierra，2006；2007）。莱克桑德（Lexander，2011）在她写的一篇关于塞内加尔多语种和发短信的文章中指出，在低收入的手机用户中，发短信很常见，而且它还催生了年轻人根据上下文语境、相处的关系和其他因素，在不同语言之间进行语码切换。

尽管有这些开创性的例子，但是短信和其他与手机相关的文本读写的操作并不普遍。然而，假设用户已经知道如何读写，如果使用现金甚至是手机，相关产品的设计便会应运而生。

因此，对于这类知识的学习的考量，通常聚焦于向客户介绍产品。因产品熟悉度和读写能力的假设而产生的可用性问题，早就被认为会影响 ICT4D[2] 计划的成功（Medhi, Sagar and Toyama，2006；Donner et al.，2008；Ho, Smyth, and Kam，2009；GSMA，2015a, 2015b）。即便用户遵守移动钱

2　ICT4D 指的是信息和通信技术对社会发展的促进。

包的使用规则，但至少还需要跨过两大障碍。首先，正如社会科学和行为经济学研究已经充分记录的那样，熟悉度、信任和"损失规避"会影响新产品被采纳（Brown, Zelenska, and Mobarak, 2013；Yao, Liu, and Yuan, 2013；Osei-Assibey, 2015）。其次，使用手机进行金融交易需要至少四种不同类型的文本：文字、数据、技术性文本、产品语言。从商业层面来看，还有"缩水的"移动支付，有时候也被称为"先有鸡还是先有鸡蛋"的问题，即如果没有广泛的网络代理商，客户便不会使用移动支付，除非代理商拥有广大的客户群基础，否则就不能成为签约代理商（Mas and Radcliffe, 2010）。

尽管付出了巨大热情，但只有少量相关的移动支付服务商成功地吸引了大批固定客户。M-PESA属于一个例外，它的成功主要得益于曾经的需求、基础设施以及使用手机进行的经济交易。事实上，在M-PESA被开发出来之前，肯尼亚人就出售电视节目时间作为替代资金了，并将其发送到全国各地。M-PESA只是将肯尼亚人自己提供的服务实体化，因此，自从人们发明各种方式来满足自己的金融交易需求，并使第一个非正式版本的网络系统自发发展起来之后，产品知识和扩展的问题就再也不是什么严重的问题了。

在阅读、写作和使用信息通信技术（ICTs）水平低于全球标准的情况下，将识字能力放置到语境之中，是一个很有用的想法。移动货币作为一种促进发展的工具，其目标人群是发展中国家的贫困或极贫困人口，他们的文本阅读能力和数字阅读文化水平都是最低的（Singh, 2013；Maurer, 2015）。读写能力对于移动货币支付来说很重要，因为它依赖于用户导航界面和解释文本菜单、文本消息，在某些情况下，还需要输入数字字符串来进行交易（Losh，2015）。

然而，并非所有的用户体验都能被归结为"读写能力"的概念。由于技术总是在变化，我们也总是在不断地学习，所以在某种程度上，我们都是文盲。这强化了对持续学习的重视。正如马腾·宝特所指出的关于海地的问题，问题并不在于手机本身的设计（因为人们已经知道如何使用手机），而是手机供应商未能充分说明这个新功能。在接下来的内容中，我们将概述主要的读写和学习问题，以及移动支付运营商（MMOs）试图通过"娱乐教育"来应对这些问题的方式。

海地的移动钱包

2010 年 6 月 10 日，在一场灾难性的地震将太子港（Port-au-Prince）夷为平地的六个月后，比尔和梅琳达·盖茨基金会（Bill and Melinda Gates Foundation）与美国国际开发署资助的海地集成价值链和企业融资（HIFIVE），宣布启动海地移动支付计划（HMMI），以刺激移动银行服务在海地的发展（HIFIVE，2010）。HMMI 提供了 1000 万美元的奖金和 500 万美元的技术援助，帮助公司在全国范围内发展和扩大移动银行服务。

移动支付最开始被认为是非政府组织在海地转移资金的一种方式，因为海地的金融、通信和交通基础设施的大面积损坏已经削弱了海地不发达的金融系统。然而，从长远来看，这也是解决海地金融基础设施不足和加快现金流通、节省时间与资金的一种可行方案。银行基础设施匮乏，大约 66% 的银行分行位于太子港（Goss，2011；Taylor，Baptiste，and Horst，2011）。要想访问分行的网页，可能会很困难，使用起来也很耗时。银行分行除了分布范围不均之外，效率也很低，经常排着很长的队，人们常常要等上几个小时才能完成交易。像 Fonkoze 这样的小额信贷机构覆盖了该国的大部分地区，而像 Western Union 和 Caribe Express 这样的正规汇款服务也得到了更好的分配。但像 Western Union 这样的汇款服务可能费用非常昂贵，尤其是当人们预算很少的时候。

这给一般的非正式服务下的转让与商业支付市场留下了缺口。移动支付便是弥补这一缺口的一次尝试，这是一种让没有银行账户或互联网账户的客户通过手机访问基本银行设施的方式。他们可以把钱存起来，储在 SIM 卡上，用来支付话费，并把钱转给其他人。与银行系统不同的是，海地的移动通信基础设施非常发达，手机普及率正在迅速增长。移动支付使得服务点的分布更加广泛，客户使用移动支付的方式更加灵活，并且可使用现有的技术。这意味着与依赖于烦琐的基础设施的银行相比，移动支付服务的扩张速度要快得多

在海地推出移动支付项目的前六个月里，我们的团队在三个网站上进行了相关研究，以了解海地民众个体对移动货币的需求和渴望程度（Baptiste, Horst, and Taylor, 2010）。总的来说，我们发现人们通常热衷于用手机交易。我们的受访者特别提到了汇款的时间和成本，以及携带现金的安全问题，这些都是移动钱包更可取的原因。在海地，通过公共交通向全国各地汇款是一种常见且成本低的方式：人们要么自己携带现金，要么把钱寄给正在旅行的朋友或亲戚，要么托付给卡车司机或船长。在我们确定

设计人类学

的海地南部的一条汇款路线上，在集市日，船只每周沿着这条路线航行两次，从多米尼加边境运送货物、乘客和金钱到马里戈特镇。乘船旅行大约需要七个小时。安全也是一个问题，因为携带现金的人有被抢劫的风险。此外，除了安全问题，海地人还倾向于一种隐藏的文化美学，这使得藏钱的能力不仅具有实际意义，而且具有象征意义（Taylor and Horst, 2014）。

在 2010 年接近尾声之时，海地提供了两项公开的移动货币服务：加勒比电讯的 TchoTcho 手机和博拉电讯的 T-Cash（见图 41 和图 42）。这两项服务在定价结构上非常类似，它们允许客户（包括海地人和外国人，还包括在海地工作的许多非政府组织的雇员）使用基于 SMS 系统的菜单存款、取款和转账（Taylor, 2015）。TchoTcho 和 T-Cash 的迷你钱包里最多可存 4000 古德（42.56 美元，最初为约 2500 古德）。想要注册 TchoTcho，所有客户需要在手机上拨打 *202#，并选择注册选项。而注册 T-Cash，客户需要拨打注册号码并与运营商对话。无论选择哪一种服务，客户都需要向官方的移动货币代理商（被称为代理人授权）出示身份证件，才能开设一个钱包账户，最多可存 1 万古德（约 250 美元）。客户将现金和移动手持终端机转移到移动货币代理商（Taylor, Baptiste, and Horst, 2011），将钱存入他们的移动货币账户。这些代理商可以是任何合法注册的企业，比如杂货店、餐馆、服装店或网吧。移动货币代理商通常是中小型企业，加勒比电讯商店和小额信贷机构 Fonkoze 也作为代理商开展业务（见图 43 和图 44）。

企业如果要成为移动货币代理商，需要接受培训，并使用专门的带有 SIM 卡的手机来进行现金进出交易。拥有电脑和可靠的互联网连接的

图 41 （上）位于太子港市中心的加勒比电讯零售点 © Erin B. Taylor
图 42 （下）T-Cash 的标志，Se lajan kontan！（开心交易），旨在让消费者相信移动支付和现金一样好用。© Erin B. Taylor

图 43 （上）在太子港的加勒比电讯办公室的品牌广告，是用法语和海地克里奥尔语进行双语标注的。© Erin B. Taylor
图 44 （下）太子港的移动摊位，一个小贩穿着加勒比电讯的 T 恤。© Erin B. Taylor

大型企业，可以使用软件。代理商使用带有特殊 SIM 卡的手机，或用可以联网的电脑来登记客户的存款，然后客户会收到短信，提示存款成功和新余额。之后，客户可以将这笔钱转给其他拥有移动货币账户的人。账户余额不存储在手机中，而是存在一个与 SIM 卡绑定的数字账户中。如果客户的手机丢失了，可以打电话给他们的 MMOs，要求将他们的账户连接到新的 SIM 卡上。TchoTcho 手机账户需要客户使用选定的密码访问；而使用 T-Cash，密码由服务提供商生成。

2011 年 1 月 10 日，加勒比电讯运营商的 TchoTcho 手机获得了 250 万美元的"首次上市"奖，在该奖项宣布后的六个月内，该公司在 100 家新店实现了 1 万美元的现金进出交易。2010 年 10 月 11 日，博拉电讯的 T-Cash 获得了第一个标度奖的 89% 的收益，共计 88.9 万美元。到 2011 年底，已有超过 80 万海地人注册了移动货币服务，其中，至少能够保证 6000—9000 人始终参与开发项目。[3]

在 2012 年 4 月加勒比电讯收购了博拉电讯之后，T-Cash 被解散，因此加勒比电讯的 TchoTcho 成为海地唯一提供移动货币服务的手机。2015 年 8 月，加勒比电讯将 TchoTcho 更名为 Mon Cash，试图重新恢复人们对该服务的兴趣和使用。TchoTcho 和 Mon Cash 的主要区别在于，后者的代理网络的范围更广，因为任何数码时代的供应商都可以提供电子钱包服务，如果他们愿意的话（Telegeography，2015）。此外，用户可以在其账户中存储的最高金额，"迷你钱包"是 5000 古德（53.2 美元），"满满钱

---

3 源于 2012 年 2 月 15 日，HIFIVE 财务主任格雷塔·格雷特豪斯（Greta Greathouse）的个人通讯。

设计人类学

包"[4] 是 60000 古德（638.4 美元）。不过，考虑到加勒比电讯对于使用移动货币的早期尝试，在本文中我们关注的是早期的移动货币服务 TchoTcho 手机。

在海地的当地背景下，有很多理由能够支持移动货币成为一种适宜的创新（Baptiste, Horst and Taylor, 2010）。第一，当时海地的手机普及程度几乎是全民覆盖，这意味着人们已经熟悉基本的手机使用。第二，人们使用普通手机（而不是智能手机），而移动钱包是专门为文本菜单和短信设计的，而非互联网连入。第三，汇款到全国各地，既费时又费钱。由于估计只有 10% 的海地人有银行账户，而且，通过正规服务汇款的费用十分昂贵，许多海地人主要使用公共交通这样慢得多的方式来汇款。因此，海地人似乎有足够的动机来学习使用移动货币，这是一种更方便、更便宜的金融服务。在下一节中，我们将探讨移动钱包供应商制作的用来教海地人如何使用移动货币的两种材料——指导手册和卡通画。

筹划金融扫盲运动

正如史密斯（Smith）和塔夫勒（Taffler）（1996）所展示的，作为更广泛的金融知识领域的一部分的设计挑战，并不一定涉及技术"解决方案"（参见 Parikh, Ghosh and Chavan, 2002；Ghosh, Parikh and Chavan, 2003）。在海地移动钱包早期推广时，服务提供商需要考虑到这样一个事实：虽然海地

4　加勒比电讯移动货币的常见问题，参见 http://www.digicelhaiti.com/en/help_faqs/products/digicel-moncash-faq。

人几乎都能读写，但文本识字率约为 53%（数据来自中情局世界概况）。加勒比电讯的 TchoTcho 和博拉电讯的 T-Cash 都在其界面设计中考虑到了用户的读写能力，尽管这两种服务都是通过短信进行操作的，但它们的工作方式不尽相同。加勒比电讯选择了文本界面，在这个界面中，客户可以浏览各种选择列表，并通过输入数字代码来进入移动货币服务。他们随后会收到短信回复，要求他们从菜单中选择一个选项，然后用手机键盘来选择他们想要的菜单项。在交易完成之前，手机和移动货币提供商之间会来回反复发送文本信息。当客户通过手机的数字界面与 TchoTcho 移动交互，这项服务美学是基于菜单的，因而高度文本化（见图 45）。与此相反，博拉电讯的 T-Cash 不需要用导航文本菜单，取而代之的是，客户通过输入一连串数字字符串进行交易，然后点击"发送"。客户输入的数字字符串是将要进行的交易所特有的，这就减少了交易所需的步骤，但它要求客户要么记住更庞大的命令，要么按部就班地参照 T-Cash 的指导手册（见图 46）。

选择短信和文本菜单作为移动货币服务的关键界面，有美学和功能上的双重指涉（Taylor and Horst，2014）。若要使功能生效，文本菜单需要易于浏览和理解，而要有吸引力，就需要考虑到它们的设计和风格。这些需求如何平衡，取决于目标市场。正如马腾·宝特的引言所强调的，对于已经知道如何使用手机的人来说，移动钱包系统未必直观。

鉴于海地居民的文本读写能力相对较低，T-Cash 的移动货币服务本应该更容易操作，因为它只要求输入数字。然而，文本读写能力是必要的，能够通过阅读一本 T-Cash 小册子来找出使用哪一串数字。但博拉电讯所使用的数字字符串对于那些不识字的人来说，并不是很有帮助，因

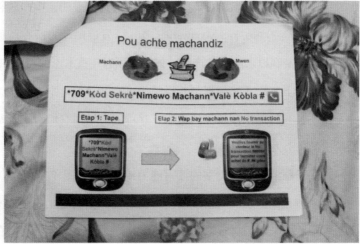

图 45 （上）一位移动钱包的用户正通过法语使用加勒比电讯的 TchoTcho 手机转账。©
Erin B. Taylor

图 46 （下）美慈组织（Mercy Corps）开发了海地克里奥尔语的传单，向接受了海地圣
马克（Saint Marc）现金资助的受众解释移动支付是如何操作的。© Erin B. Taylor

为他们需要读完小册子才能知道该使用哪一串数字。

同许多后殖民国家一样，海地也有两种官方语言——海地克里奥尔语和法语，而且英语在日常用语中的使用频率日益增多。克里奥尔语的使用者大约有 1200 万人口，被认为是"人民的语言"，而法语则是行政和正式的商务语言，大约有一半的人口使用法语。

TchoTcho 手机在克里奥尔刊登广告和印刷发行，而它们的文本菜单则全是法语。考虑到克里奥尔语的主导地位，这似乎令人惊讶。它表明，加勒比电讯的目标消费群不一定是海地最贫困的人群，而是那些完成了中学教育的人，因为法语是授课的主要语言。的确，这与移动钱包在其他地区的部署相一致。例如，来自肯尼亚的证据表明，中产阶级是移动货币（Kuriyan, Nafus, and Mainwaring，2012）发展的动力所在。移动钱包成为了人们梦寐以求的一种产品，体现了顾客在技术上的精明和前瞻性。在这一背景下，语言的规划与其说是为了实际目的，不如说是为了在产品上留下具有特殊象征意义的烙印，这可能会增加它们对于较贫穷的社会阶层的吸引力。

这些问题涉及不同类型的读写能力或用户知识，包括语言（读写能力或流利程度）、数字（经常假设人们有数字读写能力）和技术（熟悉手机）。此外，当时 TchoTcho 手机的电视广告，还展示了人们在与代理商进行移动货币交易时，可以存储和提取现金，我们可能认为这是交易或消费者的识字率，但围绕移动货币使用的问题不能被简化为"读写能力"。首先，这个术语暗含着消费者应该学习某些技能的意味。然而，指望说克里奥尔语的人为了使用手机而学习法语，是不合理的。其次，正如我们前面所指出的，"学习"通常是以非正式的方式进行的，并且根据不同的人口统计数据而变换形式。在海地，移动钱包的设计者不仅要考虑到人们的文本与数字的读写能力，还要考虑目标市场的其他种类的多样性。他们解决社会问题的方法之一就是制作指导手册，教给人们不同的使用移动钱包的方法。这些证明了移动钱包并不需要一目了然，学习是一个过程。

通过卡通画学习

卡通画指导材料采用了一种图形化的方式来教海地人学习移动支付，特别是他们借鉴了发展领域中既有的"娱乐教育"的成熟做法（Manyozo，2012）。正如怀斯伯德（Waisbord）在2001年的一篇通信发展报告——建立在辛格尔（Singhal）和罗杰斯（Rogers）的定义之上——所描述的那样：

> 娱乐教育是指："有意识地设计和实施一种寓教于乐的媒体信息的过程，以增加受众对教育问题的认识，创造良好的态度，并改变外显行为。"（Singhal，Rogers，1999: xii；Waisbord，2001: 13）

怀斯伯德继续说道：

> 娱乐教育项目在刺激人们受到感染后改变行为并从事新的行为方面，十分有效（例如使用避孕方法）。它们为那些已经有意向采取

不同行动的人带来了动力。（Waisbord，2001:15）

　　按照这种思路，加勒比电讯和博拉电讯，这两家在海地提供移动货币服务的公司，制作了他们自己的娱乐教育材料，教人们使用移动钱包（见图47）。他们的宣传册、广告和卡通画借助各种媒体传播，包括电视和电台（广告）、公司商店（教学手册），以及使用移动钱包（卡通画）的非政府组织项目。移动钱包的广告语和品牌形象也被涂绘在建筑物和墙上，尤其是在太子港，以使这项服务更加引人注目和为人所熟悉。然而，马腾·宝特关于鼓励人们使用移动钱包的难度的观察表明，静态的宣传材料不足以把大众转化为用户。在这一部分中，我们所讨论的资讯娱乐材料是由 MNOs 提供的，目的是使这种静态接触方式有所改观，并训练人们去使用移动钱包。实际上，这些实验看似是很成功的，问题不在于材料的设计，而是类似的努力仅限于少数几个团体。

　　尤其是这些卡通画试图利用娱乐来提升人们对产品的熟悉度，并克服文本、数字和技术素养方面的问题。加勒比电讯和博拉电讯都制作了卡通画，描绘人们学习如何使用移动货币的过程。在 TchoTcho 手机的卡通画中，一位代理商正在向一位穿着白色 T 恤、黄色休闲裤的女士解释这项服务。这幅卡通画呈现了这名女士通过与代理商进行互动来学习如何使用服务的场景。相反，T-Cash 的卡通画描绘了许多海地人在成群结队地学习使用移动钱包，他们有的人穿着休闲服在彼此交谈，但大多数人都在忙于工作。不过，卡通画展示了在工作的都是男性，而且在说话的也都是男性。

图 47　T-Cash 的指导说明宣传单和
TchoTcho 手机卡通画 © Erin B. Taylor

TchoTcho 手机卡通画

开场白:"来一部 TchoTcho 手机吧!"

一个女士走向 TchoTcho 手机零售点的帐篷。

女士:"你好!我是来登记 TchoTcho 手机的。"

代售商:"您好!女士!您知道成为 TchoTcho 手机用户之后就可以在手机上收到工资吗?"

女士:"我怎么通过手机收到钱呢?"

代售商:"TchoTcho 手机是加勒比电讯提供的一项服务,您可以在您的加勒比电讯手机上非常安全地管理您的资金。它既方便,又快捷,还很经济!"

女士:"太棒了!"

代售商:"好的,我需要您的身份证和您的手机号。我帮您填好表格。"

一条法语信息出现在手机屏幕上:"欢迎使用 TchoTcho 手机,您的动态个人识别密码是 1234。"

女士:"我最喜欢的数是 1980。我是那年出生的!我要把它改成个人识别密码。"

女士收到了一条法语消息:"您的个人识别密码已修改成功。"

文字:"一周后。"

女士："哇！我收到工资了！"

手机显示了一条法语消息："您收到一笔 1000 古德的款项。感谢使用 TchoTcho 手机。"

女士再次来到 TchoTcho 手机代售点。

女士："下午好！我来从我的 TchoTcho 手机里取 600 古德。"

代售商："好的！请把您的身份证和手机给我。"

女士递上手机和身份证。

女士："太酷了！我已经拿到钱了！ TchoTcho 手机真是太棒了！"

女士向读者展示手机上的一条法语消息："您的余额为 400 古德。感谢使用 TchoTcho 手机。"

结束语："有了 TchoTcho 手机，您不必再掏钱包！"

T-Cash 卡通画

标题："T-Cash 展示。"

游行队伍中有一群人举着标语："博拉万岁，T-Cash 万岁！"在背景中，有一些人手举写着"感谢联合银行"和"感谢联合银行推出 T-Cash"的标语。

一个游行者喊着："号外！号外！博拉与联合银行联手推出新服务 T-Cash……"

另一个游行者说："你的钱包也是你的银行账户，它就在你手里……在你的博拉手机里。"

工人挂起一条横幅，上面写着：“输入 *700# 激活您的账户。”“T-Cash 太酷了！您可以在手机上免费获取、设置、转移、购买相同的快速、安全的服务。”

一名穿休闲装的男人和一位穿商务装的男人在聊天：“你激活你的账户，就可收到一个密码。要更改密码，请输入 *701*PIN*，设置新的 PIN 码。存入账户，请发送至代理商，*707* 代理商 PIN 码 * 客户手机号 * 金额 #。”

一位建筑工人正在人行道上铺地砖，他说：“如果我想给外地的父亲寄点钱（只要是身处异地的人），该怎么办？”

其他建筑工人回答道：“亲爱的，这容易办到。需要转账，就输入 *707*PIN 码 * 手机号 * 金额 #。然后，核对余额，输入 *702*PIN 码 #。”

人群里有人问：“如何验证交易？要是我的手机被偷了，那怎么办？”

其他人说：“要检查最后一笔交易，输入 *703*PIN 码 #。如果你的手机被盗，请冻结你的 T-Cash 账户，可以借用任何一部博拉手机，输入 *712*PIN 码 #。”

在农田里干活的农民说：“自从商家接受了 T-Cash，我们的生活发生了很大的变化。购物时，输入 *709*PIN 码 * 代理商号码 * 金额 #，而供应商则输入 *711* PIN* 交易账号 * 金额 #。”

另一个农民说：“如果你拿到了工资或类似的收入，操作的步骤相同。如果从账户取款，输入 *708*PIN* 代理商号码 * 金额 #。”

来自某个家庭的男孩说：“注册很容易！安全地为您操作交易！这就

是为什么我们说 T-Cash 即是现金！"

最后，以 T-Cash 的标志和宣传语结尾——"开心交易"和"详细信息请拨客服热线 *854"。

在移动钱包推出之后的最初几个月里，这些卡通画被主要用来指导非政府组织的项目参与者学习使用移动钱包。其中包括美慈组织项目，用 T-Cash 向地震中无家可归的人们提供有条件的现金补助，他们向圣马克（Saint-Marc）和米尔巴莱（Mirebalais）的项目参与者发放了博拉手机和 SIM 卡，帮助他们注册 T-Cash，并培训他们借助卡通画和其他媒介来使用移动钱包。参与者日后会定期通过手机收到付款，他们可以用手机在指定商店购买食物。正如马腾·宝特所强调的，移动钱包系统简单易用。T-Cash 相当复杂，不过，他们的卡通画提供了一些日常实践的建议，例如，一对一的信息共享、同伴学习（或许，也加固了系统门户的安全）。

通过在集体环境中进行卡通画推广，博拉和其非政府组织同伴最大限度地为人们提供了社会学习的机会。与许多发展中国家一样，社会学习在海地也很常见。正规教育的比例往往较低，小学毕业率约为 66%（世界银行，2013），因此，人们常从他人那里学习技能。由于日常的社会生活与经济生活的结构方式，人们需要花很多时间与他人相处，因此有很多共享信息的机会。比如，在海地有一个传统，由女性掌管非正规的市场体系，她们花很长时间在公司里工作，一起旅行、进货，然后拿到市场上销售（Mintz, 1961）。她们互相学习如何做生意，通常最初是从母亲那里学来的（Schwart, 2009）。男性则常常从事很多的非正规劳动，大部分都在户外进行，并同他人合作。此外，在海地，建立灵活的家庭结构的传统也由来已久，这些家庭结构满足了海地的农村和（近期）城市社会经济的需要。这些群体被称为"Lakou"[5]（LaRose，1975；Stevens，1998；Edmond, Randolph，and Richard，2007；Richman，2009）。这些家庭结构出现在种植园奴隶制时期，并通过血脉亲缘和虚拟亲缘将经济、物质和社会资源汇聚相连，因而，这些群体在工作上相互合作，家庭成员共同协作，形成了紧密的网络。从历史上看，这些家庭通常分布在相当小的地域内，但在今天，他们可能扩展到了城乡接合部，甚至是跨国。手机成为这类家庭进行联络和获取信息的工具，从而为远距离的社会学习提供了便利。

其他移动货币的研究人员留意到，其他地区也在用类似的手段指导人们使用移动钱包。例如，在印度，人们用卡通画图书来传播关于移动货币的知识（Kc and Tiwari，2015；Tiwari and Kc，2015）。正如研究人员所解释的：

培训师们使用的卡通画图书，与只是通过视觉传达来提供基本信息的印刷品截然不同，它们采用独特的塑料包装，之所以如此设计，是为了吸引那些没有银行账户的人。（IMTFI，2015）

海地和印度所做的努力，都是利用大众媒体以更为直观和文本化的

---

5 "Lakou"源自法语"la cour"，意为院子。——译者注

设计人类学

方式教育人们，因此面临着金融知识、语言多样性和审美情趣方面的问题。然而，最近的研究指出，移动钱包的可用性使某些特定人群，比如，女性和视障人士（IMTFI，2013），面临着新的挑战。在有些情况下，移动钱包对女性有利，因为它使她们能够更好地掌控资金流动（Kusimba，Yang，and Chawla，2015）；另一方面，女性在社会中所处的地位可能会限制她们使用手机或其他资源（IMTFI，2013）。这说明，虽然尝试指导人们使用新产品需要考虑到读写能力可能是一个问题，但将这个问题简化为读写能力而忽视其他结构性问题的作用，则是一个错误。

结论

虽然基础设施和市场发展对移动钱包的成功至关重要（Baijal，2012），但设计方面的考虑才是移动货币服务的规划与实施的核心。显然，2010年加勒比电讯的移动钱包服务的开发和推出，借鉴了移动货币在海地的成功案例，并大肆宣传鼓励推广使用。然而，正如马腾·宝特所指出的那样，并没有出现人们希望的大规模普及。

上述三个案例说明，我们对移动支付学习过程的概念形成，是片面和有局限的。人们学习的方式和原因各不相同。有时候，读写能力的问题（文本、数字、技术）会带来影响，但是通常需要进行的学习与缺陷无关，而只是学习新产品的一个普通过程。从这个意义上说，在发展中国家或是在南半球的"学习"，与其他任何地方并没什么不同。

将移动电话与数字金融产品相结合，能使那些过去几乎无法享受正规金融产品服务的人群获得金融服务。如果这些产品要发挥其鼓励"普惠金融"和"银行普及"的潜力，就需要考虑设计和使用语境。诸如读写能力（文本、数字、技术）、实践（用户如何将移动钱包融入他们的生活中）和语境（例如，将数字产品集成到一个预先存在的金融生态系统中）等问题，都是刺激人们接受移动支付的因素。

从设计的角度来看，有各种各样的问题需要考虑，比如手机话筒的美感和界面设计、品牌、指导材料等。此外，还需要考虑这些设计特征如何构成更广泛的金融和文化景观的一部分。正如加勒比电讯和博拉电讯在移动钱包方面的经验所证明的那样，"教授"产品知识是一种社会物质活动，也是关乎培训的问题。人们经常会依靠于"社会证明"和在非正规的环境中从亲朋好友那里学习新的技能。

移动钱包是为谁而设计——这个问题也很重要。尽管供应商对占领市场感兴趣，但发展项目往往针对贫困和处于社会边缘的人群，这些人可能有不同的文化需求或社会人口特征。MMOs 产生的材料和指导团队的需求可能不匹配，例如，当美慈组织通过博拉电讯的卡通画指导身份杂糅的人群认识移动钱包时，这种不对等可能会造成与某些社会群体的疏离。所以，为了能够开发出适当的技术和学习方法，为扫盲而设计是一种从生产到传播的整个"价值链"都必须要考量的复杂尝试。

致谢

本文在美国加州大学欧文分校（University of California, Irvine）的资

金、技术和普惠金融研究所（Institute for Money, Technology and Financial Inclusion）的支持下得以完成。关于海地移动钱包的研究也是与卡马拉祖学院（Kalamazoo College）的埃斯普兰西亚·巴普蒂斯特（Espelencia Baptiste）博士合作完成的。

参考书目

1. Baijal, H. (2012). "Promoting Financial Inclusion: Is Mobile Money the Magic Bullet?" *World Bank Blogs*, August 6. Available online: http://blogs.worldbank.org/psd/promoting-financial-inclusion-is-mobile-money-the-magic-bullet.

2. Baptiste, E., H. A. Horst and E. B. Taylor (2010). "Haitian Monetary Ecologies and Repertoires: A Qualitative Snapshot of Money Transfer and Savings", Institute for Money, Technology & Financial Inclusion, University of California Irvine. Available online: http://www.imtfi.uci.edu/imtfi_haiti_money_transfer_project (accessed on January 25, 2017).

3. Brown, J. K., T. V. Zelenska and M. A. Mobarak (2013). "Barriers to Adoption of Products and Technologies that Aid Risk Management in Developing Countries", Innovations for Poverty Action. Available online: https://wdronline.worldbank.org/handle/10986/16365 (accessed on January 25,

2017) . *CIA World Factbook*. Available online: https://www.cia.gov/library/publications/the-world-factbook/geos/ha.html (accessed on January 25, 2017) .

4. Donner, J., R. Gandhi, P. Javid, I. Medhi, A. Ratan, K. Toyama and R. Veeraraghavan (2008). "Stages of Design in Technology for Global Development", *Computer*, 41 (6) : 34–41.

5. Donovan, K. (2012). "Mobile Money for Financial Inclusion", *Information and Communications for Development*, 61–74.

6. Edmond, Y. M, S. M. Randolph and G. L. Richard (2007). "The Lakou System: A Cultural, Ecological Analysis of Mothering in Rural Haiti", *The Journal of Pan African Studies*, 2 (1): 19–32.

7. Flores-Roux, E. M. and J. Mariscal (2010). "The Enigma of Mobile Money Systems", *Communications & Strategies* 79 (3) : 41–62.

8. Ghosh, K., T. Parikh and A. Chavan

(2003). "Design Considerations for a Financial Management System for Rural, Semi-Literate Users", *ACM Conference on Computer-Human Interaction.*

9. Goss, S. (2011). "Mobile Money Services Have Arrived in Haiti!" blog (January 18, 2017). Available online: http://www.impatientoptimists.org/Posts/2011/01/Mobile-Money-Services-Have-Arrived-in-Haiti (accessed on January 18, 2017).

10. GSMA (2015a). Mobile Technical Literacy Toolkit. Available at http://www.gsma.com/mobilefordevelopment/programme/connected-women/mobile-technical-literacy-toolkit-2 (accessed on January 25, 2017).

11. GSMA (2015b). "Accelerating Digital Literacy: Empowering Women to Use the Mobile Internet." Available online: http://www.gsma.com/mobilefordevelopment/programme/connected-women/accelerating-digital-literacy-empowering-women-to-use-the-mobile-internet-2 (accessed on January 25, 2017).

12. Ho, M., T. N. Smyth and M. Kam (2009). "Human-Computer Interaction for Development: The Past, Present, and Future", *Information Technologies and International Development*, 5 (4) : 1–18.

13. IMTFI (2013). "Addressing Poverty through Mobile Money Technology." Available online: https://www.youtube.com/watch?v=BMt18nxctEc&feature=youtu.be (accessed on January 25, 2017).

14. IMTFI (2015). "Financial Literacy through Comic Books in Dharavi & Bihar with Deepti KC", Institute for Money, Technology & Financial Inclusion Blog, October 2013. Available online: http://blog.imtfi.uci.edu/2015/10/revisiting-imtfi-researchers-in-bihar.html.

15. KC, D. and M. Tiwari (2015). "Financial Literacy for Women Entrepreneurs", Institute for Money, Technology & Financial Inclusion, Available online: http://blog.imtfi.uci.edu/2015/10/revisiting-imtfi-researchers-in-bihar.html (accessed on January 25, 2017).

16. Kuriyan, R., D. Nafus and S. Mainwaring (2012). "Consumption, Technology, and Development: The 'Poor' as 'Consumer'", *Information Technologies & International Development*, 8 (1) : 1–12.

17. Kusimba, S., Y. Yang and N. V. Chawla (2015). "Family Networks of Mobile Money in Kenya", *Information Technology in International Development*, 11 (3) : 1–21.

18. LaRose, S. (1975). "The Haitian Lacou, Land, Family and Ritual", in A. Marks and R. Romer (eds.). *Family and Kinship in Middle America and the Caribbean*, 482–501, Willemstadt/Curacao: Institute of Higher Studies in Curacao.

19. Lexander, K. V. (2011). "Texting and African Language Literacy", *New Media & Society*, 13 (3) : 427–443.

20. Ling, R. and H. A. Horst (2011). "Mobile Communication in the Global South", *New Media & Society*, 13 (3) : 363–374.

21. Losh, E. (2015). "Mobile Money, Financial Literacy and Learning Through Digital Media", DML Central, January 5. Available online: http://dmlcentral.net/mobile-money-financial-literacy-and-learning-through-digital-media/.

22. Manyozo, L. (2012). *Media, Communication and Development: Three Approaches*, London etc.: SAGE Publications.

23. Mas, I. and O. Morawczynski (2009). "Designing Mobile Money Services: Lessons from M-PESA", *Innovations* (Spring). 77–91.

24. Mas, I. and D. Radcliffe (2010). "Scaling Mobile Money." Available online: http://www.gsma.com/mobilefordevelopment/programme/mobile-money/scaling-mobile-money (accessed on January 25, 2017) .

25. Maurer, B. (2015). *How Would You Like to Pay? How Technology Is Changing the Future of Money*, Durham, NC: Duke University Press.

26. Maurer, B., T. C. Nelms and S. C. Rea (2013). "'Bridges to Cash': Channelling Agency in Mobile Money", *Journal of the Royal Anthropological Institute*, 19 (1) : 52–74.

27. Medhi, I., A. Sagar and K. Toyama (2006). "Text-free User Interfaces for Illiterate and Semi-literate Users", *Information and Communication Technologies and Development*, 4 (1) : 37–50.

28. Mintz, S. W. (1961). "Standards of Value and Units of Measure in the Fond-des-Negres Market Place, Haiti", *The Journal of the Royal Anthropological Institute of Great Britain and Ireland,* 91 (1) : 23–38.

29. Osei-Assibey, E. (2015). "What Drives Behavioral Intention of Mobile Money Adoption? The Case of Ancient Susu Saving Operations in Ghana", *International Journal of Social Economics*, 42 (11) : 962–979.

30. Parikh, T., K. Ghosh and A. Chavan (2002). "Design Studies for a Financial Management System for Micro-Credit Groups in Rural India", *ACM Conference on Universal Usability.*

31. Pertierra, R. (2006). *Transforming Technologies, Altered Selves: Mobile Phone and Internet Use in the Philippines*, Manila: De La Salle University Press.

32.Pertierra, R. (2007). *The Social Construction and Usage of Communication Technologies: Asian and European Experiences*, Quezon City: The University of the Philippines Press.

33. Richman, K. (2009). *Migration and Voodou*, Gainsville: University of Florida Press.

34. Schwartz, T. (2009). *Fewer Men, More Babies: Sex, Family, and Fertility in Haiti*, Lexington, MA: Lexington Books.

35. Singh, S. (2013). *Globalization and Money: A Global South Perspective*, Lanham: Rowman & Littlefield.

36. Singhal, A. and Rogers, E. M. (1999). *Entertainment-Education: A Communication Strategy for Social Change*, Mahwah and London: Lawrence Erlbaum.

37. Slater, D. (2014). *New Media, Development and Globalization: Making Connec-*

tions in the Global South, Cambridge: Polity Press.

38. Smith, M. and R. Taffler (1996). "Improving the Communication of Accounting Information Through Cartoon Graphics", *Accounting, Auditing & Accountability Journal*, 9 (2) : 68–85.

39. Stevens, A. M. (1998). "Haitian Women's Food Networks in Haiti and Old Town, United States of America", PhD diss., Brown University.

40. Taylor, E. B. (2015). "Mobile Money: Financial Globalization, Alternative, or Both?" in G. Lovink, N. Tkacz and P. de Vries (eds.), *MoneyLab Reader: An Intervention in Digital Economy*, 244–56, Amsterdam: Institute of Network Cultures.

41. Taylor, E. B. and H. A. Horst (2014). "The Aesthetics of Mobile Money Platforms in Haiti", in G. Goggin and L. Hjorth (eds.). *Routledge Companion to Mobile Media*, 462–471, Oxon and New York: Routledge.

42. Taylor, E. B., E. Baptiste and H. A. Horst (2011). "Mobile Banking in Haiti: Possibilities and Challenges", IMTFI, University of California Irvine. Available online: http://www.imtfi.uci.edu/files/docs/2012 /taylor_baptiste_horst_haiti_mobile_money.pdf (accessed on January 25, 2017) .

43. *Telegeography* (2015). "Digicel Haiti Revamps Mobile Money as 'Mon Cash'", August 18. Available online: https://www.telegeography.com/products/commsupdate/articles/2015/08/18/digicel-haiti-revamps-mobile-money-as-mon-cash/.

44. Tiwari, M. and D. KC (2015). "Stories for Financial Literacy Education of Migrant Workers", IMTFI. Available online: http://ifmrlead.org/wp-content/uploads/2015/05/Migrants_story_book_all.pdf.

45. Waisbord, S. (2001). "Family Tree of Theories, Methodologies and Strategies in Development Communication", The Rockefeller Foundation. Available online: http://www.communicationforsocialchange.org/pdf/familytree.pdf (accessed on January 25, 2017) .

46. "Why Does Kenya Lead the World in Mobile Money?" *The Economist*, May 27, 2013. Available online: http://www.economist.com/blogs/economist-explains/2013/05/economist-explains-18

47. World Bank (2013). "Improving Access to Primary School in Haiti." Available online: http://www.world bank.org/en/results/2013/08/29/primary-school-haiti-education-for-all-project.

48. World Bank (2015). "Data: Mobile Cellular Subscriptions (per 100 people) ." Available online: http://data .worldbank.org/indicator/IT.CEL.SETS.P2.

49. Yao, H., S. Liu and Y. Yuan (2013). "A Study of User Adoption Factors of Mobile Banking Services Based on the Trust and Distrust Perspective", *International Business and Management*, 6 (2) : 9–14.

设计人类学

阿图罗·埃斯科巴尔

14

振奋人心的
人类学想象

转型空间中的本体性设计

为了培养设计的转型潜力，需要对设计进行重大调整，使之从功能主义和理性主义的传统转变为一种合乎关系维度的理性，以及一整套与生活关系维度相协调的实践。这是因为生活和所有的创造，都是集体性的且相互关联的，它关乎历史和认识论层面的个人（而不是"自主的个体"）。

本文将围绕本体性设计（Ontological Design）的后二元论相关核心概念展开探讨，在此，我加入了我的民族志研究，以及拉美地区社群人民在生活各方面的地缘权利斗争所体现出的行动主义。在对现代主义的严厉谴责中，出现了20世纪60年代和70年代兴起的反文化运动的设计梦想家与活跃分子对愈演愈烈的全球化的未来所做出的预言，以及对影响气候、粮食、能源、贫困和意义的相关危机发出的警告。如今我们逐渐认识到，这就是对西方资本主义现代性的先验批判。设计师中有一小群人认同这一设计的历史趋向及其所带来的铺天盖地的社会议题，他们的势力正在逐步壮大，如今不仅在谋划一场影响深远的变革，同时也已经开始通过设计实现文化和生态上的转型。

本文的主要认知和政治启示，源于以往和当下设计激进主义（探索其他细节[1]）的论述与实践。我认为，生活变革的转型——向崭新的生存方式转变——是有可能的，不过，也许在当下特定的处境很难想象。从这种看似简单的观察来看，这种转型是可行的：我们在设计工具（物品、结构、政策、专家体系、论述或叙述）的同时，也在创造存在方式。从这一本体论的角度来看，设计范围内的变革坚实犹存，这是因为设计能够包容不同的创作形式，简言之，就是为"包罗万象的那个世界"或者越来越多地被

---

1 本文是《自治与设计：公共的意识》（*Autonomy and Design: The Realization of the Communal*）原稿中的一部分，目前正修订，待出版。

称为多元的世界做出贡献。[2] 在下文中，我对设计理论和设计实践所做的简单概述，旨在实现实质性的转变。这些越来越多的争论和成果被视为新兴的批判性设计研究领域，对此，我从人类学研究的最佳角度颇为乐观地提出了一种理论假设，设想社群是如何遭受全球化压榨的，譬如哥伦比亚高加索河谷地区的人们，如果他们能够自主地关联、表达和执行"生命计划"（Life Projects），或许这个地区会在设计的帮助下繁荣兴旺起来。

本体的转变：从笛卡儿的现代主义到多元世界的设计

1971 年，随着工业主义和美国文化、军事、经济霸权达到顶峰，奥地利裔美国移民设计师兼作家维克多·帕帕奈克，以尖锐的控诉打开了"为真实的世界设计"的大门："有些行业比工业设计更害人，不过只有极少数……现在，工业设计已经把谋杀当作大规模生产的基础。"甚至，"设计师已成为危险的职业"。回顾最近召开的环境与可持续发展峰会（Rio + 20，2012 年 6 月）和气候变化会议上各国政府达成的大打折扣的政府协议，只是提一提关于"重新设计"全球社会政策的两项重要尝试，人们可能会认为没有多少变化，但这样的判断未免过于草率。可以肯定的是，目前许多打着设计旗号开展的活动，都涉及资源的大量使用和原料的巨大破坏。[3] 然而，尽管在笛卡儿现代主义的范式中，设计作为一种

2　本体论设计的概念最初是由特里·威诺格拉德（Terry Winograd）和费尔南多·弗洛雷斯（Fernando Flores）在 20 世纪 80 年代中期提出的。

3　确实，任何对于当代设计的认真研究，都等于是一次对资本主义和现代性的考验与磨难之旅，从工业制度兴起到前沿的全球化和技术发展，这些都是本文力所不能及的范围。

　　　　　　　　　　　　　　　　　　　　　　设计人类学

核心政治技术仍然起到关键作用，不过，如今社会和设计的背景与 20 世纪 70 年代相比，已经大不相同了。

帕帕奈克呼吁，应当用极其严肃的态度来看待设计的社会背景，这一呼吁得到了许多当代设计师的关注，而且在过去十年的文献中，关于设计越来越具有变革性特征的论述，比比皆是。在资本主义现代性的推动下，图像和商品日益全球化，这使得批判设计理论家提倡在设计与世界之间建立新的互动。这些呼吁源于日常生活给地球造成的重大影响，但从长远来看，会转向基础设施、城市、生活环境、医疗技术、食品、机构、景观、虚拟世界，最后是体验本身。我们越来越多地生活在一个"设计集群"中，这意味着设计成为"一个超出范畴的类别"（Lunenfeld，2003:10），这为理论、实践、目的、愿景和现实之间的联系开拓出一片新天地。这些超出范围的关系纠葛使人们通过研究不断发现新的设计领域（Laurel, 2003）。关键的问题变成了："该如何为复杂的世界设计？"而不是继续用物质来填满世界。设计策略将让我们人类拥有更有意义和更环保的生活（Thackara, 2005）。[4]

正如恩（Ehn）、尼尔森（Nilsson）、托普加德（Topgaard, 2014）和墨菲（Murphy, 2015）在瑞典案例中所做的精彩分析时所说的，当代的斯堪的纳维亚设计，似乎在与社会民主目标相匹配的方面，取得了显著的成功。迪萨沃（Disalvo, 2012）建构的"对抗性设计框架"为明确探讨设计、

4　尽管设计与政治的关系经常出现在设计资讯的最前沿，但大多数设计专著仍保持着以技术为主导、以市场为中心的基本取向，并没有接近于质疑其资本主义性质。许多设计专业人员在中间地带穿梭，在庆祝和冒险之间交替着一些想法和评论（例如，Mau, 2000, 2003；以及 Antonelli 等，2008）。

技术、民主、政策和社会之间的对抗性关联，提供了一个有说服力的案例。这是巨大进步。在转型设计（Kossoff，2011；Tonkinwise，2012，2014，2015；Irwin，2015；Irwin et al., 2015）和社会创新设计（Manzini，2015）领域，设计政治关系正在进一步深入。"设计思维"已经成为这个不断变化的环境中的关键比喻。这种以设计为导向的（商业）创新在设计行业之外大受欢迎，正如最新一期《设计研究》（*Design Studies*）特刊的"社论"所言，正是由于人们认识到在解决"邪恶"（棘手）的问题方面，设计的真正或潜在的贡献，以及设计作为变革的推动者，[5] 带来了从设计的功能和符号为重点，转向强调经验和意义的问题。

随着设计走出工作室，超越传统设计行业的范畴，进入知识应用的全部领域，专家与用户之间的区隔被打破。从某种意义上看，不仅每个人都被看作设计师，而且以人为中心的设计争论的转向也得到了更为普遍的认可。以人为中心的设计重新回归情境当中，这意味着将焦点从物转移到了人、人的经历和环境。从无意识的创造发展到自觉的设计（Thackara，2004），从重技术到重设计，从以物为中心的设计到以人为中心的设计，从"无声的设计"到"恰到好处的设计"，新的指导思想层出不穷（例如，Laurel，2003；McCullough，2004；Chapman，2005；Brown，2009；Simmons，2011）。这些原则引发的方法论和认识论问题，前所未有，为人类学、地理学和生态学等学科打开了一片舒适的空间（例如，Clarke，2011；Berglund，2012；Suchman，2012；Julier，2014）。新方法强调前端研

---

5 见悉尼科技大学设计思维研究小组组织的"阐释设计思维"特辑，小组第 8 次研讨会，《设计研究》第 32 期（2011）。

　　　　　　　　　　　　　　　设计人类学

究，设计师是促进者和协调者，而非专家；将设计构思为以用户为中心的、参与性的、协作性的和根本性的上下文关系；力求使我们周围的过程和结构具有可理解性和可知性，从而在用户中形成生态系统素养，等等。人们试图通过设计来构建另一种作为社会转型驱动力的文化愿景。

数字技术的问题，也在激发关键性的设计见解。一些设计师，包括建筑师马尔科姆·麦卡洛（Malcolm McCullough, 2004），将"交互设计实践"理论化为界面设计、交互设计和体验设计表达的结合点。在现象学原理的浸润下，这里的设计体现的是技术，而不是去文本化和价值中立，是基于场所的、令人愉悦的、怀着对潜在领域的关怀（见 Ehn, Nilsson, and Topgaard, 2014; Manzini, 2015）。将数字技术根植于以人和地点为中心的设计，抵消了现代化对速度、效率、移动性和自动化的影响。在建筑和其他领域中，这一概念意味着易于操作的设计系统———一种与地点和社区紧密相连的设计实践，尽管是通过嵌入式系统，但它仍然可以通过移动设备来解决人们的移动问题。大量的有关数字界面和文化对接的民族志学及理论研究，比如关于后殖民理论和电脑计算研究（Irani et al., 2010）、数字鸿沟、数字技术与身体、社会媒体、虚拟环境和社区等研究，有助于阐释数字的意义。其中的一些研究涉及对数字技术和文化实践交叉的田野调查，由此产生了一个新的领域——数字人类学（Digital Anthropology，又称作数码人类学；Boesltroff, 2008; Balsamo, 2011；Horst and Miller, 2012）。

触及生态问题的设计，是新设计方向中最具活力的领域之一。在景观设计师伊恩·麦克哈格（Ian McHarg）涉足生态设计领域的著作《设计结合自然》（*Design with Nature*, 1969）出版之后，用了近三十年的时间，严格来说，生态设计领域才真正兴起。[6] 如今，从概念到技术官僚层面，方法多种多样，而技术官僚主导着广泛的经济和技术观点，其中包括一些在预想某个资本主义重大革新中可被称作"自然资本主义"的提案（如Hawken、Lovins 和 Lovins 1999 年提出著名的"自然资本论"），以及大量由联合国官方会议和北半球环境智库提出的关于气候变化、可持续发展以及"绿色经济"等概念的环保提案。

由于有实地设计经验的建筑师、规划师和生态学家的通力合作，生态设计在概念上已经取得了重大进步。囊括了人类和自然系统及其过程的成功整合，是生态设计中已被人们接受的原则。无论这种整合是基于数十亿年进化和对自然设计的学习，还是依赖于需要并因此根据当代现状重新发明技术，其出发点是认识到环境危机是一种设计危机，只有人类从根本上改变他们自身的做法，才能避免。时尚和可持续发展领域提供了一个相当反直觉的例子。

为了试图减少材料对环境带来的影响，以及对循环使用和重新设计的处理，设计师接受了社会和生态行业的挑战，从地方性生产到仿生，并转向协同创新实践，比如，积极打造"协同设计"（Co-design）、黑客技术，以解决围绕替代性知识（Alternative Knowledges）和政治的难题，最终产生向社会其他文化和生态模型的转变（Fletcher and Grose, 2011; Shepard, 2015）。

---

6 在我看来，关于这个问题的最佳论述仍然来自 van der Ryn 和 Cowan（1996）。参见 Orr（2002）、Edwards（2005）、Hester（2006）、Ehrenfeld（2008）；关于更多的技术论文，见 Yeang（2006），以及由 Hawken, Lovins 和 Lovins（1999）合著的有充分文献记载的大型著作。一个有影响力的生态设计实例是"永续栽培"（Permaculture），有大量的专业文献进行研究。仿生学和"从摇篮到摇篮"的概念，在产品设计中越来越受到重视。在拉丁美洲，农业生态学已成为农民农业和生态空间设计，往往伴随着社会运动，如"美好生活运动"。

城市化是最大的挑战之一。正如托尼·弗莱（Tony Fry，2015）所严厉指出的那样，在面对由于气候变化、人口增长、全球不可持续性和地缘政治的不稳定这些因素共同作用而导致的普遍而差异化的不安定状态时，需要的远不止是为了富人的利益而对建筑物进行被动地调整和改造。开发新型的地球居住模式已成为当务之急，这意味着要改变那些解释当代居住形式的做法，它使我们能够在未来采取行动，而不是坚持去适应反未来化（毁灭未来）。当社群受到文化和共同的生存意志约束而面临威胁时，适应与恢复能力都会通过实地的、情景化的、无处不在的设计创造再度出现。简言之，"城市生活的休闲活动应该占核心地位，如果我们人类想拥有充满活力的未来，就必须进行结构性的变革"（Fry，2015: 82）。弗莱的城市设计设想，对"寻求未来的居住模式"具有至关重要的引导作用（Fry，2015: 87）。按这些方式重新想象城市，将会成为转型愿景和设计框架的一部分。

在这个简短的回顾的最后，我发现"批判性设计研究"出现在学术领域使用这个名词之后，它将一套批判理论（从马克思主义和后马克思主义的政治经济学，到女权主义、酷儿和批判性种族理论、后结构主义、现象学、后殖民和反殖民理论，以及最新的新唯物主义框架下的后建构主义）应用到设计当中。然而，有几点需要注意。首先，应该清楚的是，这个领域的基本原理和范围，与学院所划定的截然不同；它的许多主要贡献来源于设计思维与行动主义，即便通常与学院有关联。其次，即使发人深省的想法层出不穷，但在设计实践和现代性、资本主义、父权社会、种族和发展之间，仍然缺乏批判性的分析，西方社会理论在提出问题上存在局限性，更不用说答案了。要面对当今地球上前所未有的、未被揭开的现代和人类生活的其他形式，这一点正变得显而易见。第三，设计、政治、权力和文化之间的关系仍然需要具体化。

批判性设计研究应当从"创造性"的角度来观察日常生活中重要的规范性问题。例如，设计理论家安东尼·邓恩（Anthony Dunne）和菲奥娜·拉比（Fiona Raby）论证了这样一种设计实践，它激发人们探讨事物可能会呈现的面貌——他们称之为"思辨设计"（Speculative Design, 2013）。"设计构想"（Design Speculations），他们写道："可以作为一种催化剂来共同重新定义你与现实的关系。"例如，通过"假设"场景与时间来想象不同的生活方式。这样的批判性设计会在很长一段时间内与那些强化现状的设计，大相径庭。"批判性设计是将批判性思维转化为物质实在。它是通过设计而不是通过语言来思考，并且用设计的语言和结构来吸引人们……一切优秀的批判性设计都为事物的发展提供了另一种选择。"我们正处在一个"思辨一切"（Speculative Everything）的时代，这是一个充满希望的想法，假设它激发了"社会梦想"，从而产生另一种创造世界的形式。事实上，"我们的世界可能是在多元世界中"。这种在本体论上开放的思辨设计的动力，有益于推进向多元世界转型的设计概念。

正如我在篇幅更长的手稿中详细地讨论了本文的内容那样，为了培养设计的转型潜力，需要对设计进行重大调整，使之从功能主义和理性主义的传统转变为一种合乎关系维度的理性，以及一整套与生活关系维度相协调的实践。这是因为生活和所有的创造，都是集体性的且相互关联的，它关乎历史和认识论层面的个人（而不是"自主的个体"）。并且

　　　　　　　　　　　　　　　　设计人类学

在"设计，每个人都在设计"（Design，when everybody designs）——引自
埃佐·曼奇尼（Ezio Manzini，2015）夺人眼球的书名——的时代，这种不
可避免的关联性已经得到设计师的承认。如果另一种确实更激进、更具
建设性的设计想象，出自被视为是转型的新一代积极分子的设计师，那
么设计师就必须与那些正在保护并重新定义幸福、生活计划、领地、地
方经济以及社区的人携手并进，他们是向多元世界、向各种相关联的创
造世界的方式转型的先驱。

为了思考协同设计一个能提升生活质量的多元世界可能会产生怎样
的结果，现在我把研究方向转向了拉丁美洲。有关拉丁美洲的实证研究
已经拉开了序幕。当前围绕着幸福、自然权利、公共逻辑和文明转型的
争论和斗争，特别是发生在一些拉丁美洲国家，引发了我的猜测，这些
是否可以被看作是多元世界重生或崛起的实例（Escobar，2014）？在哥伦
比亚西南部某一特定地区的转型运动中，生态和社会破坏模式已经存在
了一百多年，这个地区实际上是本土和区域转型项目的首要实验地，因
此，它才能为非传统的多元世界的表达方式提供丰富的经验。

在南半球：关系政治和公共意识的实现

布埃纳文图拉是哥伦比亚以东太平洋的主要港口城市，而安第斯山
脉西部的科迪勒拉河流域坐落着富饶的考卡河谷，位于卡利市的中心（人
口300万），这是一个很可能被认为是发展模式会出现问题的地区。在19
世纪晚期，以平原甘蔗种植园和安第斯山脉大规模的牧牛场为基础的资

本主义发展开始兴起。20世纪50年代初，由于世界银行的资助，以著名的田纳西州流域管理局（TVA）为模式的高加索地区自主发展公司（CVC）成立，取得了一定的影响力。[7]迄今为止，这种以甘蔗和牧牛为基础的发展模式不仅已经开始明显枯竭，而且给山区、蓄水层、河流、森林和土壤还造成了巨大的生态破坏，还给该地区的农民和非裔后代社区带来了严重的不公正和痛苦，引发了领土混乱。这一地区极易被再次设想成一个真正的农业生态中心，一个有机水果、蔬菜、谷物和外来植物的生产基地，一个由中小型农场主、分散运作的城镇和中型城市网络等组成的多元文化地区。当然，我们可以想象这个地区还有其他吸引人的未来。

然而，这样的未来在目前是不可想象的，因为这个地区的大多数人都被发展主义的幻想力量和精英主导的力量所控制。尽管这一地区彻底转型的时机已经"成熟"，但这一主张对精英和大多数本地人来说不可想象，当然对于中产阶级来说，他们强烈的消费主义生活方式与这个模式密不可分。在这些条件下，转型设计是否可行？此外，它是否会对政策、心态、行动和实践产生真正的影响？我感兴趣的是呈现，即便是暂时的假设，即使是在这种对立的条件下，转型设计的设想也可以启动。我们将拭目以待。

考卡河是哥伦比亚第二重要的水路，长1360公里，从哥伦比亚西南部的安第斯山脉——哥伦比亚山体的发源地——伊始向北流去。据说哥伦比亚70%的淡水发源于哥伦比亚山丘。正是在那里，安第斯山脉的

7　田纳西州流域管理局，在如今是美国一个重要的公共电力公司，成立于1933年，它治理洪水，生产能源，并促进商业、林业、农业在田纳西河沿线地区的拓展。

主干被分成三条，孕育了安第斯河谷，如考卡河谷，它在科迪勒拉山脉的西部和中部（中部山脉有多座海拔超过 5000 米的雪峰）之间逐渐开阔起来。这一运动的焦点在考卡河流域，即人们所熟知的阿尔托考卡或高考卡。河谷的这一段区域逐渐变宽，绵延 500 多公里，面积达 36.7 万公顷，宽度达 15—32 千米。这一片山谷美轮美奂，两侧有两条科迪勒拉山脉，许多小河支流穿过。平原海拔 1000 米，平均温度 25 摄氏度。即便在 20 世纪 40 年代，当旅行者关切地凝望这座山谷时，毫无疑问，也会得出这样的结论：它可以提供宜居的、文化丰富且生态和谐的生存环境。事实上，当地人是以现存的最负盛名的殖民地庄园来命名山谷的——"El Paraíso"（意为"天堂"）。然而，由于 20 世纪 50 年代反未来势力的迅速增强和扩张，它的未来也提前夭折了。

就行政区划而言，该山谷的大部分区域都归属考卡山谷省部管辖，但考卡省行政部内的一个重要的地区却位于南部。阿尔托考卡河始于萨尔瓦伊纳大坝，该大坝于 20 世纪 80 年代中期由 CVC 修建，主要用于调节河流的水流，并为以卡利为中心的日益壮大的农工业综合体发电。考卡山谷在地理上是一个由四十个较小的河流、多个潟湖和广阔的湿地而形成的生态区，它的土壤肥沃，排水良好，含盐量较低。表层和深层蓄水层是农业和人类高质量饮用水的优质水源。在历史上，这片生态复杂的山脉、森林、山谷、河流与湿地，曾经是上百种动植物的家园，如今所有这些物种都系统地被农业和工业的发展破坏了。

即使该地区的大多数人口是混血儿，但非洲人后裔的存在也是非常重要的。有几个主要的黑人自治市在诺特·德·考卡，其中一些自治市在萨尔瓦伊纳大坝的影响范围内。据一些人估计，在卡利的人口中黑人多达50%，这在很大程度上是过去三十年太平洋移民和被迫流离失所的结果，这使得卡利成为拉丁美洲仅次于巴伊亚（巴西城市）的第二大黑人聚居城市。对于任何设计项目而言，这一社会事实都是极其重要的。大多数黑人都是贫困人口，而另一个极端则是，一小部分白人精英却极其富有，他们以其欧洲祖先为傲。一直以来，这些精英掌控着大多数土地，并拥有最大规模的糖厂。2013年，甘蔗种植面积达22.5万公顷，养牛的牧草面积达5.3万公顷。虽然超过500公顷的土地只有大约六十个，但这一数据是具有欺骗性的，因为大地主还租用土地或购买了大量专门种植甘蔗的小农场。该区域用水量和甘蔗种植量巨大，大约每公顷种植10300立方米。这个地区消耗了64%的地表水和88%的地下水，超过67万公顷的山地（占总面积的一半以上）都受到大规模养牛业的影响。[8]

　　沿着主要高速公路在山谷中穿行，你会看到大多数当地人眼中的"美丽绿色景观"：连绵不断的甘蔗田，牛群悠闲地在山麓上漫步。但是一百多年来，这一景观却是由白人精英、牛群、甘蔗、水、大坝、化学药剂（种植中使用的大量的杀虫剂和肥料）、政府（完全依附于该模式的政治精英）、专家（特别是CVC）、全球市场（对白糖的需求），当然还有黑人收割者共同组成的异类混杂群体，对山谷本身的侵占而导致的结果，如果没有他们，整个运作系统（尽管机械化程度不断提高）将不可能存在。实际上，黑人收割者将甘蔗称作"绿怪兽"（Green Monster），并把它与恶魔联

8　感谢 David Lopez Mata 和 Douglas Laing 为本节提供的信息。

　　　　　　　　　　　　　　　　　　　　　　设计人类学

系起来；对他们来说，这根本不是什么美丽风景线（Taussig, 1980）。这一整个群体集合是在庞大的道路网、货车（或装满甘蔗的大型零售货车，在公路旅行时无法避免，因为甘蔗是全年种植的），当然还有卡利和邻镇的整个工业、经济和服务基础设施的共同"浇筑"下而形成的。

在经过了一个多世纪的所谓平稳运行之后，这个异类混杂的社群组合运转良好，当地精英将其吹捧为"发展奇迹"，并以各种民间文化方式庆贺，从肥皂剧到萨尔萨舞曲（Salsa Music），不再遮掩他们反未来所带来的深重影响。河流和蓄水层的枯竭、沉积与污染，湿地的干涸，生物多样性的流失，砍伐森林与丘陵，山地的严重侵蚀，这些现象比比皆是；黑人工人和附近居民因在种植后定期焚烧甘蔗时吸入灰烬而引发的呼吸系统健康问题，也频频发生；对黑人工人为了试图改善条件而组织的反抗进行镇压；种族主义和严重的不平等现象持续存在。这一切都是"甘蔗模式"的组成部分。60%的人口发展不平衡和贫困所导致的必然结果就是，中产阶级对高度"不安全感"和"犯罪行为"的谴责，他们想要住进受严密监视的公寓大楼和安装门控系统的社区，并将很多的社交生活都局限于无所不在的、监管良好的全球化的购物中心，以寻求安全。人们禁不住要问，这种模式是怎样年复一年地持续下来的，尽管它存在明显缺陷，一些活动家和少数学者、知识分子开始有所觉察，但大多数人显然没有意识到这一点，主流媒体也没有发出任何批评的声音，继续日复一日地庆祝这一模式。这是一个极具挑战性的背景（对于南半球的许多区域来说并不罕见），因此，任何转型设计战略都必须在此背景下制定。接下来，让我们讨论一下这项工作的几个主要方面。

为考卡山谷省创造转型设计的想象

  对这一地区来说，即便是进行纯理论的转型设计实践，而且如果在一定程度上期待它实现的话，这项任务也很艰巨。然而，考虑到世界范围内诸多城市和区域重建的"成功"案例，[9] 我们会提出问题：为什么不呢？传统的区域发展建立在资本主义发展的自然历史基础上，然而，在这里所设想的区域转型的类型，将与这种历史格格不入，并且是在令人生厌的不可持续与反未来的既定框架下出现的。之前探讨过的许多设计观点都可能被援引，以支撑正在被探讨的实践。然而，正如来自赫尔辛基的阿尔托大学媒体实验室的哥伦比亚设计理论家安德里亚·波特罗（Andrea Botero）所说的，"尽管取得了这些成就，但我们对于以明确的方式建立、开展，并更广泛地持续协作的开放式设计过程的认识，仍然是有限的"（Botero，2013:13）。她接着说道，人们对于那些能够在较长时间内进行协作设计的方法，有很大的需求，这说明了在这种扩展的时间范围内，设计师的角色在不断变化（例如，不仅仅是发起者或促进者）。而这也正是设计机构的分布式性质，包括（我们需要补充的）非人类。在临时扩展的集体设计活动的语境下，阐明正在使用的设计实践，在这个时候显得尤为重要。

  作为生态学家、转型运动的积极分子和设计师，提出情景来激发设

---

9 以水坝为基础的开发项目，包括美国田纳西州流域管理局和考卡河谷上的萨尔瓦伊纳大坝，以及世界各地的许多其他例子，都是现代开发计划的典型例子，这些计划表现力强、包容性强，甚至被视为值得崇拜的神圣空间。让我们不要忘记，印度第一任总理贾瓦哈拉尔·尼赫鲁（Jahawarlal Nehru）在 1963 年巴克拉 – 南加尔（Bhakra–Nangal）多功能大坝的落成典礼上，将水坝和工厂称为"现代印度的寺庙"。这座水坝是印度最早的河谷开发计划之一。

计想象，是相对容易的。我曾提出过类似的情景设想。首先，回想一下无处不在的甘蔗、牛和它们可见或不可见的产物遍布目之所及的景观，然后试图再度想象它是"一个真正的农业生态中心，一个有机水果、蔬菜、谷物和外来植物的生产基地，一个由中小型农场主、分散运作的城镇和中型城市网络等组成的多元文化地区"，正如我前面所提到的。虽然我们设想起来很容易，但也许当地人很难想象。随之而来的一些要素，可能会一直存在于持续若干年的考卡山谷转型设计运动中（我们称其为考卡山谷转型运动或 VCT）。[10]

在项目开始时，有两个重要的任务需要完成：组成设计合作团队，并创建设计空间，协同设计团队共同发展。为设计空间创建富有吸引力的虚拟空间或许是有用的，但这仅仅只是开始。正如波特罗、柯蒙南（Kommonen）和马提拉（Marttila, 2013）所强调的那样，不可低估设计空间的重要性，这些设计理论家将设计空间看作是"作为实现设计可能性的空间，它超越了设计空间的概念，延伸到人们在使用的设计活动中"。设计空间包括绘制设计行为的工具，旨在定位参与者从消费到主动创造的连续可能性。设计空间是由多个参与者通过借助技术、工具、材料和社会进程进行社会互动所共同构建与探索出来的。通过持续的设计活动，它成为"现有环境为新设计的诞生而提供的潜在空间"。因此，这个概念远远超出了对物品、工作场所和设计任务的关注，而是涵盖了所有复杂的设计，当然包括不同使用者的投入和设计。这种扩展的设计空间概

10　在最近的一份提案（Escobar, 2014）中，我设想这一进程将持续十年。应该明确的是，考卡山谷在这一节中指的是阿尔托考卡，而不是指行政部门。

念在波特罗所谓的"公共行动"（Communal Endeavors）中尤为有效，这些公共行动"处于公认的实践团体或团队项目与不确定的团体或专项小组的协调行动中"。

在这个对话空间中，设计联盟将为山谷创造一个全新的、激进的愿景，以及一个大规模变革的愿景，远远超出商业惯例的调整。在这个项目开始的一到两年里，涉及的联盟和合作组织将负责建设转型的初步框架。人们可以将设计空间想象成一种或一组实验室，在那里进行视觉制作和协同设计，形成有组织的行动与对话。（例如，北考卡省和南部、中部、北部山谷实验室，但也有一个卡利实验室，考虑到城市在山谷中的统领地位，或是从社会和生态行动发生的领域来看。）

考虑到这一总体目标（以及这个过程可能会发生的高度控制、政治化和争议性的特征），至少在 VCT 进程的初始阶段，联合设计团队的参与者将受到限制。重要的是，主要的行动者在最广泛的意义上分享这项工作的基本目标。也就是说，行动者至少应参与以下机构：社会运动组织（城市和农村、非洲裔、土著、农民和各种城市群体）；妇女和青年组织，特别是来自黑人和其他贫困地区或城市的偏远地区；学术和知识生活空间；艺术与另类传播方式和媒体。以认知、社会（就种族、民族、性别、世代、阶级和地域基础而言）和文化（本体论）的多样性来培养团队，也很重要，因为这将是真正多元设计成果的唯一合理保证。积极分子、知识分子、非政府组织人员和学者，包括自然和物理科学的学者，原则上几乎都是团队的优秀候选人。（应该说在拉丁美洲，个人同时或依次担任几个甚至所有这些角色的情况，并不少见；在考卡山谷省有一个

　　　　　　　　　　　　　　设计人类学

很重要的"天然空间",那里的人们已经非常善于相互之间谈论知识。）此外,对于团队来说,在自身的认知层面发展"公共"和关系性思维的能力（当然没必要写成书面理论）,也是至关重要的。[11]

这个启发过程将给实际的转型运动带来演变,包括能够持续滋养转型概念的语境和旨在发展社会创新设计特定方面的具体项目（Manzini,2015）。[12] 该阶段的目标和活动大致包括：

一、当前模式的结构性的不可持续性和破坏性做法变得明显。（例如：对水源的影响；黑人工人的集体贫困；土壤贫瘠；猖獗的消费主义；破坏性的开采,包括金矿开采。）

二、创造一种不同于盛行的"民间"地区区域叙事的概念,特别是在卡利,蔗糖、萨尔萨舞曲、体育和商业占主导地位。这就需要为整个阿尔托考卡省阐明一个"多元世界的生态概念",超越纯粹的地理或民间的概念。

三、了解所涉及社区和社群的各种生活项目,当然,包括那些处于城市边缘的地区,甚至那些看似没有住所和所在社区的项目。

四、推动多元化的行动,例如数字平台,让更多人参与协同设计的过程；专题集群和设计实验室；举办旅行互动展览,以鼓励人们对小城镇和乡村地区构建新的设想；现实案例的概略（特别有助于证明"其他经济体是可能的"[13]）；相互竞争的元故事；情景的集体创作,无论是基于

11 曼奇尼谈到了最初的"创意社区"在协同设计经验中的重要性（2015: 89）。

12 曼奇尼关于社会创新设计的讨论（第3章）,对于思考这些方面非常有用。特别是他关于慢食运动（Slow Food Movement）的讨论。

13 这实际上是2013年7月在卡利北部的布加举行的由黑人社区、PCN设计和组织的为期四天的研讨会的名称,来自北考卡省和南太平洋的七十名PCN活动人士,还有包括本人在内的少数学者参加了研讨会。

14 振奋人心的人类学想象：转型空间中的本体性设计

现有的案例推断来实现特定群体的愿景，还是以思辨的想象激发出开放式的设计思考。

五、行动应首先考量底层的、相同阶级的、点对点用户的方法论和设计工具，但根据需要，还应包括自上而下的要素，尽管这些要素始终从属于公共话语产生的目标。当然，有许多方法上的问题需要解决。例如，如何设计空间，能够让集体组织创造条件，从而点亮回忆，认同各种重叠的世界和现实，并由此唤起那些对多样未来满怀憧憬的山谷居民的广泛情感共鸣。

六、一系列的"卡利实验室"（Cali Labs）旨在探知"你所希望的卡利是什么样子的"答案范围。伴随着协同设计团队推进潜在的转型和思辨性设计的想象，情景建筑应运而生，各种想象均得以实现，因此越来越多的人将卡利的这一创想，视作真正的舒适居住空间，而非不可持续的机器。

七、为激活多种公共设计史（地方的、分散的、自治的）而对设计方法和工具进行设计，这些设计存在于乡村和城市团体，以及整个山谷和他们与专家设计融合的地区。

八、气候变化给诸多地方带来的影响会成为构想转型的重要因素，借鉴世界各地处理这一问题的转型举措，并有策略地激发更广泛的转型想象，例如"美好生活运动"（Buen Vivir）和"反增长运动"（Degrowth）。这个设计可能涉及方方面面：农业，正如《农民之路》（2009）中提及的，"小农给地球降温"；能源与交通（减少私家车的指数增长，转向可替代的、轻型的、分散的交通系统）；城市规划；公共场所，等等。在这一地区，自治地域的本体论语境中的恢复力的概念，或许非常重要。

九、艺术的创造和媒体的转型。表演艺术（包括有关非人类的艺术，例如，如何"解放"土壤，并使其恢复活力）、转型音乐和舞蹈（建立在该地区强劲的音乐传统基础之上，包括来自太平洋和北考卡的萨尔萨舞与黑人音乐），以及破坏该地区的"民间"话语，并将新的话语置于集体想象之中的社交媒体和新主流媒体内容，将一同构成设计任务的整体。这方面的工作是建立在自 20 世纪 80 年代以来该地区强大的公共教育和传播机构的基础之上。转型的设想之中所存在的强大的潜力，将掀起前所未有的文化激进主义浪潮。

转型设计框架中有一系列其他的问题需要思考，例如，大众设计与专家设计之间的关系、[14] 可能会从一种语境传播到另一种语境的知识创造、随着项目而发展的学习过程、设计研究的作用、原型和地图的使用、小型本土开放式连接（SLOC）场景，以及数字和生活叙事、公共空间工具箱的设计及规模等问题。

当然，本文的阐释极具实验性和概括性，它更多的是作为一种在转型过程中具有指导作用的设计咨询，而并非一个要遵循的实际路线图。我很清楚这项提案过于雄心勃勃，比如说，它试图作为纯粹的理论化实践，就其本身而言，是人类学家致力于批判性设计研究所做的贡献。它还试图树立一种观念——"另一种设计的可能"，这是一种多元世界的设计。与此同时，正如本文所指出的，它或许被认为是不同设计想象的

14　曼奇尼（2015）对大众设计与专家设计做了区分，大众设计即每个人不管他们是否接受过正规教育，都具备了设计的能力，而专家设计意味着设计的行业知识。

案例，正在各个设计领域中显现出来，也许，最后一个案例呈现了我作为一个学者的不完美的尝试——我试图依托于那些我们称之为学院、书籍和思维过程的超设计空间（Ultra-designed Spaces）来发表政治本体论的声明。

参考书目

1. Antonelli, P. with H. Aldersey-Williams, P. Hall and T. Sargent (2008). *Design and the Elastic Mind*, New York: The Museum of Modern Art.

2. Balsamo, A. (2011). *Designing Culture: The Technological Imagination at Work*, Durham: Duke University Press.

3. Berglund, E. (2012). "Design for a Better World, or Conceptualizing Environmentalism and Environmental Management in Helsinki", presented at the 2012 Conference of the European Association of Social Anthropology, EASA.

4. Boellstorff, T. (2008). *Coming of Age in Second Life*, Princeton: Princeton University Press.

5. Botero, A. (2013). *Expanding Design Space(s): Design in Communal Endeavors*, Helsinki: Aalto Art Books.

6. Botero, A., K.-H. Kommonen and S. Marttila (2010). "Expanding Design Space: Design-In-Use Activities and Strategies", in A. Botero (2013). *Expanding Design Space(s): Design in Communal Endeavors*, Helsinki: Aalto Art Books.

7. Brown, T. (2009). *Change by Design*, New York: Harper.

8. Chapman, J. (2005). *Emotionally Durable Design: Objects, Experiences & Empathy*, London: Earthscan.

9. Clarke, A., ed. (2011). *Design Anthropology: Object Culture in the 21st Century*, New York/Vienna: Springer.

10. DiSalvo, C. (2012). *Adversarial Design*, Cambridge: MIT Press.

11. Dunne, A. and F. Raby (2013). *Speculative Everything: Design, Fiction, and Social Dreaming*, Cambridge: MIT Press.

12. Edwards, A. (2005). *The Sustainability Revolution*, Gabriola Island, BC: New

设计人类学

Society Publishers.

13. Ehn, P., E. M. Nilsson and R. Top-gaard (2014). *Making Futures: Marginal Notes on Innovation, Design, and Democracy*, Cambridge: MIT Press.

14. Ehrenfeld, J. (2008). *Sustainability by Design*, New Haven: Yale University Press.

15. Escobar, A. (2014). *Sentipensar con la tierra: Nuevas lecturas sobre sobre desarrollo, territorioy diferencia*, Medellin: UNAULA.

16. Fletcher, K. and L. Grose (2011). *Fashion and Sustainability: Design for Change*, London: Laurence King Publishing.

17. Fry, T. (2012). *Becoming Human by Design*, London: Berg.

18. Fry, T. (2015). *City Futures in the Age of a Changing Climate*, London: Routledge.

19. Hawken, P., A. Lovins and L. H. Lovins (1999). *Natural Capitalism: Creating the Next Industrial Revolution*, New York: Little, Brown and Company.

20. Hester, R. (2006). *Design for Ecological Democracy*, Cambridge: MIT Press.

21. Horst, H. and D. Miller, eds. (2012). *Digital Anthropology*, London: Bloomsbury.

22. Irani, L., J. Vertesi, P. Dourish, K. Philip and R. E. Grinter (2010). "Postcolonial Computing: A Lens on Design and Development", *CHI'10: Proceedings of the SIGCHI Conference on Human Factors in Computing Systems*, 1311–1320, New York, Association of Computing Machinery Publications.

23. Irwin, T. (2015). "Transition Design: A Proposal for a New Era of Design Practice, Study & Research", unpublished manuscript, School of Design, Carnegie Mellon University.

24. Irwin, T., G. Kossoff, C. Tonkinwise and P. Scupelli (2015). "Transition Design Bibliography." Available online: https://www.academia.edu/13108611/Transition_Design_Bibliography_2015.

25. Julier, G. (2014). *The Culture of Design*, 3rd ed., London: Sage.

26. Kossoff, G. (2011). "Holism and the Reconstitution of Everyday Life: A Framework for Transition to a Sustainable Society", in S. Hardin (ed.), *Grow Small, Think Beautiful: Ideas for a Sustainable World from Schumacher College*, 122–142, Edinburgh: Floris Books.

27. Laurel, B., ed. (2003). *Design Research: Methods and Perspectives*, Cambridge: MIT Press.

28. La Via Campesina (2009). "Small Scale Sustainable Farmers Are Cooling Down The Earth", position paper Lunenfeld, P. (2003). "The Design Cluster", in B. Laurel (ed.), *Design Research: Methods and Perspectives*, 10–15, Cambridge: MIT Press.

29. Manzini, E. (2015). *Design, When Everybody Designs: An Introduction to Design for Social Innovation*, Cambridge: MIT Press.

30. Mau, B. (2000). *Life Style*, New York: Phaidon.

31. Mau, B. and the Institute without Boundaries (2004). *Massive Change*, London: Phaidon Press.

32. McCullough, M. (2004). *Digital Ground*, Cambridge: MIT Press.

33. McHarg, I. (1969). *Design with Na-*

ture, New York: American Museum of Natural History.

34. Murphy, K. M. (2015). *Swedish Design: An Ethnography*, Ithaca: Cornell University Press.

35. Orr, D. (2002). *The Nature of Design: Ecology, Culture, and Human Intention*, Oxford: Oxford University Press.

36. Papanek, V. (1984 [1971]). *Design for the Real World*, New York: Pantheon Books.

37. Schwittay, A. (2014). "Designing Development: Humanitarian Design in the Financial Inclusion Assemblage", *PoLAR*, 37 (1): 29–47.

38. Shepard, C. (2015). "Exploring the Places, Practices, and Communities of the Subculture of Refashioning Secondhand Clothing through Themes of Bricolage and Sustainability", Undergraduate Honors Thesis, Department of Anthropology, University of North Carolina, Chapel Hill.

39. Simmons, C. (2011). *Just Design: Socially Conscious Design for Critical Issues*, Cincinnati: HOW Books.

40. Suchman, L. (2012). "Anthropological Relocations and the Limits of Design", *Annual Review of Anthropology*, 40: 1–18.

41. Thackara, J. (2005). *In the Bubble: Designing in a Complex World*, Cambridge: MIT Press.

42. Tonkinwise, C. (2012). "Design Transition Expert Interview." Available online: https:// www.academia .edu/5040427/_Design_Transitions_Expert_Interview_-_Full_Unpublished_ Version (accessed January 18, 2017) .

43. Tonkinwise, C. (2013). "Design Away: Unmaking Things." Available online: https:// www.academia .edu/3794815/Design_Away_ Unmaking_Things (accessed July 14, 2015) .

44. Tonkinwise, C. (2014). "Design (Dis) Orders: Transition Design as Postindustrial Design." Available online: https://www.academia.edu/11791137/Design_Dis_Orders_ Transition_Design_as_Postindustrial _Design (accessed July 14, 2015) .

45. Tonkinwise, C. (2015). "Design for Transitions—from and to What?" Available online: https://www .academia.edu/11796491/ Design_for_Transition_-_from_and_to_what (accessed July 14, 2015) .

46. van der Ryn, S. and S. Cowan (1996). *Ecological Design*, Washington, DC: Island Press.

47. Willis, A.-M. (2006). "Ontological Designing–Laying the Ground," *Design Philosophy Papers, Collection Three*, 80–98. Available online: https://www.academia. edu/888457/Ontological_designing (accessed December 21, 2015) .

48. Winograd, T. and F. Flores (1986). *Understanding Computers and Cognition*: 163–179, Norwood, NJ: Ablex Publishing Corporation.

49. Yeang, K. (2006). *Ecodesign. A Manual for Ecological Design*, London: John Wiley and Sons.

50. Taussig, M. T. (1980). *The Devil and Commodity Fetishism in South America*, Chapel Hill: University of North Carolina Press.

附录

文章作者简介

弗拉基米尔·阿科契波夫（Vladimir Arkhipov）

弗拉基米尔·阿科契波夫，1961 年生于苏联，收藏"自制"物品，并负责线上数据库 www.folkforms.ru 的运营，通过"传记"的形式为物品存档。他的这一收藏再造自制物品的数据库在国际上闻名，并在欧洲各地的美术馆展出。著有《自造：当代俄国民间工艺品》（*Home-Made: Contemporary Russian Folk Artifacts*）、《人民的设计：后苏维埃时代俄罗斯的 220 件发明》（*Design del popolo：220 inventori della Russia post-sovietica*）、《自造欧洲：当代民间工艺品》（*Home-Made Europe: Contemporary Folk Artifacts*）。

玛莉亚·柏赞提斯（Maria Bezaitis）

玛莉亚·柏赞提斯是 CCG 英特尔体验组的首席工程师，率领用户体验探索平台团队（the UX Pathfinding and Platform team）。玛莉亚本人的研究聚焦于智能技术环境的变换本质和拓展人类技能的技术提升，她在杜克大学获得了法国文学博士学位。她作为电子实验室（E-Lab）的合伙人，在毕业后开始了事业生涯。E-Lab 是一家首创运用民族志方法进行产品开发和设计策划的公司。她是全球技术思想先锋组织——创科实业先锋（TTI Vanguard）的顾问团成员，兼行业联盟的民族志实践主席。

艾莉森·J. 克拉克（Alison J. Clarke）

艾莉森·J. 克拉克是设计历史与理论史论方向的教授，任维也纳实用艺术大学维克多·帕帕奈克基金会主任。她作为设计历史学家（获英国皇家艺术学院与 V&A 博物馆联合培养项目硕士学位）、社会人类学家（获伦敦大学学院博士学位），出版成果众多，参与创立《家居文化：设计杂志》（*Home Cultures: The Journal of Design*）与《建筑与家庭空间》（*Architecture and Domestic Space*），并任编辑；参编论文集《设计人类学：21 世纪的物品文化》（*Design Anthropology: Object Culture in the 21st Century*）；撰写了《特百惠：1950 年代美国塑料的前景》（*Tupperware: The Promise of Plastic in 1950s America*）一书并获奖。艾莉森定期为媒体供稿，包括 BBC 的纪录片《设计的天赋》（*The Genius of Design*）。目前，她与麻省理工学院出版社签约，计划撰写一部探讨 20 世纪六七十年代设计领域激进政治的专著。

莱恩·德尼古拉（Lane DeNicola）

莱恩·德尼古拉是一位研究人员、分析师、具有批判性思维的设计师，主要致力于信息、教育和文化的交叉研究。他目前担任埃默里大学艺术与科学学院研究机构的主任、伦敦大学学院数字人类学讲师、麻省理工学院太空研究中心的程序员、麻省理工学院林肯实验室约翰·霍普金斯大学应用物理实验室分析师。

阿图罗·埃斯科巴尔（Arturo Escobar）

阿图罗·埃斯科巴尔是北卡罗来纳大学教堂山分校杰出的人类学教授。他的著作涉及社会运动、女性主义和地方、世界社会论坛、全球化和非殖民化选择，近期研究多元世界与设计。主要学术著作包括《与发展相遇：第三世界的创造与毁灭》（*Encountering Development :The Making and Unmaking of the Third World*）、《不同的领域：地点、运动、生活、再现》（*Territories of Difference: Place, Movements, Life, Redes*），以及两本西班牙语论文集《最后的萨尔瓦多：当代人类学的自然、文化和政治研究》（*El final del salvaje Naturaleza, cultura y política en la antropología contemporánea*）、《超越第三世界：全球化与差异》（*Más allá del Tercer Mundo：Globalización y diferencia*）。

简·富尔顿·苏瑞（Jane Fulton Suri）

简·富尔顿·苏瑞是 IDEO 公司的合伙人兼首席创意总监，社会科学家。她通过与各类代表政府、非营利组织、财富 500 强企业等不同组织的客户展开合作，开创了以人为本的设计方法。她还是一位极具号召力和创造力的实践者，著有《不假思索的行动：直觉设计的观察》（*Thoughtless Acts: Observations on Intuitive Design*）一书。2015 年，她在 IDEO 教授线上设计思维课程《洞察创新》（*Insights for Innovation*）。

波琳·加维（Pauline Garvey）

波琳·加维是爱尔兰国立大学、梅努斯大学人类学讲师，也是《家庭文化：建筑、设计与家庭空间》（*The Journal of Architecture, Design and Domesticity Space*）杂志的编辑。研究方向为物质文化、北欧家庭生活及设计人类学。最近的出版物包括设计历史杂志特刊《设计传播：设计历史、设计实践与人类学》（*Design Dispersed: Design History, Design Practice and Anthropology*）（与 Adam Drazin 合著，2016）。2017 年出版了主要涉及瑞典设计和宜家的民族志研究的专著《解密宜家：面向消费大众的瑞典设计》（*Unpacking Ikea: Swedish Design for the Purchasing Masses*）。

希瑟·霍斯特（Heather A. Horst）

希瑟·霍斯特是墨尔本皇家理工大学媒体与传播学院首席研究员（教授）和副校长级高级研究员，著有《手机：传播人类学》（*The Cell Phone: An Anthropology of Com-*

munication）（与 Daniel Miller 合著，2006）、《闲逛》（*Hanging Out*）、《鬼怪》（*Messing Around*）、《极客出击》（*Geeking Out*）（与伊藤瑞子等合著，2010）、《数码人类学》（*Digital Anthropology*）（与 Daniel Miller 合著，2012）和《数码民族志》（*Digital Ethnography*）（与 Sarah Pink 等合著，2015）。

詹姆尔·亨特（Jamer Hunt）

詹姆尔·亨特是纽约帕森设计学院跨学科设计艺术硕士项目的负责人。其教学和专业实践，以及组建的 "Big + Tall" 设计团体，都致力于将概念设计、协作设计和传达设计作为日常政治与诗学的一种手段来进行探索。亨特曾任职于美国设计中心董事会和《设计与文化》编辑委员会。七年来，他一直担任费城艺术大学工业设计硕士项目的主任，同时也是费城设计学院的联合发起人。

苏珊·库勒（Susanne Küchler）

苏珊·库勒是伦敦大学学院人类学教授，主要从事艺术与设计的材料、技术创新本质，以及图像认知等研究工作。她目前正撰写新书《物质的头脑》（*The Material Mind*），该书为她过去所从事的关于雕塑创作和社会记忆的民族志研究提供了理论依据，并从材料科学的实验室环境入手，对海洋创新的本质进行了深入分析，同时还对现有的材料美学的理论和知识经济的思想形式化性质，进行了批判性的回顾。

尼科莱特·马可维奇（Nicolette Makovicky）

尼科莱特·马可维奇是牛津大学讲师，从事俄罗斯与东欧研究。她出版的著作涉猎广泛，包括手工艺、现代性与意识形态的关系、手工艺与后社会主义非正式经济关系。她还是《新自由主义、人格与后社会主义：经济变迁中的进取自我》（*Neoliberalism, Personhood, and Postsocialism: Enterprising Selves in Changing Economies,* 2014）一书的编辑，并合编了《社会主义之后的经济繁荣》（*Favour After Socialism,* 2016）。

丹尼尔·米勒（Daniel Miller）

丹尼尔·米勒是伦敦大学学院人类学教授，研究方向为物质文化。他目前的研究项目为 "我们为何在网上发帖"（www.ucl.ac.uk/why-we-post）。近期出版的著作有《英国乡村的社交媒体》（*Social Media in an English Village,* 2016）、《网络摄像头》（*Webcam*，与 J.Sinanan 合著，2014）、《数码人类学》（*Digital Anthropology*，与 H.Hoster 合著，2012）、《事物》（*Stuff,* 2009）和《事物的慰藉》（*The Comfort of Things,* 2008）

哈维·莫洛奇（Harvey Molotch）

哈维·莫洛奇是纽约大学社会学教授，从事城市发展与安全以及产品设计研究。他的著作包括《反安全：我们何以在机场、地铁和其他危险的地方走错路？》（*Against Securi-ty: How We Go Wrong at Airports, Subways, and Other Sites of Ambiguous Danger*, 2012）、《城市财富》（*Urban Fortunes*, 2007）、《事物的诞生：谈日常事物的社会设计》（*Where Stuff Comes From: How Toasters, Toilets, Cars, Computers and Many Other Things Come to Be As They Are*, 2003），以及《马桶：公共卫生间与共享的政治》（*Toilet: Public Restrooms and the Politics of Sharing*, 2010）。

里克·E. 罗宾逊（Rick E. Robinson）

里克·E. 罗宾逊是科罗拉多博尔德大学信息科学系教授，获得芝加哥大学人类发展学博士学位。他是电子实验室（E-Lab）的联合创始人和"空中之岛"活动计划（Island On The Air, iota）的合伙人，也是利用观察研究方法开发新产品领域的开拓者。罗宾逊目前的工作重点是了解人们与有关自身、他人与世界之间日益普遍的数据交互。

艾琳·泰勒（Erin Taylor）

艾琳·泰勒是一位经济人类学家，自 2011 年以来任里斯本大学研究员。她撰写了《物化贫困：穷人如何改变生活》（*Materializing Poverty: How the Poor Transform Their Lives*, 2013），担任《加勒比海田野调查身份认同》（*Fieldwork Identities in the Caribbean*，2010）的编辑。此外，她还是《流行人类学：热门的人文学科》（*Pop Anth : Hot Buttered Humani-ty*）的执行编辑、《文化经济学杂志》（*Journal of Cultural Economy*）的编委。

戴安娜·扬（Diana Young）

戴安娜·扬，社会人类学家，研究方向为视觉和物质文化，包括色彩、艺术、摄影、空间、生态和建筑、博物馆与消费人类学，同时关注澳大利亚土著和太平洋的地域性研究。她即将出版的成果有《劳特里奇美的手册》（*Routledge Handbook of Beauty*）分册《调色板之色》（*Colour as Palettes*），并编辑《色彩的再物化》（*Rematerializing Colour*）。近期策划了展览《描述身体》（*Written on the body*, 2014）和《在红色中》（*In the red*, 2012）。

鸣谢

　　这本书是对诸多对象、学科与争论进行探究后，最终凝结的硕果，在为当代设计与人类学搭建桥梁的过程中，历经了漫长而激动人心的旅程。本书文章的诸位作者分别来自学术界、产业界和设计领域。过去的二十年间，我曾在研讨会、工作坊或活动中与他们共享观点，听其慧见。《设计人类学》是这些作者慷慨敬献的明证，他们的文章来自真正共同的志向，即跨越学科的严格界限来传播知识，有针对性地解决设计人类学的问题，并发掘作为新兴领域的潜力。

　　我非常感谢玛蒂娜·格伦沃尔德（Martina Grünewald），她的学术洞察力、激励人心的观察以及娴熟的编辑技巧，从始至终支持着这本书的出版。还要感谢凯瑟琳娜·丹克尔（Kathrina Dankl），这个项目最初是同她一起策划发起的。同时，要感谢丽贝卡·巴登（Rebecca Barden）、丹尼尔·米勒、哈维·莫洛奇、简·富尔顿·苏瑞、比尔·莫格里奇（Bill Moggridge），以及那些与我并肩探索设计与人类学这一交叉领域的设计师和学生。

译后记

　　从维克多·帕帕奈克的著作《为真实的世界设计》[1]开始，西方设计领域已经将目光转向人类学并寻找出路，将其作为一种反消费主义的后工业时代价值的导向，主张人们重新反思人类与物质世界生产、生活的关系，尤其指出要警惕在这种关系之中，带有殖民色彩的西方普世价值观借助精英主义设计对第三世界国家的输出。由艾莉森·J.克拉克教授策划的帕帕奈克回顾展于2019—2020年在欧洲巡展，再一次唤醒人们对于设计伦理问题的反思。

　　艾莉森·J.克拉克教授是著名的设计史学者、社会人类学家，曾在英国皇家设计学院担任高级教师，2010年被任命为维克多·帕帕奈克基金会的负责人。她将物质文化作为研究的核心，研究成果众多，比如与伦敦大学学院的丹尼尔·米勒教授合作的设计民族志研究，在物质文化和消费研究领域引起热烈讨论；她同时兼任《设计与文化》期刊以及伦敦大学学院线上研究中心"物质世界"的编委顾问，还是丹麦人文独立研究协会、瑞士国家科学基金会等多个学术研究小组成员。

　　帕帕奈克曾经被作为设计人类学研究的支点，撬动了西方物质文化的外壳，探入社会的地层，试图发掘出设计面向未来的潜在路径——这

1　[美]维克多·帕帕奈克：《为真实的世界设计》，周博译，北京：中信出版社，2013。

也是本文集中的十六位作者试图向我们展示的图景，我们能从中嗅到不同身份的生产者，在面对这个时代发展转向所表现出的跃跃欲试的状态。

本文集为2010年《设计人类学：21世纪的物品文化》的修订版，在首版中，十六篇文章被划分为四个主题："本土设计师""人类、物品以及人与物的纠葛""变异的形式，转型的物性""未来轨道：未来的用户"，总体看来，每一部分的四篇文章分别从生产者、生产关系、生产资料和生产力的不同层面切入。经过结构调整，修订版将首版的十六篇文章缩减为十四篇，其中十一篇文章在经过微调后予以保留，另外五篇文章被替换并删减至三篇，取消了主题划分。

在文集译成之际，设计人类学领域仍然是一种为设计寻找出路的不确定状态。设计人类学的概念在设计产业与学界的倾向不同，使得在21世纪初的一段时间里，这一领域所提供的实践方法与价值导向受到越来越多的设计师、设计研究者的关注。但设计人类学还未形成确切的学科，亟待进一步发展。随着全球化浪潮、技术的加速发展和社会运动力量的逐渐消失，设计在未来的发展变得愈发缺乏内在动因和有力的指引。主编克拉克教授将本文集副书名从"21世纪的物品文化"改为"转型中的物品文化"，或许也是着眼于"转型"这一概念的不断延展——不仅在设计领域，也波及所有新技术浪潮的各个领域。设计人类学展示出的自发性和批判性特征，体现出设计领域与人类学的危机意识：人类学研究者在将物质文化研究的目标瞄准设计领域，特别是社会人类学，将设计系统作为待开垦的原野。这些表现都体现出时代的野心和焦虑。与之相反的是，设计学界对此融合所做的回应是积极的，但仍待形成基于本学

　　　　　　　　　　　　　　　　　　　设计人类学

科的学理阐释。当民族志研究方法的应用成为一种基于设计与社会人类学天然亲缘关系的政治正确的时候，设计人类学被过分顺理成章地为各类设计实践定性。我们更加需要一种自反性的价值观做向导，重新思索什么样的设计行为才是从人本身出发的设计，同时也为人工智能的新技术未来祛魅。

最后，感谢中央美术学院设计史论部主任周博老师推荐我做这本书的译者，以及本书的责任编辑张丽娉对我的信任。能在我博士论文选题展开之时给我这次机会，实属荣幸。感谢我的导师许平教授对于我研究设计人类学在理解高度上的提点。最后，感谢华中师范大学外国语学院的李小洁教授和北京服装学院的张弛博士在翻译方面给予的支持，在过程中指出我翻译语言上的失误和欠缺。翻译的过程亦是学习的过程，文中如有不妥之处，敬请各位读者批评指正。

2021 年 6 月于望京